백점

BOOK 1 개념북

수학 3·2

구성과 특징

BOOK ❶ 개념북 문제를 통한 3단계 개념 학습

초등수학에서 가장 중요한 **개념 이해**와 **응용력 높이기**, 두 마리 토끼를 잡을 수 있도록 구성하였습니다. **개념 학습**에서는 한 단원의 개념을 끊김없이 한번에 익힐 수 있도록 4~6개의 개념으로 제시하여 드릴형 문제와 함께 빠르고 쉽게 학습할 수 있습니다. **문제 학습**에서는 개념별로 다양한 유형의 문제를 제시하여 개념 이해 정도를 확인하고 실력을 다질 수 있습니다. **응용 학습**에서는 각 단원의 개념과 이전 학습의 개념이 통합된 문제까지 해결할 수 있도록 자주 제시되는 주제별로 문제를 구성하여 응용력을 높일 수 있습니다.

1 개념 학습

핵심 개념과 드릴형 문제로 쉽고 빠르게 개념을 익힐 수 있습니다. QR을 통해 원리 이해를 돕는 **개념 강의**가 제공됩니다.

2 문제 학습

교과서 공통 핵심 문제로 여러 출판사의 핵심 유형 문제를 풀면서 실력을 쌓을 수 있습니다.

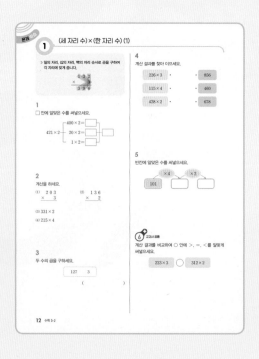

③ 응용 학습

응용력을 높일 수 있는 문제를 유형
으로 묶어 구성하여 실력을 높일 수
있습니다. QR을 통해 발전 문제의
문제 풀이 강의가 제공됩니다.

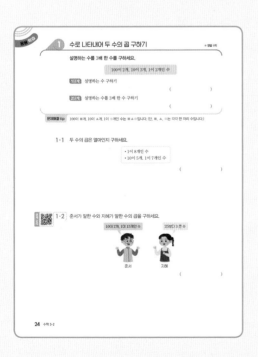

BOOK ❷ 평가북

학교 시험에 딱 맞춘 평가대비

단원 평가

단원 학습의 성취도를 확인하는 단원 평가에 대비할
수 있도록 기본/심화 2가지 수준의 평가로 구성하였
습니다.

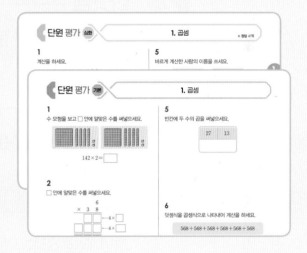

수행 평가

수시로 치러지는 수행 평가에 대비할 수 있도록 주제별
로 구성하였습니다.

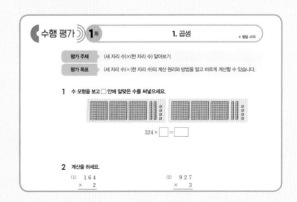

차례

1

곱셈

학습을 완료하면 V표를 하면서 학습 진도를 체크해요.

	개념학습						문제학습
백점 쪽수	6	7	8	9	10	11	12
확인							

	문제학습						
백점 쪽수	13	14	15	16	17	18	19
확인							

	문제학습				응용학습		
백점 쪽수	20	21	22	23	24	25	26
확인							

	응용학습			단원평가			
백점 쪽수	27	28	29	30	31	32	33
확인							

(세 자리 수)×(한 자리 수) (1)

● 231×2의 계산 방법

	2	3	1
×			2
			2	← 1×2
		6	0	← 30×2
	4	0	0	← 200×2
	4	6	2

	2	3	1
×			2
	4	6	2

● 316×3의 계산 방법

6×3=18에서
1을 십의 자리
위에 작게 써요.

	3	1	6
×			3
		1	8	← 6×3
		3	0	← 10×3
	9	0	0	← 300×3
	9	4	8

		1	
	3	1	6
×			3
	9	4	8

개념 강의

● 231×2는 231을 2번 더한 것과 같습니다. ➡ 231×2=231＋231=462
● 일의 자리 계산이 10이거나 10보다 크면 십의 자리 위에 올림한 수를 작게 쓰고, 십의 자리 계산에 더합니다.

1 수 모형을 보고 314×2를 계산하려고 합니다.
☐ 안에 알맞은 수를 써넣으세요.

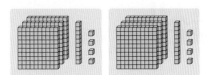

(1) 일 모형이 나타내는 수: 4×2=☐

(2) 십 모형이 나타내는 수: 10×2=☐

(3) 백 모형이 나타내는 수: 300×2=☐

(4) 314×2=☐

2 수 모형을 보고 408×2를 계산하려고 합니다.
☐ 안에 알맞은 수를 써넣으세요.

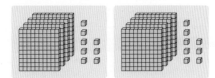

(1) 일 모형이 나타내는 수: 8×☐=☐

(2) 백 모형이 나타내는 수: ☐×2=☐

(3) 408×2=☐

3 계산을 하세요.

(1)

	1	3	4
×			2
				← 4×2
				← 30×2
				← 100×2

(2)

	2	1	9
×			3
				← 9×3
				← 10×3
				← 200×3

(3)

	4	2	7
×			2
				← 7×2
				← 20×2
				← 400×2

2 (세 자리 수)×(한 자리 수) (2)

● **171×5의 계산 방법**

7×5=35에서 3을 백의 자리 위에 작게 써요.

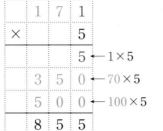

	1	7	1
×			5
			5	← 1×5
	3	5	0	← 70×5
5	0	0		← 100×5
	8	5	5

```
      3
    1 7 1
  ×     5
    8 5 5
```

● **462×4의 계산 방법**

6×4=24에서 2를 백의 자리 위에 작게 써요.

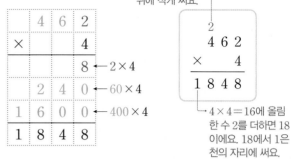

	4	6	2
×			4
			8	← 2×4
	2	4	0	← 60×4
1	6	0	0	← 400×4
1	8	4	8

```
      2
    4 6 2
  ×     4
  1 8 4 8
```

4×4=16에 올림한 수 2를 더하면 18이에요. 18에서 1은 천의 자리에 써요.

개념 강의

● 십의 자리 계산이 10이거나 10보다 크면 백의 자리 위에 올림한 수를 작게 쓰고, 백의 자리 계산에 더합니다.
● 백의 자리 계산에서 올림한 수는 천의 자리에 씁니다.

---

1 수 모형을 보고 164×2를 계산하려고 합니다. □ 안에 알맞은 수를 써넣으세요.

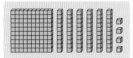 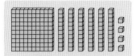

(1) 일 모형이 나타내는 수: 4×2=□

(2) 십 모형이 나타내는 수: 60×2=□

(3) 백 모형이 나타내는 수: 100×2=□

(4) 164×2=□

2 수 모형을 보고 570×2를 계산하려고 합니다. □ 안에 알맞은 수를 써넣으세요.

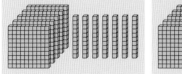 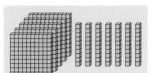

(1) 십 모형이 나타내는 수: 70×□=□

(2) 백 모형이 나타내는 수: □×2=□

(3) 570×2=□

3 계산을 하세요.

(1)

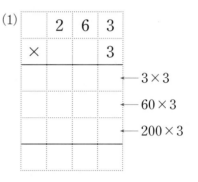

	2	6	3
×			3
				← 3×3
				← 60×3
				← 200×3

(2)

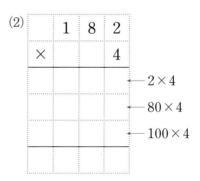

	1	8	2
×			4
				← 2×4
				← 80×4
				← 100×4

(3)

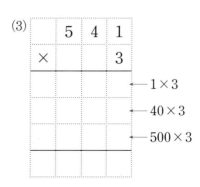

	5	4	1
×			3
				← 1×3
				← 40×3
				← 500×3

3 (몇십)×(몇십), (몇십몇)×(몇십)

● 정답 1쪽

○ 40×70의 계산 방법

방법1 40과 7을 먼저 곱한 후 10을 곱하기

$40 \times 70 = 40 \times 7 \times 10 = 280 \times 10 = 2800$

방법2 40과 10을 먼저 곱한 후 7을 곱하기

$40 \times 70 = 40 \times 10 \times 7 = 400 \times 7 = 2800$

$$\begin{array}{r} 4\ 0 \\ \times\ 7\ 0 \\ \hline 2\ 8\ 0\ 0 \end{array}$$

○ 23×30의 계산 방법

방법1 23과 3을 먼저 곱한 후 10을 곱하기

$23 \times 30 = 23 \times 3 \times 10 = 69 \times 10 = 690$

방법2 23과 10을 먼저 곱한 후 3을 곱하기

$23 \times 30 = 23 \times 10 \times 3 = 230 \times 3 = 690$

$$\begin{array}{r} 2\ 3 \\ \times\ 3\ 0 \\ \hline 6\ 9\ 0 \end{array}$$

개념 강의
- 40×70은 4×7의 계산 결과 뒤에 0을 2개 붙인 것과 같습니다.
- 23×30은 23×3의 계산 결과 뒤에 0을 1개 붙인 것과 같습니다.

1 30×50을 두 가지 방법으로 계산하세요.

(1) $30 \times 50 = 30 \times 5 \times 10$

$= \boxed{} \times 10$

$= \boxed{}$

(2) $30 \times 50 = 30 \times 10 \times 5$

$= \boxed{} \times 5$

$= \boxed{}$

2 47×20을 두 가지 방법으로 계산하세요.

(1) $47 \times 20 = 47 \times 2 \times 10$

$= \boxed{} \times 10$

$= \boxed{}$

(2) $47 \times 20 = 47 \times 10 \times 2$

$= \boxed{} \times 2$

$= \boxed{}$

3 계산을 하세요.

(1)
$$\begin{array}{r} 3\ 0 \\ \times\ 2\ 0 \\ \hline \end{array}$$

(2)
$$\begin{array}{r} 6\ 0 \\ \times\ 9\ 0 \\ \hline \end{array}$$

(3)
$$\begin{array}{r} 2\ 1 \\ \times\ 4\ 0 \\ \hline \end{array}$$

(4)
$$\begin{array}{r} 4\ 2 \\ \times\ 3\ 0 \\ \hline \end{array}$$

4 (몇) × (몇십몇)

○ 6×45의 계산 방법

→ $6 \times 5 = 30$에서 3을
십의 자리 위에 작게 써요.

		6
×	4	5
	3	0	←6×5

➡

		6
×	4	5
	3	0
2	4	0	←6×40

➡

		6
×	4	5
	3	0
2	4	0
2	7	0

	3	
		6
×	4	5
2	7	0

개념 강의

● 6×45는 곱하는 수 45를 40과 5로 나누어 계산합니다.
$6 \times 40 = 240$, $6 \times 5 = 30$ ➡ $6 \times 45 = 240 + 30 = 270$

---

1 모눈종이를 보고 5×12를 계산하려고 합니다.
□ 안에 알맞은 수를 써넣으세요.

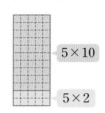

(1) 주황색 모눈의 수: $5 \times$ ☐ $=$ ☐ (칸)

(2) 연두색 모눈의 수: $5 \times$ ☐ $=$ ☐ (칸)

(3) $5 \times 12 =$ ☐

2 모눈종이를 보고 7×14를 계산하려고 합니다.
□ 안에 알맞은 수를 써넣으세요.

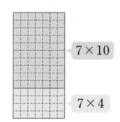

(1) 주황색 모눈의 수: $7 \times$ ☐ $=$ ☐ (칸)

(2) 연두색 모눈의 수: $7 \times$ ☐ $=$ ☐ (칸)

(3) $7 \times 14 =$ ☐

---

3 계산을 하세요.

(1)
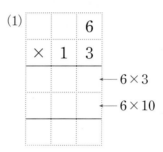

(2)
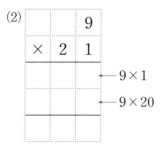

(3)
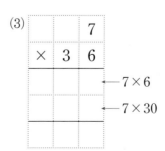

● 27 × 12의 계산 방법

$$\begin{array}{c@{}c@{}c}1\\ 2\ 7\\ \times\ 1\ 2\\ \hline 5\ 4\end{array}\ \leftarrow 27\times2$$

$$\begin{array}{c@{}c@{}c}2\ 7\\ \times\ 1\ 2\\ \hline 5\ 4\\ 2\ 7\ 0\end{array}\ \leftarrow 27\times10$$

$$\begin{array}{c@{}c@{}c}2\ 7\\ \times\ 1\ 2\\ \hline 5\ 4\\ 2\ 7\ 0\\ \hline 3\ 2\ 4\end{array}$$
→ 여기 0은 생략할 수 있어요.

개념 강의

● 27 × 12는 곱하는 수 12를 10과 2로 나누어 계산합니다.
27 × 10 = 270, 27 × 2 = 54 ➡ 27 × 12 = 270 + 54 = 324

1 수 모형을 보고 주어진 곱셈을 계산하려고 합니다. □ 안에 알맞은 수를 써넣으세요.

(1)

26 × 11

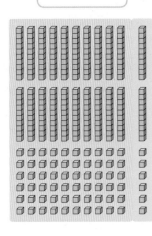

26 × 10 = ☐

26 × 1 = ☐

26 × 11 = ☐

(2)

18 × 12

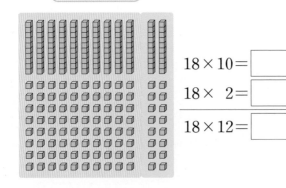

18 × 10 = ☐

18 × 2 = ☐

18 × 12 = ☐

2 계산을 하세요.

(1)

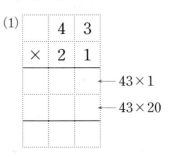

$$\begin{array}{c@{}c@{}c}4\ 3\\ \times\ 2\ 1\\ \hline \end{array}$$
← 43 × 1
← 43 × 20

(2)

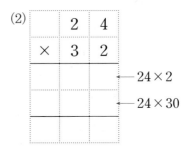

$$\begin{array}{c@{}c@{}c}2\ 4\\ \times\ 3\ 2\\ \hline \end{array}$$
← 24 × 2
← 24 × 30

(3)

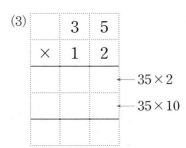

$$\begin{array}{c@{}c@{}c}3\ 5\\ \times\ 1\ 2\\ \hline \end{array}$$
← 35 × 2
← 35 × 10

6 (몇십몇)×(몇십몇) (2)

54×36의 계산 방법

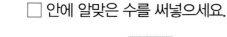

```
      2
      5 4
    × 3 6
    3 2 4  ←54×6
```
⇒
```
        5 4
      × 3 6
      3 2 4
    1 6 2 0  ←54×30
```
⇒
```
        5 4
      × 3 6
      3 2 4
    1 6 2 0  → 여기 0은 생략할
    1 9 4 4    수 있어요.
```

개념 강의

● 54와 36을 모두 몇십과 몇으로 나누어 각각의 곱셈으로 생각해서 구할 수도 있습니다.
$50×30=1500$, $4×30=120$, $50×6=300$, $4×6=24$ ➡ $54×36=1500+120+300+24=1944$

---

1 모눈종이를 보고 36×23을 계산하려고 합니다. □ 안에 알맞은 수를 써넣으세요.

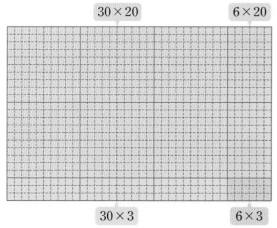

30×20   6×20

30×3   6×3

(1) 분홍색 모눈의 수: 30 × □ = □ (칸)

(2) 하늘색 모눈의 수: □ × 20 = □ (칸)

(3) 연두색 모눈의 수: 30 × □ = □ (칸)

(4) 주황색 모눈의 수: □ × 3 = □ (칸)

(5) 색칠한 전체 모눈의 수:

□ + □ + □ + □ = □ (칸)

(6) 36 × 23 = □

---

2 계산을 하세요.

(1)
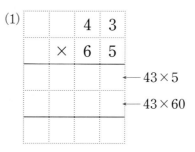
```
        4 3
      × 6 5
```
←43×5
←43×60

(2)
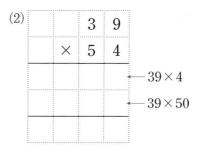
```
        3 9
      × 5 4
```
←39×4
←39×50

(3)
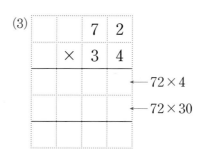
```
        7 2
      × 3 4
```
←72×4
←72×30

1 (세 자리 수)×(한 자리 수) (1)

▶ 일의 자리, 십의 자리, 백의 자리 순서로 곱을 구하여 각 자리에 맞게 씁니다.

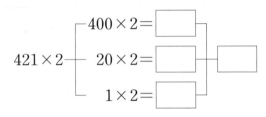

1

□ 안에 알맞은 수를 써넣으세요.

$$421 \times 2 \begin{cases} 400 \times 2 = \boxed{} \\ 20 \times 2 = \boxed{} \\ 1 \times 2 = \boxed{} \end{cases} \boxed{}$$

2

계산을 하세요.

(1)
```
   2 0 3
 ×     3
```

(2)
```
   1 3 6
 ×     2
```

(3) 331×2

(4) 215×4

3

두 수의 곱을 구하세요.

| 127 | 3 |

(   )

4

계산 결과를 찾아 이으세요.

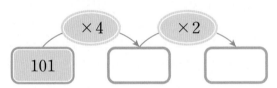

226×3	•		•	856
115×4	•		•	460
428×2	•		•	678

5

빈칸에 알맞은 수를 써넣으세요.

$$101 \xrightarrow{\times 4} \boxed{} \xrightarrow{\times 2} \boxed{}$$

6 교과서 공통

계산 결과를 비교하여 ○ 안에 >, =, <를 알맞게 써넣으세요.

223×3 ◯ 312×2

7

잘못 계산한 사람을 찾아 이름을 쓰세요.

> 유진: $213 \times 3 = 639$
> 종민: $328 \times 2 = 656$
> 다혜: $119 \times 4 = 446$

( )

8

곱이 가장 큰 것을 찾아 ○표 하세요.

| 214×2 | 123×3 | 102×4 |

 **9** 교과서 공통

색종이가 한 묶음에 213장씩 2묶음 있습니다. 색종이는 모두 몇 장인지 구하세요.

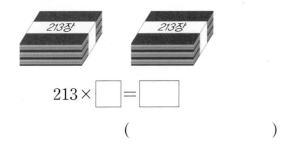

$213 \times \boxed{} = \boxed{}$

( )

10

곱이 800보다 큰 것을 찾아 기호를 쓰세요.

> ㉠ 345×2
> ㉡ 225×3
> ㉢ 415×2

( )

11

은지네 집에서 할머니 댁까지의 거리는 115 km이고, 이모 댁까지의 거리는 할머니 댁까지의 거리의 3배입니다. 은지네 집에서 이모 댁까지의 거리는 몇 km인지 구하세요.

( )

 **12** 교과서 공통

대화를 읽고 민수는 줄넘기를 몇 번 했는지 구하세요.

> 수호: 나는 줄넘기를 109번 했어.
> 지혜: 나는 수호보다 5번 더 많이 했어.
> 민수: 나는 지혜의 2배만큼 했어.

( )

13

연아네 학교의 3학년 남학생은 206명이고, 여학생은 209명입니다. 연아네 학교 3학년 전체 학생들에게 자를 2개씩 나누어 주었다면 나누어 준 자는 모두 몇 개인지 구하세요.

( )

2 (세 자리 수)×(한 자리 수) (2)

> 십의 자리 계산에서 올림한 수는 백의 자리 위에 작게 쓰고, 백의 자리 계산에서 올림한 수는 천의 자리에 씁니다.

1

오른쪽 계산에서 □ 안의 수 2가 실제로 나타내는 수는 얼마인지 구하세요.

$$\begin{array}{r} \boxed{2} \\ 2\ 5\ 1 \\ \times4 \\ \hline 1\ 0\ 0\ 4 \end{array}$$

(   )

2

계산을 하세요.

(1)
$$\begin{array}{r} 1\ 6\ 3 \\ \times\ 3 \\ \hline \end{array}$$

(2)
$$\begin{array}{r} 5\ 6\ 2 \\ \times\ 2 \\ \hline \end{array}$$

(3) 271×3

(4) 450×4

3

□ 안에 알맞은 수를 써넣으세요.

4

잘못 계산한 것에 ○표 하세요.

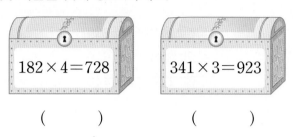

(   )   (   )

5

계산 결과를 비교하여 ○ 안에 >, =, <를 알맞게 써넣으세요.

| 211×8 | ◯ | 326×5 |

6 교과서 공통

가장 큰 수와 가장 작은 수의 곱을 구하세요.

(   )

7 교과서 공통

곱이 가장 작은 것을 찾아 기호를 쓰세요.

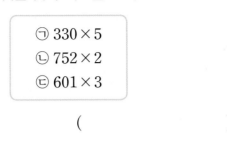

ㄱ 330 × 5
ㄴ 752 × 2
ㄷ 601 × 3

(   )

8

방울토마토가 한 상자에 183개씩 들어 있습니다. 3상자에 들어 있는 방울토마토는 모두 몇 개인지 구하세요.

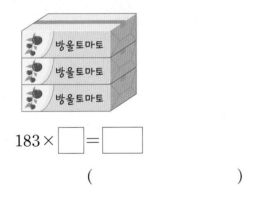

183 × ☐ = ☐

(   )

9 교과서 공통

윤호네 집에서 선아네 집까지의 거리는 360 m입니다. 윤호네 집에서 선아네 집까지 갔다가 같은 길로 돌아왔을 때 이동한 거리는 모두 몇 m인지 구하세요.

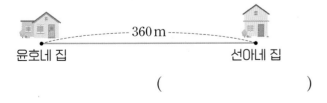

윤호네 집   360 m   선아네 집

(   )

10

☐ 안에 알맞은 수를 써넣으세요.

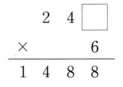

```
      2  4  ☐
   ×        6
  ─────────────
   1  4  8  8
```

11

수직선에서 화살표(↓)가 가리키는 수와 5의 곱은 얼마인지 구하세요.

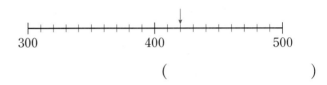

300   400   500

(   )

12

3장의 수 카드를 한 번씩만 사용하여 계산 결과가 가장 작은 곱셈을 만들려고 합니다. ☐ 안에 알맞은 수를 써넣고, 계산을 하세요.

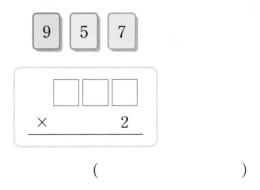

9 5 7

```
   ☐  ☐  ☐
 ×        2
 ─────────
```

(   )

13

어느 농장에 닭이 296마리, 돼지가 154마리 있습니다. 전체 다리 수가 더 적은 것은 닭과 돼지 중에서 무엇인지 쓰세요.

(   )

3 (몇십)×(몇십), (몇십몇)×(몇십)

> (몇십)×(몇십)은 (몇)×(몇)의 계산 결과 뒤에 0을 2개, (몇십몇)×(몇십)은 (몇십몇)×(몇)의 계산 결과 뒤에 0을 1개 붙입니다.

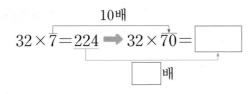

1

□ 안에 알맞은 수를 써넣으세요.

$$\underset{\substack{\downarrow \\ \text{10배}}}{32 \times 7 = 224} \Rightarrow 32 \times 70 = \boxed{}$$

$\boxed{}$ 배

2

60×50을 계산할 때 $6 \times 5 = 30$의 3은 어느 자리에 써야 하는지 찾아 기호를 쓰세요.

$$\begin{array}{r} 6\ 0 \\ \times\ 5\ 0 \\ \hline ㉠\ ㉡\ ㉢\ ㉣ \end{array}$$

( )

3

계산을 하세요.

(1) $\begin{array}{r} 3\ 0 \\ \times\ 3\ 0 \\ \hline \end{array}$ (2) $\begin{array}{r} 4\ 2 \\ \times\ 2\ 0 \\ \hline \end{array}$

(3) 50×40

(4) 34×20

4

빈칸에 알맞은 수를 써넣으세요.

×	30	60	90
70			

5 교과서 공통

곱이 더 큰 것에 ○표 하세요.

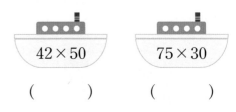

42×50 75×30

( )   ( )

6

□ 안에 알맞은 수가 나머지와 다른 하나를 찾아 기호를 쓰세요.

㉠ $20 \times 60 = \boxed{}00$
㉡ $40 \times 40 = \boxed{}00$
㉢ $30 \times 40 = \boxed{}00$

( )

7

□ 안에 알맞은 수를 구하세요.

$$42 \times \square = 840$$

(   )

8⁺ 교과서 공통

곱이 2000보다 작은 것을 모두 찾아 색칠하세요.

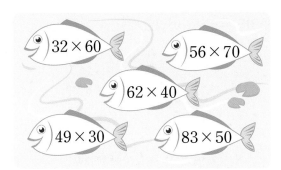

32×60 56×70 62×40 49×30 83×50

9

참외를 한 상자에 30개씩 담았습니다. 60상자에 담은 참외는 모두 몇 개인지 구하세요.

꿀 참외

(   )

10

□ 안에 들어갈 0의 개수가 가장 많은 것을 찾아 기호를 쓰세요.

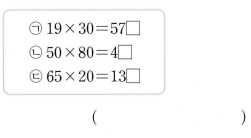

ⓐ $19 \times 30 = 57\square$
ⓑ $50 \times 80 = 4\square$
ⓒ $65 \times 20 = 13\square$

(   )

11

㉠과 ㉡에 알맞은 수의 합은 얼마인지 구하세요.

- $70 \times 40 = ㉠$
- $36 \times 20 = ㉡$

(   )

12⁺ 교과서 공통

초콜릿이 한 상자에 8개씩 8줄로 들어 있습니다. 20상자에 들어 있는 초콜릿은 모두 몇 개인지 구하세요.

(   )

13

호두를 한 봉지에 20개씩 담았더니 30봉지가 되고, 땅콩을 한 봉지에 27개씩 담았더니 20봉지가 되었습니다. 호두와 땅콩 중에서 어느 것이 몇 개 더 많은지 구하세요.

(   ), (   )

4 (몇)×(몇십몇)

> (몇)×(몇십몇)은 (몇십몇)×(몇)으로 구할 수도 있습니다.
>
> $$
> \begin{array}{r}
> {}^{2} \\
> 7 \\
> \times\ 2\,4 \\
> \hline
> 1\,6\,8
> \end{array}
> \qquad
> \begin{array}{r}
> {}^{2} \\
> 2\,4 \\
> \times\quad 7 \\
> \hline
> 1\,6\,8
> \end{array}
> $$
>
> ➡ 7×24와 24×7의 계산 결과는 168로 같습니다.

1

보기 와 같이 계산을 하세요.

$$
\begin{array}{r}
\quad 9 \\
\times\ 7\ 5 \\
\hline
\end{array}
$$

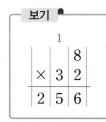 교과서 공통

바르게 계산한 것에 ○표 하세요.

$$
\begin{array}{r}
3 \\
\times\ 7\ 6 \\
\hline
1\ 8 \\
2\ 1 \\
\hline
3\ 9
\end{array}
\qquad
\begin{array}{r}
8 \\
\times\ 2\ 5 \\
\hline
4\ 0 \\
1\ 6\ 0 \\
\hline
2\ 0\ 0
\end{array}
$$

(   )   (   )

3

계산을 하세요.

(1)
$$
\begin{array}{r}
3 \\
\times\ 3\ 9 \\
\hline
\end{array}
$$

(2) 7×54

4

8×5와 8×10의 합과 관계있는 곱셈의 기호를 쓰세요.

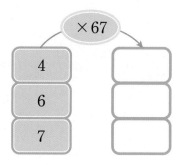

(   )

5

빈칸에 알맞은 수를 써넣으세요.

6 교과서 공통

계산에서 잘못된 곳을 찾아 바르게 계산하세요.

7

4×14를 2가지 방법으로 계산하려고 합니다. □ 안에 알맞은 수를 써넣으세요.

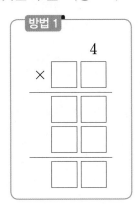

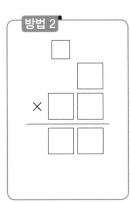

8 교과서 공통

곱이 큰 것부터 차례대로 기호를 쓰세요.

> ㉠ 5×56
> ㉡ 6×31
> ㉢ 8×29

( )

9

민정이는 친구 한 명에게 사탕을 8개씩 나누어 주려고 합니다. 친구 43명에게 나누어 주려면 사탕은 모두 몇 개 필요한지 구하세요.

( )

10

두 곱의 합을 구하세요.

> 6×44   5×38

( )

11

▲에 알맞은 수를 구하세요.

> ▲×19＝95

( )

12

㉠과 ㉡에 알맞은 수를 각각 구하세요.

$$\begin{array}{r} ㉠ \\ \times \;㉡\;7 \\ \hline 1\;1\;4 \end{array}$$

㉠ ( )
㉡ ( )

13

수혁이는 매일 8쪽씩 수학 문제집을 풀려고 합니다. 수혁이가 3월과 4월에 수학 문제집을 모두 몇 쪽 풀 수 있는지 구하세요.

( )

5 (몇십몇)×(몇십몇) (1)

> (몇십몇)×(몇십몇)은 (몇십몇)×(몇)과 (몇십몇)×(몇십)을 각각 계산한 후 두 곱을 더합니다.

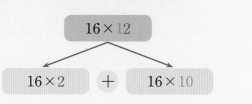

1

☐ 안에 알맞은 수를 써넣으세요.

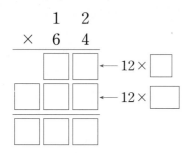

2

계산을 하세요.

(1)   2 4
    × 1 1

(2) 42 × 23

3

빈칸에 두 수의 곱을 써넣으세요.

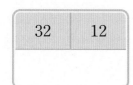

4

계산 결과를 찾아 이으세요.

5

바르게 계산한 사람의 이름을 쓰세요.

(   )

6 교과서 공통

곱이 더 작은 것에 ○표 하세요.

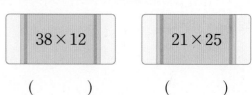

(   )   (   )

 7 교과서 공통

곱이 작은 것부터 차례대로 기호를 쓰세요.

> ㉠ 41×23
> ㉡ 22×32
> ㉢ 12×64

( )

8

두 곱의 차를 구하세요.

> 15×31　　23×13

( )

9

어느 장난감 공장에 쉬지 않고 1시간에 12개씩 장난감을 만드는 기계가 있습니다. 이 기계가 하루 동안 만들 수 있는 장난감은 모두 몇 개인지 구하세요.

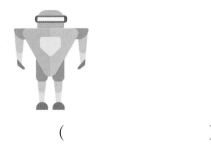

( )

10

곱이 700보다 작은 것을 모두 찾아 ○표 하세요.

> 51×12　　32×23
> 11×64　　28×21

11

□ 안에 들어갈 수 있는 가장 작은 세 자리 수를 구하세요.

> $18 \times 15 < \square$

( )

 12 교과서 공통

민솔이네 학교 학생들이 현장 체험 학습을 가려고 합니다. 45인승 버스 13대에 모두 나누어 탔을 때 버스마다 3자리씩 비어 있다면 버스에 탄 사람들은 모두 몇 명인지 구하세요.

( )

13

한 량의 객실 좌석 배치도가 다음과 같은 기차가 있습니다. 이 기차의 객실이 12량이라면 좌석은 모두 몇 개인지 구하세요. (단, 객실마다 좌석 배치도는 모두 같습니다.)

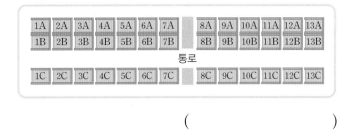

( )

6 (몇십몇)×(몇십몇) (2)

▶세로로 계산할 때는 자리를 맞추어 쓰는 것에 주의합니다.

```
      3 5           3 5
    × 6 4         × 6 4
    1 4 0         1 4 0
    2 1 0         2 1 0
    3 5 0         2 2 4 0
```

1

□ 안에 알맞은 수를 써넣으세요.

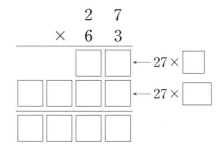

```
        2 7
    ×   6 3
    ┌─┬─┐
    │ │ │ ← 27 × □
    ├─┼─┼─┐
    │ │ │ │ ← 27 × □
    └─┴─┴─┘
    ┌─┬─┬─┐
    │ │ │ │
    └─┴─┴─┘
```

2

계산을 하세요.

⑴   5 3   ⑵ 65 × 27
   × 3 4

3

빈칸에 알맞은 수를 써넣으세요.

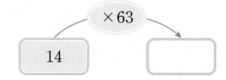

×63

14 →

4 교과서 공통

47×53의 계산에서 □ 안의 두 수의 곱은 실제로 얼마를 나타내는지 구하세요.

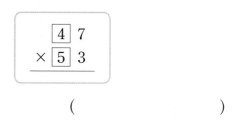

```
    4 7
  × 5 3
```

(   )

5

계산 결과를 비교하여 ○ 안에 >, =, <를 알맞게 써넣으세요.

29 × 43 ○ 63 × 26

6 교과서 공통

계산에서 잘못된 곳을 찾아 바르게 계산하세요.

틀린 계산		바른 계산
9 5		9 5
× 6 3	→	× 6 3
2 8 5		
5 7 0		
8 5 5		

7

가장 작은 수와 가장 큰 수의 곱을 구하세요.

 51   37   68 83

(   )

8 교과서 공통

곱이 가장 작은 것은 어느 것일까요? (   )

① 44×19 ② 13×74

③ 24×36 ④ 67×13

⑤ 39×26

9

밭에 방울토마토 모종을 한 줄에 28포기씩 심었습니다. 25줄에 심은 방울토마토 모종은 모두 몇 포기인지 구하세요.

(   )

10

곱이 2100보다 큰 것을 모두 찾아 기호를 쓰세요.

㉠ 25×84 ㉡ 33×64

㉢ 57×42 ㉣ 97×18

(   )

11

□ 안에 들어갈 수 있는 수 중에서 가장 작은 두 자리 수를 구하세요.

$$58 \times \square > 1560$$

(   )

12

어느 과일 가게에 자두가 한 바구니에 28개씩 35바구니 있었습니다. 그중에서 8바구니를 팔았다면 남은 자두는 몇 개인지 구하세요.

(   )

13

수 카드 4 , 7 , 9 를 한 번씩만 사용하여 계산 결과가 가장 큰 곱셈을 만들려고 합니다. □ 안에 알맞은 수를 써넣고, 계산을 하세요.

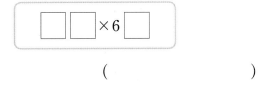

$$\boxed{}\boxed{} \times 6 \boxed{}$$

(   )

1 수로 나타내어 두 수의 곱 구하기

● 정답 6쪽

설명하는 수를 3배 한 수를 구하세요.

> 100이 2개, 10이 3개, 1이 2개인 수

1단계 설명하는 수 구하기

( )

2단계 설명하는 수를 3배 한 수 구하기

( )

문제해결 tip 100이 ■개, 10이 ▲개, 1이 ●개인 수는 ■▲●입니다. (단, ■, ▲, ●는 각각 한 자리 수입니다.)

1·1 두 수의 곱은 얼마인지 구하세요.

> • 1이 8개인 수
> • 10이 5개, 1이 7개인 수

( )

1·2 준서가 말한 수와 지혜가 말한 수의 곱을 구하세요.

문제 강의

10이 27개, 1이 15개인 수

25보다 3 큰 수

준서

지혜

( )

2 바르게 계산한 값 구하기

● 정답 6쪽

어떤 수에 20을 곱해야 할 것을 잘못하여 20을 더했더니 68이 되었습니다. 바르게 계산하면 얼마인지 구하세요.

1단계 어떤 수 구하기

(   )

2단계 바르게 계산하면 얼마인지 구하기

(   )

문제해결 tip   잘못 계산한 식을 이용하여 어떤 수를 구한 다음 바르게 계산하면 얼마인지 구합니다.

2·1 어떤 수에 78을 곱해야 할 것을 잘못하여 78을 뺐더니 15가 되었습니다. 바르게 계산하면 얼마인지 구하세요.

(   )

2·2 다음 계산에서 '×'를 '+'로 잘못 보고 계산했더니 55가 되었습니다. 바르게 계산한 값과 잘못 계산한 값의 차는 얼마인지 구하세요.

$$\boxed{} \times 48$$

(   )

3 거스름돈 구하기

● 정답 6쪽

미애는 편의점에서 850원짜리 초콜릿을 5개 샀습니다. 미애가 5000원을 냈다면 받아야 할 거스름돈은 얼마인지 구하세요.

1단계 초콜릿 5개의 값 구하기

( )

2단계 받아야 할 거스름돈은 얼마인지 구하기

( )

문제해결 tip 낸 돈에서 물건값을 빼면 받아야 할 거스름돈은 얼마인지 구할 수 있습니다.

3·1 찬수는 마트에서 95원짜리 요구르트 80개를 사고 10000원을 냈습니다. 찬수가 받아야 할 거스름돈은 얼마인지 구하세요.

( )

3·2 지용이는 우체국에서 380원짜리 우표 7장과 50원짜리 편지 봉투 10장을 사고 4000원을 냈습니다. 지용이가 받아야 할 거스름돈은 얼마인지 구하세요.

( )

4 변의 길이의 합 구하기

● 정답 7쪽

세 변의 길이가 모두 같은 삼각형 모양의 화단이 2군데 있습니다. 이 화단의 한 변의 길이가 125 cm라면 화단 2군데의 모든 변의 길이의 합은 몇 cm인지 구하세요.

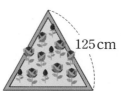 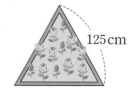

125 cm   125 cm

1단계 화단 1군데의 세 변의 길이의 합 구하기

(   )

2단계 화단 2군데의 모든 변의 길이의 합 구하기

(   )

문제해결 tip 세 변의 길이가 모두 같은 삼각형의 세 변의 길이의 합은 한 변의 길이의 3배입니다.

4·1 네 변의 길이가 모두 같은 사각형 모양의 손수건이 20장 있습니다. 이 손수건의 한 변의 길이가 13 cm라면 손수건 20장의 모든 변의 길이의 합은 몇 cm인지 구하세요.

(   )

4·2 현수는 길이가 8 m인 철사를 사용하여 세 변의 길이가 모두 같은 삼각형을 만들었습니다. 만든 삼각형의 한 변의 길이가 234 cm라면 삼각형을 만들고 남은 철사의 길이는 몇 cm인지 구하세요.

(   )

5 두 곱의 합 구하기

● 정답 7쪽

땅콩을 수진이는 하루에 21개씩 15일 동안 먹었고, 규현이는 하루에 30개씩 20일 동안 먹었습니다. 두 사람이 먹은 땅콩은 모두 몇 개인지 구하세요.

1단계 수진이가 먹은 땅콩은 몇 개인지 구하기

( )

2단계 규현이가 먹은 땅콩은 몇 개인지 구하기

( )

3단계 두 사람이 먹은 땅콩은 모두 몇 개인지 구하기

( )

문제해결 tip 수진이와 규현이가 먹은 땅콩 수를 각각 구한 다음 더합니다.

5·1 참외를 한 상자에 24개씩 50상자에 담았고, 귤을 한 상자에 140개씩 4상자에 담았습니다. 상자에 담은 참외와 귤은 모두 몇 개인지 구하세요.

( )

5·2 은수는 하루에 820 m씩 5일 동안 걸었고, 수지는 하루에 740 m씩 ㉠일 동안 걸었습니다. 두 사람이 걸은 거리의 합이 6320 m일 때 ㉠에 알맞은 수를 구하세요.

( )

6 기호로 나타낸 식 계산하기

정답 7쪽

기호 ▲에 대하여 다음과 같이 약속할 때 6▲57과 14▲30의 차를 구하세요.

가▲나＝(가보다 3 큰 수)×(나보다 3 작은 수)

1단계 6▲57의 값 구하기

(   )

2단계 14▲30의 값 구하기

(   )

3단계 6▲57과 14▲30의 차 구하기

(   )

문제해결 tip 정한 약속은 ▲ 앞의 수보다 3 큰 수와 ▲ 뒤의 수보다 3 작은 수를 각각 구한 후 두 수를 곱하는 것입니다.

6·1 기호 ★에 대하여 다음과 같이 약속할 때 65★2와 21★40의 합을 구하세요.

가★나＝(가의 2배인 수)×(나보다 5 큰 수)

(   )

6·2 기호 ■에 대하여 보기 에서 정한 약속을 찾아 16■13과 19■14의 곱을 구하세요.

보기
ㄱ－ㄴ＝ㄷ일 때 ㄱ■ㄴ＝ㄷ×ㄴ입니다.

(   )

1 곱셈

● 정답 7쪽

백의 자리 계산에서 올림한 수는 천의 자리에 써야 합니다.

① (세 자리 수)×(한 자리 수)

• 올림이 없는 경우

```
    3  1  2
  ×       2
 □  2  4
```

• 올림이 있는 경우

1 ────→ 실제로 100을 나타내요.

```
    3  5  1
  ×       3
 □  □  5  3
```

(몇십)×(몇십), (몇십몇)×(몇십)을 계산할 때는 0의 개수에 주의합니다.

② (몇십)×(몇십), (몇십몇)×(몇십)

• (몇십)×(몇십)

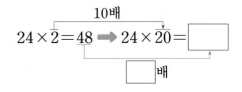

$3 \times 4 = 12 \implies 30 \times 40 = 1200$

□배

• (몇십몇)×(몇십)

$24 \times 2 = 48 \implies 24 \times 20 = \boxed{}$

□배

곱하는 수인 몇십몇을 몇십과 몇으로 나누어 계산합니다.

③ (몇)×(몇십몇)

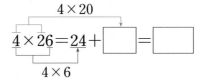

$4 \times 26 = 24 + \boxed{} = \boxed{}$

2 ────→ 실제로 20을 나타내요.

```
       4
  ×  2  6
  1  0  4
```

올림한 수를 따로 적지 않아도 계산 과정에서 빠뜨리지 않고 더합니다.

④ (몇십몇)×(몇십몇)

$45 \times 26 \begin{cases} 45 \times \ \ 6 = 270 \\ 45 \times 20 = 900 \end{cases} \boxed{}$

```
       4  5
  ×    2  6
    2  7  0  ← 45×6
    9  0  0  ← 45×20
  □  □  □  □
```

1. 곱셈

1

☐ 안에 알맞은 수를 써넣으세요.

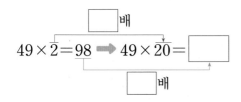

2

보기 와 같이 계산을 하세요.

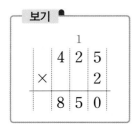

$$\begin{array}{r} 2\ 2\ 4 \\ \times \qquad 3 \\ \hline \end{array}$$

3

계산을 하세요.

$$\begin{array}{r} 3\ 3 \\ \times\ 2\ 1 \\ \hline \end{array}$$

4

덧셈식을 곱셈식으로 나타내어 계산을 하세요.

$$264+264+264+264$$

 식 _____

 답 _____

5

빈칸에 알맞은 수를 써넣으세요.

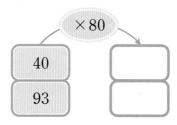

6

계산 결과를 찾아 이으세요.

3×48 ·	· 135
5×27 ·	· 144
8×16 ·	· 128

7

곱이 더 큰 것에 색칠하세요.

73×18 35×36

8

계산에서 잘못된 곳을 찾아 바르게 계산하세요.

11

1년을 365일이라고 할 때 8년은 며칠인지 구하세요.

( )

12

두 곱의 합을 구하세요.

$$35 \times 12 \qquad 17 \times 15$$

( )

9

가장 큰 수와 두 번째로 작은 수의 곱을 구하세요.

| 6 | 194 | 3 | 213 |

( )

13

두 수의 곱은 얼마인지 구하세요.

- 1이 6개인 수
- 10이 3개, 1이 9개인 수

( )

10 서술형

곱이 나머지와 다른 하나를 찾아 기호를 쓰려고 합니다. 해결 과정을 쓰고, 답을 구하세요.

㉠ 12×60 ㉡ 24×30
㉢ 18×40 ㉣ 80×90

_____

_____

_____

( )

14

곱이 1500보다 작은 것을 찾아 기호를 쓰세요.

㉠ 36×47 ㉡ 41×40
㉢ 65×22 ㉣ 37×43

( )

15

어떤 수에 26을 곱해야 할 것을 잘못하여 더했더니 34가 되었습니다. 바르게 계산하면 얼마인지 구하세요.

(   )

16 서술형

준수는 윗몸 일으키기를 하루에 24번씩 했습니다. 준수가 2주일 동안 한 윗몸 일으키기는 모두 몇 번인지 해결 과정을 쓰고, 답을 구하세요.

_____

_____

_____

(   )

17

□ 안에 알맞은 수를 써넣으세요.

$$
\begin{array}{cccc}
 & 3 & \boxed{} & 6 \\
\times & & & 4 \\
\hline
1 & 3 & 0 & 4 \\
\end{array}
$$

18 서술형

준영이네 학교에서 전교생에게 수첩을 한 권씩 나누어 주기로 했습니다. 각 학년의 학급 수는 다음과 같고, 각 반의 학생 수는 32명입니다. 모든 학생들에게 수첩을 나누어 주려면 수첩은 모두 몇 권 필요한지 해결 과정을 쓰고, 답을 구하세요.

학년	1학년	2학년	3학년	4학년	5학년	6학년
학급 수(반)	6	6	5	4	5	4

_____

_____

_____

(   )

19

예인이는 문구점에서 550원짜리 지우개 9개를 사고 10000원을 냈습니다. 예인이가 받아야 할 거스름돈은 얼마인지 구하세요.

(   )

20

수 카드 3 , 6 , 7 을 한 번씩만 사용하여 계산 결과가 가장 큰 곱셈을 만들려고 합니다. □ 안에 알맞은 수를 써넣고, 계산을 하세요.

$$
\boxed{}\boxed{} \times 4 \boxed{}
$$

(   )

미로를 따라 길을 찾아보세요.

● 정답 45쪽

2

나눗셈

▶ 학습을 완료하면 ∨표를 하면서 학습 진도를 체크해요.

1 (몇십)÷(몇)

● 정답 9쪽

● 80÷2의 계산 방법

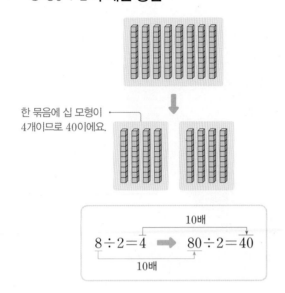

한 묶음에 십 모형이 4개이므로 40이에요.

$$8 \div 2 = 4 \implies 80 \div 2 = 40$$

10배

● 50÷2의 계산 방법

십 모형 1개를 일 모형 10개로 바꿔요.

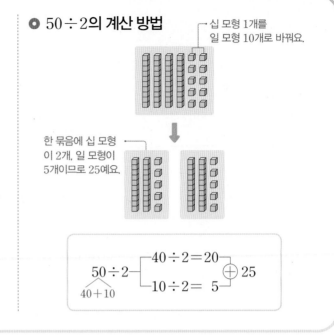

한 묶음에 십 모형이 2개, 일 모형이 5개이므로 25예요.

$$50 \div 2 \begin{array}{l} 40 \div 2 = 20 \\ 10 \div 2 = 5 \end{array} \oplus 25$$

$40 + 10$

개념 강의

● 내림이 없는 (몇십)÷(몇)은 (몇)÷(몇)을 계산한 후 몫에 0을 1개 붙입니다.
● 내림이 있는 (몇십)÷(몇)은 (몇십)을 ■0+♥0으로 생각하여 각각 (몇)으로 나눈 후 두 몫을 더합니다.

1 수 모형을 보고 60÷3을 계산하려고 합니다. □ 안에 알맞은 수를 써넣으세요.

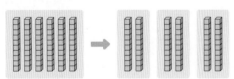

(1) 한 묶음에 십 모형이 □개씩 있습니다.

(2) 60÷3의 몫은 □입니다.

2 수 모형을 보고 70÷2를 계산하려고 합니다. □ 안에 알맞은 수를 써넣으세요.

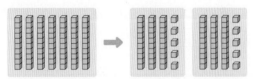

(1) 한 묶음에 십 모형이 □개, 일 모형이 □개씩 있습니다.

(2) 70÷2의 몫은 □입니다.

3 그림을 보고 60÷4를 계산하려고 합니다. 물음에 답하세요.

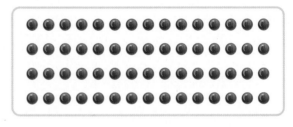

(1) 구슬 60개를 똑같이 4묶음으로 묶어 보세요.

(2) □ 안에 알맞은 수를 써넣으세요.

구슬 60개를 똑같이 4묶음으로 묶으면 한 묶음에 구슬이 □개씩 있습니다.

(3) □ 안에 알맞은 수를 써넣으세요.

$$60 \div 4 = \boxed{}$$

2 나머지가 없는 (몇십몇)÷(몇)

● 정답 9쪽

◉ 36÷3의 계산 방법

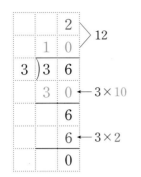 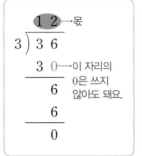

◉ 65÷5의 계산 방법

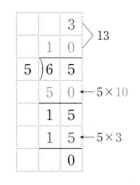 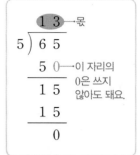

개념 강의

● ■÷◆=● 를 세로로 나타낼 때 ⌐ 을 기준으로 ■(나누어지는 수)는 ⌐ 의 안쪽에, ◆(나누는 수)는 ⌐ 의 왼쪽에, ●(몫)는 ⌐ 의 위쪽에 씁니다.

---

1 수 모형을 보고 69÷3을 계산하려고 합니다. ☐ 안에 알맞은 수를 써넣으세요.

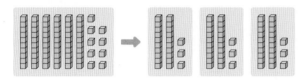

(1) 한 묶음에 십 모형이 ☐ 개, 일 모형이 ☐ 개 씩 있습니다.

(2) 69÷3의 몫은 ☐ 입니다.

2 수 모형을 보고 56÷4를 계산하려고 합니다. ☐ 안에 알맞은 수를 써넣으세요.

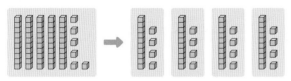

(1) 한 묶음에 십 모형이 ☐ 개, 일 모형이 ☐ 개 씩 있습니다.

(2) 56÷4의 몫은 ☐ 입니다.

---

3 ☐ 안에 알맞은 수를 써넣으세요.

(1)
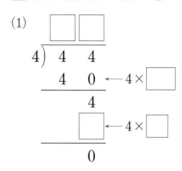

(2)
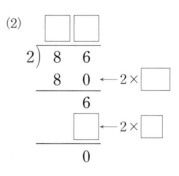

(3)
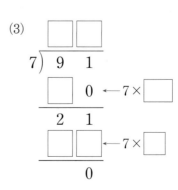

3 나머지가 있는 (몇십몇)÷(몇) (1)

● 정답 9쪽

● 17÷5의 계산에서 몫과 나머지 알아보기

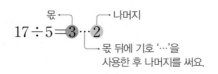

나누는 수 → 5) 1 7 ← 나누어지는 수
③ ← 몫
1 5
② ← 나머지

몫 ┐ ┌ 나머지
17÷5 = ③ ⋯ ②
└ 몫 뒤에 기호 '⋯'을 사용한 후 나머지를 써요.

• 17을 5로 나누면 몫은 3이고 2가 남습니다. 이때 2를 17÷5의 나머지라고 합니다.
• 나머지가 없으면 나머지가 0이라고 말할 수 있습니다.
• 나머지가 0일 때, 나누어떨어진다고 합니다.

개념 강의

● 15÷5=3과 같이 나머지가 0인 경우 나누어떨어진다고 합니다.
● (나누어지는 수)÷(나누는 수)=(몫)⋯(나머지) ➡ (나누는 수)>(나머지)

1 나눗셈식을 보고 몫과 나머지를 각각 쓰세요.

(1)
$$37÷6=6⋯1$$

몫 ( )
나머지 ( )

(2)
$$49÷5=9⋯4$$

몫 ( )
나머지 ( )

(3)
$$35÷3=11⋯2$$

몫 ( )
나머지 ( )

(4)
$$63÷6=10⋯3$$

몫 ( )
나머지 ( )

2 □ 안에 알맞은 수를 써넣으세요.

(1)

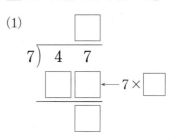

(2)

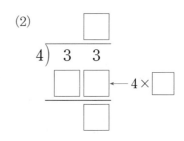

(3)

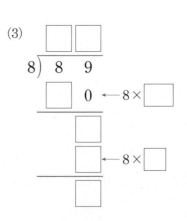

4 나머지가 있는 (몇십몇)÷(몇) (2)

● **81÷6의 계산 방법**

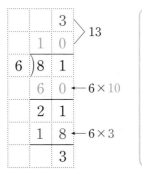 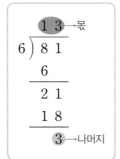

● **맞게 계산했는지 확인하기**

나누는 수와 몫의 곱에 나머지를 더하면 나누어지는 수가 되어야 합니다.

$$81 \div 6 = 13 \cdots 3$$

$$6 \times 13 = 78 \implies 78 + 3 = 81$$

참고 나머지가 없을 때는 나누는 수와 몫의 곱이 나누어지는 수가 되어야 합니다.

 개념 강의

● ① 몫의 십의 자리 수를 구한 후 남은 수를 내림하여 일의 자리 수와 더합니다.
② 몫의 일의 자리 수를 구한 후 나머지를 구합니다.

2
단원

---

1 □ 안에 알맞은 수를 써넣으세요.

(1)
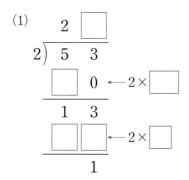

(2)
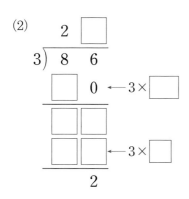

(3)
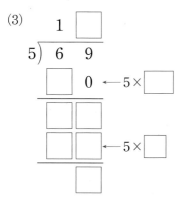

2 나눗셈의 계산이 맞는지 확인하려고 합니다. □ 안에 알맞은 수를 써넣으세요.

(1)

```
      1 2
   8 ) 9 9
       8
       1 9
       1 6
         3
```

몫 □   나머지 □

확인 8 × □ = 96 ➡ 96 + □ = 99

(2)

```
      1 9
   4 ) 7 8
       4
       3 8
       3 6
         2
```

몫 □   나머지 □

확인 □ × 19 = 76 ➡ 76 + □ = 78

5 나머지가 없는 (세 자리 수)÷(한 자리 수)

● 정답 9쪽

◎ 420÷3의 계산 방법

↗ 각 자리의 계산에서 나눌 수 없을 때는 몫의 자리에 0을 써요.

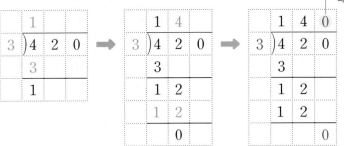

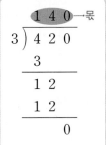

개념 강의

● 백의 자리, 십의 자리, 일의 자리를 차례대로 나누어 계산합니다.
● 각 자리의 계산에서 남은 수는 내림하여 다음 자리의 수와 함께 계산합니다.

1 □ 안에 알맞은 수를 써넣으세요.

(1)
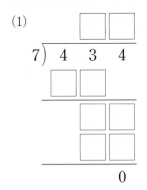

$$434 \div 7 = \boxed{}$$

(2)
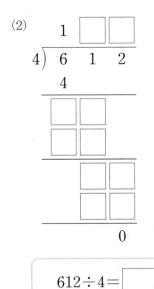

$$612 \div 4 = \boxed{}$$

2 나눗셈의 계산이 맞는지 확인하려고 합니다. □ 안에 알맞은 수를 써넣으세요.

(1)
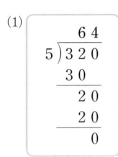

몫 □

확인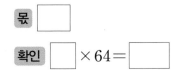

$$\boxed{} \times 64 = \boxed{}$$

(2)
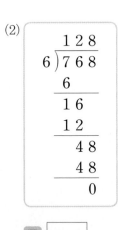

몫 □

확인 $6 \times \boxed{} = \boxed{}$

6 나머지가 있는 (세 자리 수)÷(한 자리 수)

○ 341÷7의 계산 방법

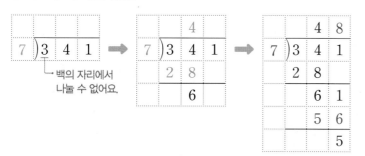

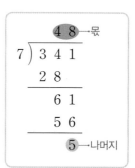

개념 강의

● 각 자리의 계산에서 내림이 있는 경우 내림을 하고, 마지막에 남은 수가 나머지가 됩니다.
● (세 자리 수)÷(한 자리 수)를 계산할 때 백의 자리에서 나눌 수 없으면 몫은 두 자리 수가 됩니다.

2단원

1 □ 안에 알맞은 수를 써넣으세요.

(1)

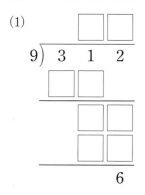

$$312÷9=\boxed{}\boxed{} \cdots \boxed{}$$

(2)

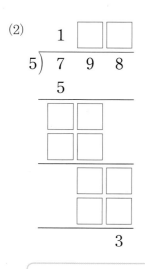

$$798÷5=\boxed{}\boxed{} \cdots \boxed{}$$

2 나눗셈의 계산이 맞는지 확인하려고 합니다. □ 안에 알맞은 수를 써넣으세요.

(1)

```
      8 3
6 ) 5 0 1
    4 8
      2 1
      1 8
        3
```

몫 □   나머지 □

확인 $6 × \boxed{} = 498 ⟹ 498 + \boxed{} = 501$

(2)

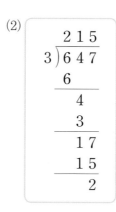

```
      2 1 5
3 ) 6 4 7
    6
      4
      3
      1 7
      1 5
        2
```

몫 □   나머지 □

확인 $\boxed{} × 215 = 645 ⟹ 645 + \boxed{} = 647$

1 (몇십)÷(몇)

▸ 나누는 수가 같을 때 나누어지는 수가 10배가 되면 몫도 10배가 됩니다.

$$3 \div 3 = 1$$

10배 $\downarrow$ $\downarrow$ 10배

$$30 \div 3 = 10$$

1

□ 안에 알맞은 수를 써넣으세요.

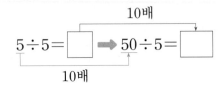

$$5 \div 5 = \boxed{} \Rightarrow 50 \div 5 = \boxed{}$$

2

계산을 하세요.

(1) $60 \div 2$ (2) $70 \div 5$

3

큰 수를 작은 수로 나눈 몫을 빈칸에 써넣으세요.

30	2

4 교과서 공통

나눗셈의 몫을 찾아 이으세요.

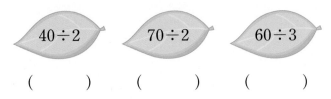

90÷2 •   • 10

40÷4 •   • 45

50÷2 •   • 25

5

몫이 다른 것을 찾아 ○표 하세요.

40÷2   70÷2   60÷3

(   )   (   )   (   )

6

몫의 크기를 비교하여 ○ 안에 >, =, <를 알맞게 써넣으세요.

80÷5 90÷5

7

가장 큰 수를 가장 작은 수로 나눈 몫을 구하세요.

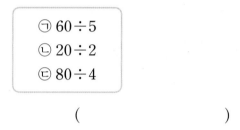

( )

8

몫이 큰 것부터 차례대로 기호를 쓰세요.

㉠ 60÷5
㉡ 20÷2
㉢ 80÷4

( )

 9 교과서 공통

네 변의 길이의 합이 60 cm인 정사각형이 있습니다. 정사각형의 한 변의 길이는 몇 cm인지 구하세요.

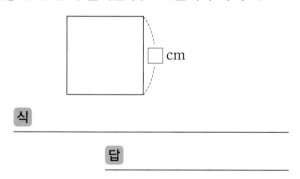

식

답

10 교과서 공통

연필 70자루를 7명이 똑같이 나누어 가지려고 합니다. 한 명이 가지게 되는 연필은 몇 자루인지 구하세요.

( )

11

대화를 읽고 수민이가 계산한 식의 결과는 얼마인지 구하세요.

난 80÷2를 계산했어.

난 준서가 계산한 나눗셈의 몫을 4로 나누었어.

준서   수민

( )

12

남학생 44명과 여학생 46명이 있습니다. 운동장에 학생들이 한 줄에 6명씩 줄을 서면 모두 몇 줄이 되는지 구하세요.

( )

13

구슬이 한 줄에 10개씩 7줄 있습니다. 이 구슬을 5모둠이 똑같이 나누어 가지려고 합니다. 한 모둠이 가지게 되는 구슬은 몇 개인지 구하세요.

( )

2 나머지가 없는 (몇십몇)÷(몇)

▶ 몫의 십의 자리 수를 먼저 구하고, 나누어지는 수의 십의 자리에서 내림한 수와 일의 자리 수를 더해 몫의 일의 자리 수를 구합니다.

$$
\begin{array}{r}
1\,4 \\
3\,)\overline{4\,2} \\
\underline{3\,0} \leftarrow 3\times10 \\
①2 \\
\underline{1\,2} \leftarrow 3\times4 \\
0
\end{array}
$$

십의 자리에서 ──①2
내림한 수예요.
→ 4−3=1

1

□ 안에 알맞은 수를 써넣으세요.

$$64\div4 \begin{cases} 40\div4=\boxed{} \\ 24\div4=\boxed{} \end{cases} \boxed{}$$

2

계산을 하세요.

(1) 6$)\overline{6\,6}$

(2) 7$)\overline{8\,4}$

3

큰 수를 작은 수로 나눈 몫을 구하세요.

| 5 | 75 |

(   )

4

몫이 같은 것끼리 이으세요.

78÷6	•		•	96÷8
36÷3	•		•	26÷2
72÷4	•		•	36÷2

5 교과서 공통

빈칸에 알맞은 수를 써넣으세요.

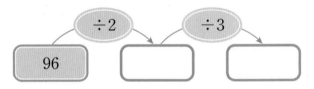

96   ÷2 →   ÷3 →

6

몫이 더 작은 것에 색칠하세요.

| 56÷2 | | 93÷3 |

7 교과서 공통

몫이 나머지 넷과 <u>다른</u> 하나는 어느 것일까요?

(   )

① 56÷4   ② 28÷2   ③ 45÷3
④ 98÷7   ⑤ 84÷6

8

두 나눗셈의 몫의 차를 구하세요.

| 84÷4 | 54÷3 |

(   )

9

토마토 46개를 2상자에 똑같이 나누어 담으려고 합니다. 한 상자에 토마토를 몇 개씩 담아야 하는지 구하세요.

식 _____

답 _____

10 교과서 공통

두 나눗셈식에서 ▲는 같은 수를 나타냅니다. ▲, ★에 알맞은 수는 각각 얼마인지 구하세요.

• 72÷3=▲
• ▲÷2=★

▲ (   )
★ (   )

11

초콜릿 39개와 젤리 51개가 있습니다. 이 초콜릿과 젤리를 3상자에 각각 똑같이 나누어 담으려고 합니다. 한 상자에 담을 수 있는 초콜릿과 젤리는 각각 몇 개인지 구하세요.

초콜릿 (   )
젤리 (   )

12

메뚜기 한 마리는 3쌍의 다리가 있습니다. 메뚜기의 다리가 66개일 때 메뚜기는 몇 마리 있는지 구하세요.

(   )

13

나눗셈에 알맞은 문제를 만들고, 답을 구하세요.

| 91÷7 |

문제 _____

_____

_____

(   )

3 나머지가 있는 (몇십몇)÷(몇) (1)

▶ 나머지는 항상 나누는 수보다 작아야 합니다.

$$
\begin{array}{r}
5 \\
6{\overline{\smash{)}39}} \\
\underline{30} \\
9
\end{array}
$$
6<9이므로
나머지가
될 수 없어요.

$$
\begin{array}{r}
6 \\
6{\overline{\smash{)}39}} \\
\underline{36} \\
3
\end{array}
$$
3←6>3이므로
나머지가
될 수 있어요.

1

수 모형을 보고 □ 안에 알맞은 수를 써넣으세요.

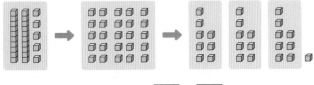

$25 \div 3 = \boxed{} \cdots \boxed{}$

2

나눗셈식을 보고 □ 안에 알맞은 말을 써넣으세요.

$$38 \div 7 = 5 \cdots 3$$

38을 7로 나누면 □ 은/는 5이고 3이 남습니다.

이때 3을 38÷7의 □ (이)라고 합니다.

3

나눗셈의 몫과 나머지를 각각 구하세요.

$45 \div 6$

몫 (   )

나머지 (   )

4

나누어떨어지는 나눗셈을 모두 찾아 ○표 하세요.

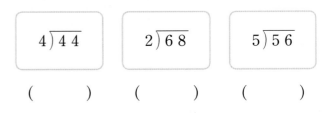

| $4{\overline{\smash{)}44}}$ | $2{\overline{\smash{)}68}}$ | $5{\overline{\smash{)}56}}$ |

(   )   (   )   (   )

5

나머지가 같은 것끼리 이으세요.

$22 \div 4$	•	•	$49 \div 9$
$34 \div 3$	•	•	$55 \div 6$
$74 \div 7$	•	•	$47 \div 5$

6 교과서 공통

어떤 수를 9로 나누었을 때 나머지가 될 수 없는 수는 어느 것일까요? (   )

① 2   ② 4   ③ 5

④ 8   ⑤ 9

7 교과서 공통

나머지가 더 작은 것에 색칠하세요.

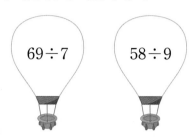

69÷7   58÷9

8

두 나눗셈의 나머지의 합을 구하세요.

56÷9   48÷5

(   )

9

나머지가 4보다 작은 것을 찾아 기호를 쓰세요.

㉠ 47÷7
㉡ 59÷5
㉢ 66÷8

(   )

10

복숭아 32개를 5상자에 똑같이 나누어 담으려고 합니다. 한 상자에 복숭아를 몇 개씩 담을 수 있고, 몇 개가 남는지 구하세요.

식

답 ☐개씩 담을 수 있고, ☐개가 남습니다.

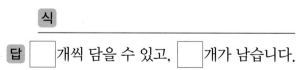

11

수지가 말한 수를 6으로 나눈 몫과 나머지를 각각 구하세요.

10이 57개,
1이 8개인 수

수지

몫 (   )
나머지 (   )

12 교과서 공통

나눗셈식에 대해 바르게 설명한 사람을 찾아 이름을 쓰세요.

47÷4=㉠…㉡

민호: ㉠에 알맞은 수는 10보다 작아.
가영: 47은 4로 나누어떨어져.
동수: ㉡에 알맞은 수는 2보다 커.

(   )

13

선아는 85쪽짜리 수학 문제집을 하루에 8쪽씩 매일 풀려고 합니다. 수학 문제집 전체를 풀려면 적어도 며칠이 걸리는지 구하세요.

(   )

나머지가 있는 (몇십몇)÷(몇) (2)

4

▶ 나눗셈을 계산한 후 나눗셈의 계산이 맞는지 확인할 수 있습니다.

나눗셈식 $43÷3=14⋯1$

확인 $3×14=42 ➡ 42+1=43$
나누어지는 수가 되므로
맞게 계산했어요.

4 교과서 공통

관계있는 것끼리 이으세요.

$47÷3$ •

• $6×11=66 ➡ 66+4=70$

$70÷6$ •

• $5×12=60 ➡ 60+2=62$

$62÷5$ •

• $3×15=45 ➡ 45+2=47$

1

수 모형을 보고 $31÷2$를 계산하려고 합니다. □ 안에 알맞은 수를 써넣으세요.

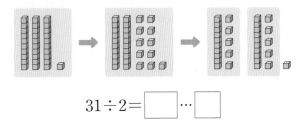

$31÷2=$ ☐ $⋯$ ☐

2

나눗셈의 계산이 맞는지 확인하려고 합니다. □ 안에 알맞은 수를 써넣으세요.

$57÷4=14⋯1$

확인 $4×$ ☐ $=56 ➡ 56+$ ☐ $=$ ☐

3

나눗셈을 하고, 몫과 나머지를 각각 구하세요.

$5\overline{)8\ 3}$

몫 ( )
나머지 ( )

5

다음 수 중에서 7로 나누었을 때 나머지가 4인 수를 찾아 쓰세요.

85	81	93

( )

6

■와 ♥에 알맞은 수의 합을 구하세요.

$92÷6=$ ■ $⋯$ ♥

( )

 교과서 공통

7

계산에서 잘못된 곳을 찾아 바르게 계산하세요.

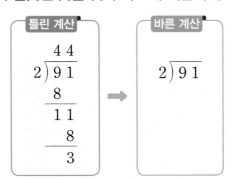

8

나머지가 큰 것부터 차례대로 기호를 쓰세요.

| ㉠ 83÷7 | ㉡ 76÷6 |
| ㉢ 59÷2 | ㉣ 78÷5 |

( )

9

보기 는 나눗셈을 하고 계산이 맞는지 확인한 것입니다. 계산한 나눗셈식을 쓰고, 몫과 나머지를 각각 구하세요.

보기

$3 × 26 = 78 \Rightarrow 78 + 2 = 80$

나눗셈식

_____

몫 ( )

나머지 ( )

10

공책 75권을 한 명에게 4권씩 나누어 주려고 합니다. 공책을 몇 명에게 나누어 줄 수 있고, 몇 권이 남는지 구하세요.

( ), ( )

11

큰 수를 작은 수로 나눈 몫과 나머지를 각각 구하세요.

• 1이 5개인 수
• 10이 8개, 1이 12개인 수

몫 ( )

나머지 ( )

 교과서 공통

12

고구마 94개를 한 봉지에 8개씩 담아 팔려고 합니다. 팔 수 있는 봉지는 몇 봉지인지 구하세요.

( )

13

3장의 수 카드 중에서 2장을 골라 한 번씩만 사용하여 가장 큰 두 자리 수를 만들었습니다. 만든 두 자리 수를 남은 수 카드의 수로 나누었을 때의 몫과 나머지를 각각 구하세요.

| 9 | 4 | 7 |

몫 ( )

나머지 ( )

5 나머지가 없는 (세 자리 수)÷(한 자리 수)

> 백의 자리, 십의 자리, 일의 자리를 차례대로 나누어 계산합니다.

$$
\begin{array}{r} 1 \\ 3\overline{)5\,3\,4} \\ 3 \\ \hline 2 \end{array}
\rightarrow
\begin{array}{r} 1\,7 \\ 3\overline{)5\,3\,4} \\ 3 \\ \hline 2\,3 \\ 2\,1 \\ \hline 2 \end{array}
\rightarrow
\begin{array}{r} 1\,7\,8 \\ 3\overline{)5\,3\,4} \\ 3 \\ \hline 2\,3 \\ 2\,1 \\ \hline 2\,4 \\ 2\,4 \\ \hline 0 \end{array}
$$

1

□ 안에 알맞은 수를 써넣으세요.

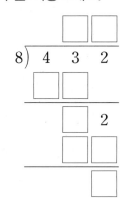

2

계산을 하세요.

(1) $8\overline{)3\,5\,2}$

(2) $5\overline{)6\,8\,0}$

3

나눗셈을 바르게 한 사람의 이름을 쓰세요.

> 재현: 260÷4의 몫은 56이야.
> 소영: 306÷3의 몫은 102야.

(   )

4

몫이 같은 것끼리 이으세요.

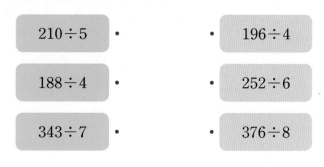

210÷5	•		•	196÷4
188÷4	•		•	252÷6
343÷7	•		•	376÷8

5 교과서 공통

빈칸에 알맞은 수를 써넣으세요.

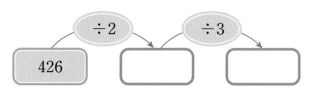

426 →(÷2)→ □ →(÷3)→ □

6

몫의 크기를 비교하여 ○ 안에 >, =, <를 알맞게 써넣으세요.

432÷6 ○ 585÷9

7

두 번째로 큰 수를 가장 작은 수로 나눈 몫을 구하세요.

| 310 | 5 | 480 | 8 |

(   )

8

몫이 작은 것부터 차례대로 기호를 쓰세요.

| ㉠ $510 \div 6$ |
| ㉡ $224 \div 4$ |
| ㉢ $612 \div 9$ |

(   )

9

성냥개비 252개를 6개씩 나누어 그림과 같은 모양을 각각 만들려고 합니다. 모양을 몇 개까지 만들 수 있는지 구하세요.

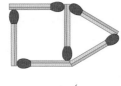

(   )

10 교과서 공통

대화를 읽고 딱지를 몇 명에게 나누어 줄 수 있는지 구하세요.

딱지가 5장씩 28묶음 있는데 한 명에게 7장씩 주려고 해.

그럼 몇 명에게 나누어 줄 수 있을까?

강우   지혜

(   )

11 교과서 공통

두 나눗셈식에서 ●는 같은 수를 나타냅니다. ●, ▲에 알맞은 수의 합을 구하세요.

- $98 \div 5 = 19 \cdots ●$
- $462 \div ● = ▲$

(   )

12

귤 680개를 8상자에 똑같이 나누어 담은 후 한 상자에 담은 귤을 5봉지에 똑같이 나누어 담았습니다. 한 봉지에 담은 귤은 몇 개인지 구하세요.

(   )

13

길이가 220 m인 산책로의 양쪽에 처음부터 끝까지 4 m 간격으로 나무를 심었습니다. 산책로에 심은 나무는 모두 몇 그루인지 구하세요. (단, 나무의 두께는 생각하지 않습니다.)

(   )

6 나머지가 있는 (세 자리 수)÷(한 자리 수)

> 각 자리의 계산에서 내림이 있는 경우에는 내림을 하고, 마지막에 남은 수가 나머지가 됩니다.

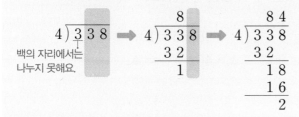

1

□ 안에 알맞은 수를 써넣으세요.

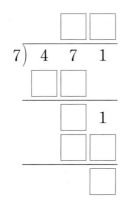

2

계산을 하세요.

(1) 6) 1 7 2

(2) 4) 6 5 4

3 교과서 공통

나눗셈을 하고, 계산이 맞는지 확인하려고 합니다. □ 안에 알맞은 수를 써넣으세요.

$$110 \div 6 = \boxed{} \cdots \boxed{}$$

확인 $6 \times \boxed{} = 108 \Rightarrow 108 + \boxed{} = 110$

4

빈칸에 몫을 쓰고, ◯ 안에 나머지를 써넣으세요.

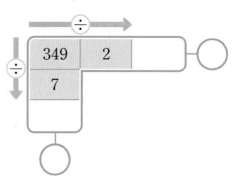

5 교과서 공통

나머지가 3인 나눗셈에 색칠하세요.

$454 \div 8$ 　 $628 \div 5$

6

계산에서 잘못된 곳을 찾아 바르게 계산하세요.

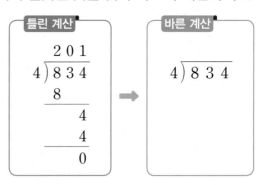

7

나머지가 가장 큰 것을 찾아 ○표 하세요.

$364 \div 6$ 　　　　 $534 \div 4$

(　　　　)　　　(　　　　)

$440 \div 7$ 　　　　 $523 \div 3$

(　　　　)　　　(　　　　)

8

모눈종이 145장을 한 명에게 7장씩 나누어 주려고 합니다. 모눈종이를 몇 명까지 나누어 줄 수 있는지 구하세요.

(　　　　　　　)

9

교과서 공통

$294 \div 9$에 대해 잘못 설명한 것을 찾아 기호를 쓰세요.

⊙ 몫은 30보다 큽니다.
⊙ $294 \div 9$는 나누어떨어지지 않습니다.
⊙ 나머지는 5보다 작습니다.

(　　　　　　　)

10

사탕이 한 묶음에 20개씩 10묶음 있습니다. 이 사탕을 6명이 똑같이 나누어 가지면 사탕은 몇 개가 남는지 구하세요. (단, 사탕은 가능한 많이 나누어 가집니다.)

(　　　　　　　)

11

⊙과 ⊙에 알맞은 수의 차를 구하세요.

• $⊙ \div 5 = 88 \cdots 3$
• $168 \div ⊙ = 56$

(　　　　　　　)

12

4장의 수 카드 중에서 3장을 골라 한 번씩만 사용하여 가장 작은 세 자리 수를 만들었습니다. 만든 세 자리 수를 남은 수 카드의 수로 나누었을 때의 몫과 나머지를 각각 구하세요.

7　4　9　3

몫 (　　　　　　　)
나머지 (　　　　　　　)

13

색 테이프를 한 도막이 6 cm가 되도록 자르면 34도막이 되고, 3 cm가 남습니다. 이 색 테이프를 한 도막이 5 cm가 되도록 자르면 몇 도막이 되고, 몇 cm가 남는지 구하세요.

(　　　　　　　), (　　　　　　　)

1 나머지가 될 수 있는 수 찾기

● 정답 14쪽

다음 수 중에서 어떤 수를 9로 나누었을 때 나머지가 될 수 있는 수는 모두 몇 개인지 구하세요.

2	13	7	10	8	9	5

1단계 □ 안에 알맞은 수 써넣기

어떤 수를 9로 나누었을 때 나머지는 □ 보다 작아야 합니다.

2단계 나머지가 될 수 있는 수는 모두 몇 개인지 구하기

( )

문제해결tip 나머지는 항상 나누는 수보다 작아야 합니다. ➡ (나누는 수) > (나머지)

1·1 다음 수 중에서 어떤 수를 6으로 나누었을 때 나머지가 될 수 없는 수는 모두 몇 개인지 구하세요.

8	3	5	6	1	12	4

( )

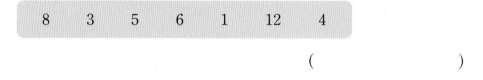

1·2 나머지가 3이 될 수 없는 나눗셈을 찾아 기호를 쓰세요.

㉠ □÷5 ㉡ □÷9
㉢ □÷2 ㉣ □÷7

( )

● 정답 14쪽

2 어떤 수 구하기

어떤 수를 4로 나누었더니 몫이 26이고 나머지가 2였습니다. 어떤 수는 얼마인지 구하세요.

1단계 어떤 수를 □라 하여 나눗셈식 만들기

( )

2단계 어떤 수는 얼마인지 구하기

( )

문제해결 tip 나눗셈의 계산이 맞는지 확인하는 방법을 이용해 어떤 수를 구합니다.

2·1 어떤 수를 3으로 나누었더니 몫이 31이고 나머지가 1이었습니다. 어떤 수는 얼마인지 구하세요.

( )

2·2 어떤 수를 8로 나누었더니 몫이 37이고 나머지가 6이었습니다. 어떤 수를 6으로 나눈 몫과 나머지는 각각 얼마인지 구하세요.

몫 ( )
나머지 ( )

3 더 필요한 물건 수 구하기

● 정답 14쪽

수첩 47권을 5명에게 남김없이 똑같이 나누어 주려고 합니다. 수첩은 적어도 몇 권 더 필요한지 구하세요.

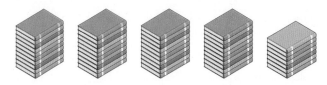

1단계 나누어 주고 남은 수첩 수 구하기

(   )

2단계 수첩은 적어도 몇 권 더 필요한지 구하기

(   )

문제해결 tip 남김없이 똑같이 나누어 주어야 하므로 남은 수첩이 ■권일 때 수첩은 적어도 (5 − ■)권 더 필요합니다.

3·1 수연이는 과수원에서 사과 164개를 땄습니다. 딴 사과를 8상자에 남김없이 똑같이 나누어 담으려고 합니다. 사과는 적어도 몇 개 더 따야 하는지 구하세요.

(   )

3·2 한 상자에 6개씩 들어 있는 지우개가 32상자 있습니다. 이 지우개를 9명에게 남김없이 똑같이 나누어 주려면 지우개는 적어도 몇 개 더 필요한지 구하세요.

(   )

4 수 카드로 몫이 가장 큰(작은) 나눗셈 만들기

● 정답 14쪽

3장의 수 카드를 한 번씩만 사용하여 몫이 가장 작은 (몇십몇)÷(몇)을 만들려고 합니다. 만든 나눗셈의 몫과 나머지를 각각 구하세요.

5   9   2

1단계 알맞은 말에 ○표 하기

> 몫이 가장 작으려면 나누어지는 수에 가장 (큰 , 작은) 수를,
> 나누는 수에 가장 (큰 , 작은) 수를 놓아야 합니다.

2단계 몫이 가장 작은 나눗셈 만들기

$$\boxed{}\boxed{}÷\boxed{}$$

3단계 만든 나눗셈의 몫과 나머지를 각각 구하기

몫 (   ), 나머지 (   )

문제해결 tip 몫이 가장 작은 (몇십몇)÷(몇) ➡ (가장 작은 몇십몇)÷(가장 큰 몇)

4·1 3장의 수 카드를 한 번씩만 사용하여 몫이 가장 큰 (몇십몇)÷(몇)을 만들려고 합니다. 만든 나눗셈의 몫과 나머지를 각각 구하세요.

7   4   8

몫 (   ), 나머지 (   )

4·2 5장의 수 카드 중에서 4장을 골라 한 번씩만 사용하여 몫이 가장 작은 (세 자리 수)÷(한 자리 수)를 만들려고 합니다. 만든 나눗셈의 몫과 나머지의 합을 구하세요.

4   1   8   3   9

(   )

5 나누어지는 수 구하기

● 정답 15쪽

□ 안에 들어갈 수 있는 두 자리 수 중에서 가장 작은 수를 구하세요. (단, ♣는 0이 아닙니다.)

$$□ \div 4 = 21 \cdots ♣$$

1단계 ♣가 될 수 있는 수 모두 구하기

( )

2단계 □ 안의 수가 가장 작은 두 자리 수가 되기 위해 ♣에 알맞은 수 구하기

( )

3단계 □ 안에 들어갈 수 있는 두 자리 수 중에서 가장 작은 수 구하기

( )

문제해결 tip 나머지가 있는 나눗셈에서 나머지가 작을수록 나누어지는 수도 작습니다.

5·1 □ 안에 들어갈 수 있는 세 자리 수 중에서 가장 큰 수를 구하세요. (단, ●는 0이 아닙니다.)

$$□ \div 6 = 48 \cdots ●$$

( )

5·2 ㉠이 될 수 있는 모든 두 자리 수의 합을 구하세요. (단, ㉡은 0이 아닙니다.)

$$㉠ \div 3 = 24 \cdots ㉡$$

( )

길이가 2 m인 철사를 잘라서 세 변의 길이가 모두 같은 똑같은 크기의 삼각형 4개를 만들었습니다. 삼각형 4개를 만들고 남은 철사의 길이가 8 cm일 때 삼각형의 한 변의 길이는 몇 cm인지 구하세요.

1단계 삼각형 4개를 만드는 데 사용한 철사의 길이는 몇 cm인지 구하기

(   )

2단계 삼각형 1개를 만드는 데 사용한 철사의 길이는 몇 cm인지 구하기

(   )

3단계 삼각형의 한 변의 길이는 몇 cm인지 구하기

(   )

문제해결 tip   1 m＝100 cm임을 이용해 m 단위를 cm 단위로 바꿉니다.

6·1 길이가 5 m인 철사를 잘라서 똑같은 크기의 정사각형 6개를 만들었습니다. 정사각형 6개를 만들고 남은 철사의 길이가 20 cm일 때 정사각형의 한 변의 길이는 몇 cm인지 구하세요.

(   )

6·2 크기가 같은 작은 정사각형 6개를 왼쪽 그림과 같이 겹치지 않게 붙였습니다. 작은 정사각형 한 개의 네 변의 길이의 합이 60 cm이고, 두 도형에서 주황선으로 표시한 부분의 길이는 같습니다. 오른쪽 큰 정사각형의 한 변의 길이는 몇 cm인지 구하세요.

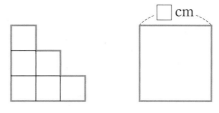

(   )

② 나눗셈

● 정답 15쪽

(몇)÷(몇)을 계산한 후 몫의 오른쪽에 0을 1개 붙입니다.

① (몇십)÷(몇)

$$0이 \boxed{} 개$$
$$60 \div 3 = 20$$
$$6 \div 3 = 2$$

가로로 나타낸 나눗셈식을 세로로 나타내면 다음과 같습니다.

$$48 \div 4 = 12 \rightarrow 4\overline{)48}^{\,12}$$

② 나머지가 없는 (몇십몇)÷(몇)

$$8 \div 4 = \boxed{}$$
$$48 \div 4 = 1\boxed{}$$
$$4 \div 4 = 1$$

나누는 수와 몫의 곱에 나머지를 더한 수가 나누어지는 수가 되면 나눗셈을 맞게 계산한 것입니다.

③ 나머지가 있는 (몇십몇)÷(몇)

나누는 수 → 8) 9 9
　　　　　　　1 2 — 몫
　　　　　　　9 9 — 나누어지는 수
　　　　　　　8
　　　　　　　1 9
　　　　　　　1 6
　　　　　　　☐ — 나머지

$$99 \div 8 = 12 \cdots \boxed{}$$

확인 $8 \times 12 = 96 \Rightarrow 96 + \boxed{} = 99$

각 자리의 계산에서 남은 수는 내림하여 다음 자리의 계산에서 함께 나눕니다.

④ (세 자리 수)÷(한 자리 수)

• 나머지가 없는 경우

　　　　5 7
4) 2 2 8
　　　2 0
　　　2 8
　　　2 8
　　　　0

확인 $4 \times \boxed{} = \boxed{}$

• 나머지가 있는 경우

　　　1 5 0
3) 4 5 2
　　3
　　1 5
　　1 5
　　　2

확인 $3 \times \boxed{} = \boxed{}$

$\Rightarrow 450 + \boxed{} = 452$

단원평가

1

수 모형을 보고 □ 안에 알맞은 수를 써넣으세요.

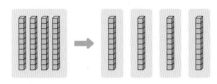

$$40 \div 4 = \boxed{}$$

2

□ 안에 알맞은 수를 써넣으세요.

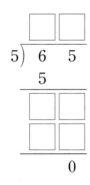

3

나눗셈을 하고, 몫과 나머지를 각각 구하세요.

몫 (   )

나머지 (   )

4

나눗셈을 잘못 계산한 사람의 이름을 쓰세요.

수정: $95 \div 3$의 몫은 31, 나머지는 2야.

성빈: $66 \div 5$의 몫은 11, 나머지는 1이야.

(   )

5

몫이 같은 것끼리 이으세요.

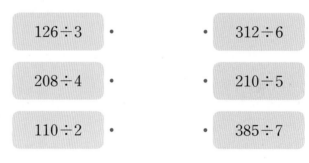

6

빈칸에 알맞은 수를 써넣으세요.

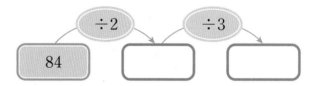

7

몫의 크기를 비교하여 ○ 안에 >, =, <를 알맞게 써넣으세요.

$650 \div 4$ ○ $713 \div 5$

8 서술형

다음 수 중에서 □÷4의 나머지가 될 수 없는 수는 모두 몇 개인지 해결 과정을 쓰고, 답을 구하세요.

| 1 | 2 | 3 | 4 | 5 | 6 | 7 |

_____

_____

_____

(   )

9

가장 큰 수를 두 번째로 작은 수로 나눈 몫을 구하세요.

| 7 | 308 | 4 | 560 |

(   )

10

㉠과 ㉡에 알맞은 수의 차를 구하세요.

$$59 \div 4 = ㉠ \cdots ㉡$$

(   )

11

몫이 큰 것부터 차례대로 기호를 쓰세요.

㉠ $456 \div 3$
㉡ $910 \div 7$
㉢ $332 \div 2$

(   )

12

복숭아 63개를 3상자에 똑같이 나누어 담으려고 합니다. 한 상자에 복숭아를 몇 개씩 담아야 하는지 구하세요.

(   )

13

현우는 연필 79자루를 친구 9명에게 똑같이 나누어 주고, 남은 연필은 동생에게 주었습니다. 동생에게 준 연필은 몇 자루인지 구하세요. (단, 동생에게 준 연필은 9자루보다 적습니다.)

(   )

14

어떤 수를 8로 나누었더니 몫이 46이고 나머지가 5였습니다. 어떤 수는 얼마인지 구하세요.

(   )

15

감이 한 묶음에 5개씩 12묶음 있습니다. 이 감을 4명이 똑같이 나누어 가지려면 한 명이 몇 개씩 가져야 하는지 구하세요.

(   )

16

◆와 ▲에 알맞은 수의 합을 구하세요.

> • $282 \div ◆ = 47$
> • $▲ \div 9 = 25 \cdots 5$

(   )

17 서술형

시윤이가 93쪽짜리 동화책을 하루에 7쪽씩 읽으려고 합니다. 동화책 전체를 읽으려면 적어도 며칠이 걸리는지 해결 과정을 쓰고, 답을 구하세요.

_____

_____

_____

(   )

18 서술형

□ 안에 들어갈 수 있는 세 자리 수 중에서 가장 큰 수를 구하려고 합니다. 해결 과정을 쓰고, 답을 구하세요. (단, ★은 0이 아닙니다.)

> $□ \div 5 = 56 \cdots ★$

_____

_____

_____

(   )

19

다음 조건을 모두 만족하는 수는 몇 개인지 구하세요.

> • 50보다 크고 60보다 작습니다.
> • 4로 나누었을 때 나머지가 2입니다.

(   )

20

나눗셈의 나머지를 가장 크게 하려고 합니다. 0부터 9까지의 수 중에서 □ 안에 알맞은 수를 써넣으세요.

$$9 \overline{)7 \square}$$

2단원

다른 그림을 찾아보세요.

● 정답 45쪽

다른 곳이 15군데 있어요.

3

원

▶ 학습을 완료하면 **V**표를 하면서 학습 진도를 체크해요.

1 원의 중심, 반지름, 지름

● 정답 17쪽

○ 누름 못과 띠 종이를 이용하여 원 그리기

띠 종이의 한쪽 구멍을
누름 못으로 고정하기

연필을 띠 종이의 다른 구멍에
넣고 한 바퀴 돌리기

○ 원의 중심, 반지름, 지름

- 원의 중심: 원을 그릴 때 누름 못이 꽂혔던 점 ➡ 점 ㅇ
- 원의 반지름: 원의 중심과 원 위의 한 점을 이은 선분
  ➡ 선분 ㅇㄱ, 선분 ㅇㄴ
- 원의 지름: 원 위의 두 점을 이은 선분이 원의 중심을
  지날 때의 선분 ➡ 선분 ㄱㄴ

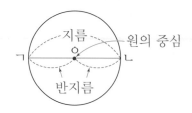

 개념 강의

- 누름 못이 꽂힌 점에서 띠 종이에 연필을 넣은 구멍 사이의 거리가 멀수록 더 큰 원을 그릴 수 있습니다.
- 한 원에서 원의 중심은 1개이고, 반지름과 지름은 무수히 많이 그을 수 있습니다.

---

1 누름 못과 띠 종이를 이용하여 원을 그렸습니다. 알맞은 말에 ○표 하세요.

(1) 원을 그릴 때 누름 못이 꽂혔던 점은 원의
(중심 , 반지름)입니다.

(2) 누름 못이 꽂혔던 점과 원 위의 한 점을 이은
선분은 원의 (반지름 , 지름)입니다.

(3) 누름 못이 꽂혔던 점에서 원 위의 한 점까지
의 길이는 모두 (같습니다 , 다릅니다).

(4) 누름 못과 연필을 넣은 구멍 사이의 거리가
가까울수록 더 (큰 , 작은) 원을 그릴 수 있
습니다.

2 빨간색으로 표시한 것을 보기 에서 찾아 □ 안에
알맞게 써넣으세요.

보기 ●
| 원의 중심 | 지름 | 반지름 |

(1)
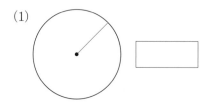

(2)
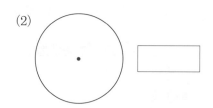

(3)
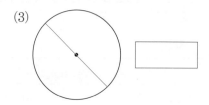

2 원의 성질

◉ 원의 지름의 성질

- 원의 지름은 원을 똑같이 둘로 나누는 선분 입니다.

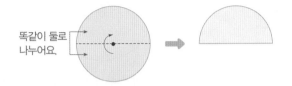

똑같이 둘로
나누어요.

- 원의 지름은 원 안에 그을 수 있는 가장 긴 선 분입니다.

가장 길어요.

◉ 원의 반지름과 지름의 관계

- 한 원에서 지름의 길이는 반지름의 길이의 2배입니다. ➡ (원의 지름)＝(원의 반지름)×2
- 한 원에서 반지름의 길이는 지름의 길이의 반입니다. ➡ (원의 반지름)＝(원의 지름)÷2

개념 강의
- 한 원의 지름은 모두 원의 중심에서 만납니다.
- 원의 지름(반지름)이 길수록 원의 크기는 커집니다.

---

1 원을 보고 □ 안에 알맞은 말을 써넣으세요.

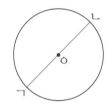

(1) 선분 ㄱㄴ은 원의 □ 입니다.

(2) 선분 ㄱㄴ은 원을 똑같이 □ 로 나눕니다.

2 원을 보고 물음에 답하세요.

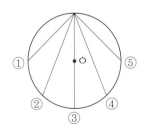

(1) 길이가 가장 긴 선분은 어느 것일까요?
( )

(2) 원의 지름을 나타내는 선분은 어느 것일까요?
( )

3 □ 안에 알맞은 수를 써넣으세요.

(1)

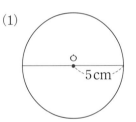

5 cm

(원의 지름)
＝(원의 반지름)× □
＝ □ × □ ＝ □ (cm)

(2)

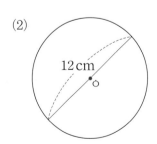

12 cm

(원의 반지름)
＝(원의 지름)÷ □
＝ □ ÷ □ ＝ □ (cm)

3 컴퍼스를 이용하여 원 그리기

● 정답 17쪽

◎ 컴퍼스를 이용하여 반지름이 3 cm인 원 그리기

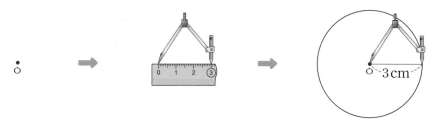

원의 중심이 되는
점 ㅇ을 정합니다.

컴퍼스를 원의 반지름인
3 cm만큼 벌립니다.

컴퍼스의 침을 점 ㅇ에 꽂고
컴퍼스를 돌려 원을 그립니다.

개념 강의

● 컴퍼스로 원을 그릴 때는 컴퍼스의 침 부분이 움직이지 않도록 고정해야 합니다.
● 컴퍼스의 침과 연필심 사이를 많이 벌릴수록 더 큰 원을 그릴 수 있습니다.

---

1 컴퍼스를 이용하여 반지름이 2 cm인 원을 그리려고 합니다. 그림을 보고 □ 안에 알맞은 수나 말을 써넣으세요.

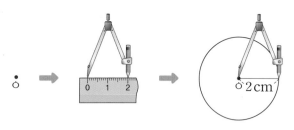

(1) 원의 □이 되는 점 ㅇ을 정합니다.

(2) 컴퍼스의 침과 연필심 사이를 □cm만큼 벌립니다.

(3) 컴퍼스의 □을 점 ㅇ에 꽂고 컴퍼스를 돌려 원을 그립니다.

(4) 원의 반지름이 2 cm일 때 지름은 □cm입니다.

2 컴퍼스를 이용하여 주어진 크기의 원을 그리려고 합니다. 컴퍼스를 바르게 벌린 것에 ○표 하세요.

(1) 반지름: 4 cm

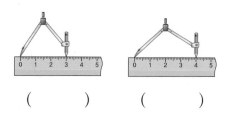

( ) ( )

(2) 반지름: 5 cm

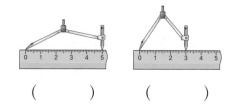

( ) ( )

(3) 지름: 2 cm

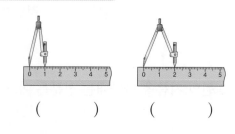

( ) ( )

4 원을 이용하여 여러 가지 모양 그리기

● 정답 17쪽

◉ 규칙에 따라 원 그리기

• 반지름을 다르게 하여 그리기

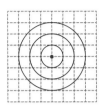

➡ 원의 중심은 같고 반지름이 모눈 1칸씩 늘어납니다.

• 원의 중심을 다르게 하여 그리기

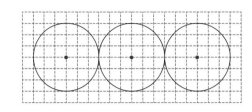

➡ 반지름은 같고 원의 중심이 오른쪽으로 모눈 6칸씩 이동합니다.

◉ 주어진 모양과 똑같이 그리기

원의 지름은 정사각형의 한 변의 길이와 같아요.

〈주어진 모양〉

한 변이 모눈 4칸인 정사각형을 그립니다.

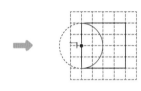

원의 중심이 점 ㄱ인 원의 오른쪽 부분을 그립니다.

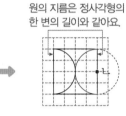

원의 중심이 점 ㄴ인 원의 왼쪽 부분을 그립니다.

개념 강의
● 원의 중심과 반지름이 각각 어떻게 변하는지 살펴 규칙을 찾습니다.
● 주어진 모양과 똑같이 그릴 때는 먼저 컴퍼스의 침을 꽂아야 할 곳을 찾습니다.

---

1 ☐ 안에 알맞은 수를 써넣으세요.

(1)

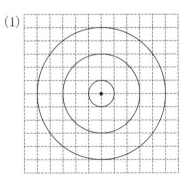

규칙 원의 중심은 같고 반지름이 모눈 ☐ 칸씩 늘어납니다.

(2)

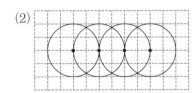

규칙 반지름은 같고 원의 중심이 오른쪽으로 모눈 ☐ 칸씩 이동합니다.

2 주어진 모양과 똑같이 그리려고 합니다. 컴퍼스의 침을 꽂아야 할 곳이 아닌 점을 찾아 쓰세요.

(1)

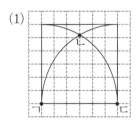

( )

(2)

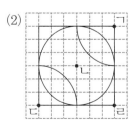

( )

1 원의 중심, 반지름, 지름

▶ 지름은 원의 중심을 지나도록 원 위의 두 점을 이은 선분입니다.

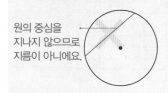

원의 중심을 지나지 않으므로 지름이 아니에요.

원의 중심을 지나므로 지름이에요.

1

□ 안에 알맞은 말을 써넣으세요.

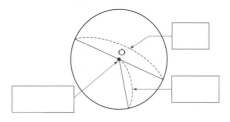

2

누름 못과 띠 종이를 이용하여 원을 그렸습니다. 알맞은 말에 ○표 하세요.

누름 못이 꽂혔던 점은 원의 (중심 , 반지름)이고, 누름 못이 꽂혔던 점에서 원 위의 한 점까지의 길이는 모두 (같습니다 , 다릅니다).

3  교과서 공통

원의 중심을 찾아 쓰세요.

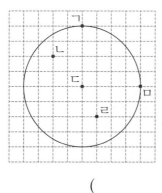

( )

4

원에 대한 설명입니다. 잘못 설명한 사람의 이름을 쓰세요.

현정: 한 원에서 원의 중심은 무수히 많아.
선우: 한 원에는 반지름을 무수히 많이 그을 수 있어.

( )

5

원의 중심과 원 위의 한 점을 잇는 선분을 3개 그으세요.

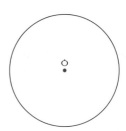

6

원에서 선분 ㄷㄹ의 길이는 몇 cm인지 구하세요.

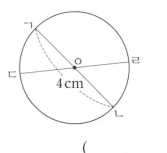

4 cm

( )

7

원의 반지름은 몇 cm인지 구하세요.

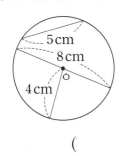

( )

[8-9] 원을 보고 물음에 답하세요.

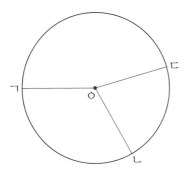

8

반지름을 나타내는 선분을 모두 찾아 쓰고, 그 길이를 각각 재어 보세요.

반지름	선분 ㅇㄱ	
길이(cm)	2	

9

8에서 반지름의 길이를 재어 보고 알 수 있는 점을 쓰려고 합니다. □ 안에 알맞은 말을 써넣어 문장을 완성하세요.

한 원에서 반지름의 길이는 모두 [ ] .

누름 못과 띠 종이를 이용하여 원을 그렸습니다. 그린 원보다 더 큰 원을 그리려면 어느 구멍에 연필을 꽂아야 하는지 찾아 기호를 쓰세요.

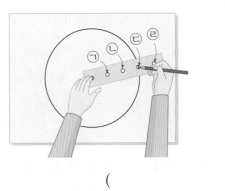

( )

훌라후프에서 원의 중심, 반지름, 지름을 각각 찾아 표시하세요.

12

두 원 가와 나의 지름의 합은 몇 cm인지 구하세요.

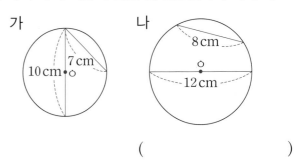

( )

2 원의 성질

> 반지름 2개를 이어 붙이면 지름이 됩니다.

(원의 지름)＝(원의 반지름)×2

(원의 반지름)＝(원의 지름)÷2

[1-2] 원 모양의 투명 종이 2장을 똑같이 둘로 나누어지도록 접었다가 펼쳤더니 왼쪽과 같이 선이 생겼습니다. 2장의 투명 종이를 포개고 한 장을 돌려 보았을 때 물음에 답하세요.

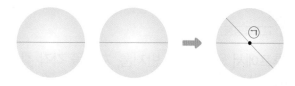

1

□ 안에 알맞은 말을 써넣으세요.

접어서 생긴 두 선분이 만나는 점 ㉠은 □□□□ 입니다.

2

윤서와 선우의 대화를 읽고 잘못 설명한 사람의 이름을 쓰세요.

윤서: 한 원에서 지름의 길이는 모두 같아.
선우: 접어서 생긴 선분은 원의 반지름이야.

(   )

3

선분의 길이를 자로 재어 □ 안에 알맞은 수를 써넣으세요.

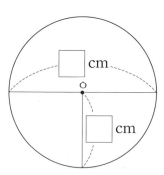

4 교과서 공통

원 안에 그을 수 있는 가장 긴 선분을 긋고, 선분의 길이를 자로 재어 몇 cm인지 쓰세요.

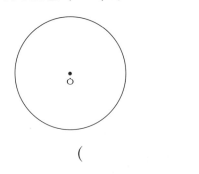

(   )

5

원의 반지름과 지름은 각각 몇 cm인지 구하세요.

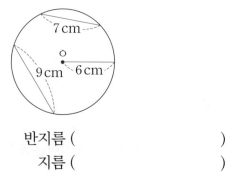

반지름 (   )
지름 (   )

6 교과서 공통

오른쪽 그림을 보고 알 수 있는 원의 지름의 성질을 한 가지 쓰세요.

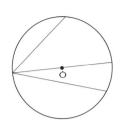

_____

_____

[7-8] 외발자전거 바퀴를 보고 물음에 답하세요.

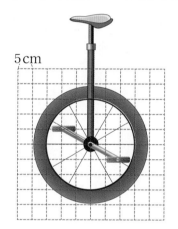

5 cm

7

외발자전거 바퀴의 안쪽 반지름과 지름은 각각 몇 cm인지 구하세요.

반지름 ( )
지름 ( )

8

☐ 안에 알맞은 수를 써넣으세요.

> 외발자전거 바퀴의 안쪽 지름은
> 안쪽 반지름의 ☐ 배입니다.

9 교과서 공통

두 원의 반지름의 차는 몇 cm인지 구하세요.

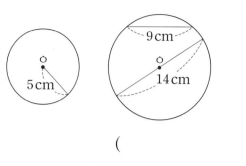

9 cm
5 cm
14 cm

( )

10

크기가 같은 원 2개가 서로 원의 중심이 지나도록 겹쳐져 있습니다. 선분 ㄱㄴ의 길이는 몇 cm인지 구하세요.

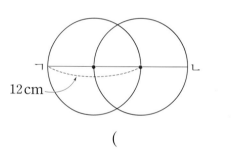

ㄱ ㄴ
12 cm

( )

11

그림과 같이 정사각형 모양 상자 안에 원 모양의 접시를 꼭 맞게 넣었습니다. 상자의 네 변의 길이의 합은 몇 cm인지 구하세요.

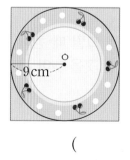

9 cm

( )

3 컴퍼스를 이용하여 원 그리기

> 컴퍼스를 이용할 때는 컴퍼스의 침과 연필을 꽂은 다리의 길이를 같게 맞춰야 합니다.

└ 컴퍼스의 침과 연필을 꽂은 다리의 길이를
같게 맞춘 후 원의 반지름만큼 벌려 원을 그려요.

1

컴퍼스를 3 cm가 되도록 벌린 것을 찾아 ○표 하세요.

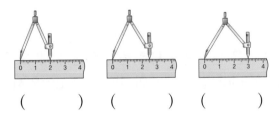

(   )   (   )   (   )

2

원을 그리는 순서입니다. □ 안에 알맞은 말을 써넣으세요.

> ① 원의 [   ] 이 되는 점 정하기
>
> ② 컴퍼스를 원의 [   ] 만큼 벌리기
>
> ③ 컴퍼스의 침을 원의 [   ] 에 꽂고 원 그리기

3

오른쪽과 같은 원을 그릴 때 컴퍼스의 침을 꽂아야 할 곳을 찾아 기호를 쓰세요.

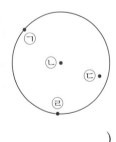

(   )

4

컴퍼스를 이용하여 점 ㅇ을 원의 중심으로 하고 반지름이 모눈 2칸인 원을 그리세요.

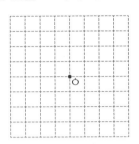

5 ⁺ 교과서 공통

컴퍼스를 이용하여 점 ㅇ을 원의 중심으로 하고 반지름이 2 cm인 원을 그리세요.

6

컴퍼스를 이용하여 다음과 같은 원을 그리려고 합니다. 컴퍼스를 몇 cm만큼 벌려야 하는지 구하세요.

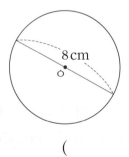

(   )

7

컴퍼스를 이용하여 점 ㅇ을 원의 중심으로 하고 주어진 선분을 반지름으로 하는 원을 그리세요.

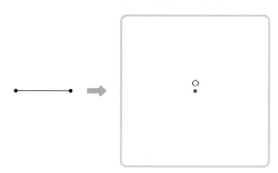

8 교과서 공통

컴퍼스를 이용하여 점 ㅇ을 원의 중심으로 하고 탬버린과 크기가 같은 원을 그리세요.

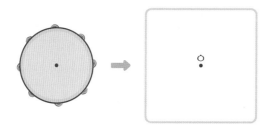

9

컴퍼스를 이용하여 점 ㅇ을 원의 중심으로 하고 반지름이 1 cm, 2 cm인 원을 각각 그리고, 알게 된 점을 쓰세요.

알게 된 점
_____

_____

10 교과서 공통

크기가 가장 큰 원을 그린 사람을 찾아 이름을 쓰세요.

> 민서: 지름이 14 cm인 원을 그렸어.
> 은성: 컴퍼스를 6 cm만큼 벌려 원을 그렸어.
> 소희: 반지름이 4 cm인 원을 그렸어.

(   )

11

유준이네 학교 운동장에 숨겨진 보물의 위치를 알려주는 지도입니다. 음수대, 철봉, 시소 중에서 보물이 있는 곳은 어디인지 찾아 쓰세요. └ 물을 마실 수 있도록 해 놓은 곳

> 보물의 위치: ㉠으로부터 2 cm, ㉡으로부터 1 cm

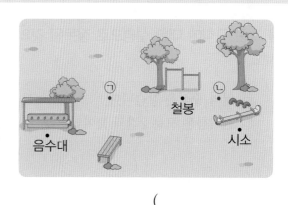

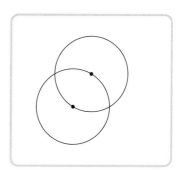

(   )

12

왼쪽 그림과 같이 크기가 같은 원 3개를 이용하여 빛의 삼원색과 같은 모양을 완성하세요.
└ 빨간색, 파란색, 초록색

원을 이용하여 여러 가지 모양 그리기

> 반지름을 다르게 하면 원의 크기가 변하고, 원의 중심을 다르게 하면 원의 위치가 바뀝니다.

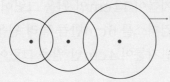

반지름과 원의 중심이 모두 달라지는 경우도 있어요.

[1-2] 원을 그린 모양을 보고 물음에 답하세요.

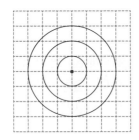

1

모양을 그린 규칙에 대한 설명으로 잘못된 것의 기호를 쓰세요.

> ㉠ 원의 중심은 같습니다.
> ㉡ 반지름은 모눈 2칸씩 늘어납니다.

(   )

2

규칙에 따라 위 모양에 원을 1개 더 그리세요.

 교과서 공통

주어진 모양과 똑같이 그리기 위해 컴퍼스의 침을 꽂아야 할 곳은 모두 몇 군데인지 구하세요.

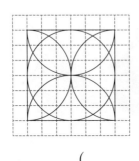

(   )

4

규칙에 따라 원을 그렸습니다. 알맞은 말에 ○표 하고, □ 안에 알맞은 수를 써넣으세요.

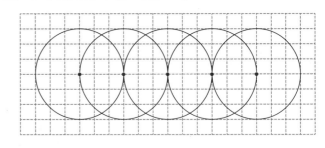

규칙   반지름은 (같고 , 다르고) 원의 중심이 오른쪽으로 모눈 □칸씩 이동합니다.

 교과서 공통

주어진 모양과 똑같이 그리세요.

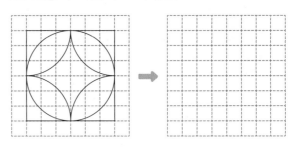

6

규칙 에 따라 원을 1개 더 그리세요.

> 규칙 •
> 원의 중심은 오른쪽으로 모눈 1칸씩 이동하고, 반지름이 모눈 1칸씩 늘어납니다.

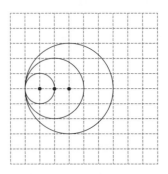

7 교과서 공통

반지름은 같고 원의 중심만 다르게 하여 그린 것을 찾아 ○표 하세요.

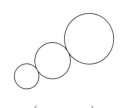  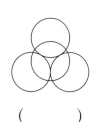

( ) ( ) ( )

8

규칙에 따라 원을 1개 더 그리세요.

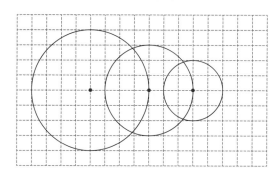

9

주어진 모양과 똑같이 그리고, 그린 방법을 쓰세요.

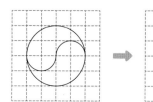

 방법

10

어떤 규칙이 있는지 '원의 중심'과 '반지름'을 넣어 쓰세요.

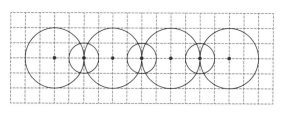

규칙

11

반지름이 1 cm인 원 3개를 맞닿게 그리세요.

12

규칙을 정하여 원을 그리고, 어떤 규칙이 있는지 '원의 중심'과 '반지름'을 넣어 쓰세요.

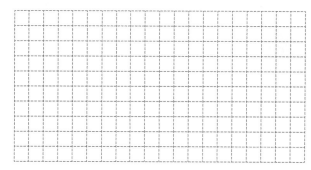

규칙

3
단원

1 원의 크기 비교하기

정답 21쪽

크기가 가장 작은 원을 찾아 기호를 쓰세요.

> ㉠ 지름이 14 cm인 원 ㉡ 반지름이 8 cm인 원
> ㉢ 지름이 12 cm인 원 ㉣ 반지름이 9 cm인 원

1단계 ㉠과 ㉢의 반지름은 각각 몇 cm인지 구하기

㉠ (   )

㉢ (   )

2단계 크기가 가장 작은 원을 찾아 기호 쓰기

(   )

문제해결 tip 길이를 반지름 또는 지름으로 모두 나타내어 원의 크기를 비교합니다.

1·1 크기가 가장 큰 원을 찾아 색칠하세요.

반지름이 5 cm인 원	지름이 15 cm인 원
반지름이 6 cm인 원	지름이 13 cm인 원

1·2 가장 큰 원과 가장 작은 원의 반지름의 차는 몇 cm인지 구하세요.

> • 지름이 22 cm인 원 • 반지름이 15 cm인 원
> • 반지름이 12 cm인 원 • 지름이 26 cm인 원

(   )

점 ㄱ, 점 ㄴ은 각 원의 중심입니다. 선분 ㄱㄴ의 길이는 몇 cm인지 구하세요.

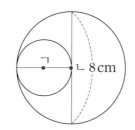

8 cm

1단계 큰 원의 반지름은 몇 cm인지 구하기

(   )

2단계 선분 ㄱㄴ의 길이는 몇 cm인지 구하기

(   )

문제해결 tip 원의 반지름과 지름의 관계를 이용하여 필요한 길이를 구합니다.

2·1 점 ㅇ은 세 원의 중심입니다. 가장 큰 원의 지름은 몇 cm인지 구하세요.

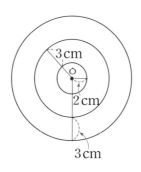

3 cm

2 cm

3 cm

(   )

2·2 점 ㄱ은 원의 중심입니다. 삼각형 ㄱㄴㄷ의 세 변의 길이의 합이 20 cm일 때 원의 지름은 몇 cm인지 구하세요.

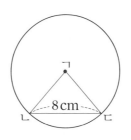

8 cm

(   )

3 원의 중심 찾기

● 정답 21쪽

시은이와 하율이가 각각 주어진 모양과 똑같이 그리려고 합니다. 컴퍼스의 침을 꽂아야 할 곳이 더 많은 사람의 이름을 쓰세요.

시은   하율

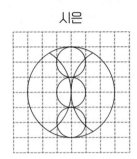 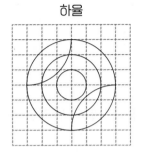

1단계 시은이가 컴퍼스의 침을 꽂아야 할 곳은 몇 군데인지 구하기

(   )

2단계 하율이가 컴퍼스의 침을 꽂아야 할 곳은 몇 군데인지 구하기

(   )

3단계 컴퍼스의 침을 꽂아야 할 곳이 더 많은 사람의 이름 쓰기

(   )

문제해결 tip 컴퍼스의 침을 꽂아야 할 곳은 원의 중심입니다.

3·1 주어진 모양과 똑같이 그리려고 합니다. 컴퍼스의 침을 꽂아야 할 곳이 더 적은 것의 기호를 쓰세요.

가   나

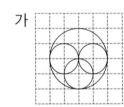 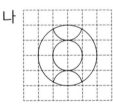

(   )

 3·2 주어진 모양과 똑같이 그리려고 합니다. 컴퍼스의 침을 가장 많이 꽂아야 하는 것부터 차례대로 기호를 쓰세요.

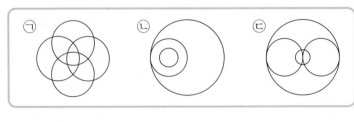

(   )

● 정답 21쪽

크기가 같은 원 3개를 맞닿게 그렸습니다. 점 ㄱ, 점 ㄴ, 점 ㄷ이 각 원의 중심일 때 선분 ㄱㄷ의 길이는 몇 cm인지 구하세요.

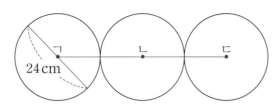

1단계 반지름은 몇 cm인지 구하기

( )

2단계 선분 ㄱㄷ의 길이는 반지름의 길이의 몇 배인지 구하기

( )

3단계 선분 ㄱㄷ의 길이는 몇 cm인지 구하기

( )

문제해결 tip 한 원에서 반지름의 길이는 모두 같습니다.

4·1 크기가 다른 원 3개를 맞닿게 그렸습니다. 점 ㄱ, 점 ㄴ, 점 ㄷ이 각 원의 중심일 때 선분 ㄱㄷ의 길이는 몇 cm인지 구하세요.

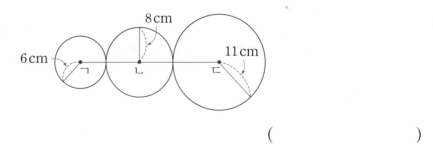

( )

4·2 세로가 14 cm인 직사각형 모양의 상자에 똑같은 크기의 원 모양의 통조림이 2개 들어 있습니다. 상자의 네 변의 길이의 합은 몇 cm인지 구하세요.

( )

3 원

● 정답 22쪽

원의 중심은 원 위의 모든 점에서 같은 거리에 있습니다.

1 원의 구성 요소 알기

원의 중심

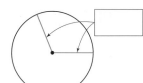

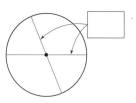

한 원에서 지름의 길이는 반지름의 길이의 2배이고, 반지름의 길이는 지름의 길이의 반입니다.

2 원의 반지름과 지름의 관계 알기

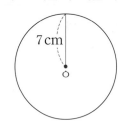
7 cm

12 cm

(원의 지름)
$=$(원의 반지름)$\times$ ☐
$=7\times$ ☐ $=$ ☐ (cm)

(원의 반지름)
$=$(원의 지름)$\div$ ☐
$=12\div$ ☐ $=$ ☐ (cm)

컴퍼스로 원을 그리면 원하는 크기의 원을 정확하게 그릴 수 있고, 원의 중심을 쉽게 알 수 있습니다.

3 컴퍼스를 이용하여 원 그리는 방법 알기

① 원의 ☐ 이 되는 점 ㅇ 정하기

② 컴퍼스를 원의 ☐ 만큼 벌리기

③ 컴퍼스의 침을 점 ㅇ에 꽂고 원 그리기

원의 중심과 반지름의 변화를 잘 살펴보면 규칙을 쉽게 찾을 수 있습니다.

4 원을 이용하여 그린 모양에서 규칙 찾기

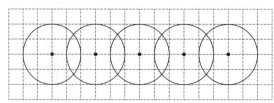

규칙 반지름은 같고 원의 중심이 오른쪽으로 모눈 ☐ 칸씩 이동합니다.

1

원의 중심을 찾아 쓰세요.

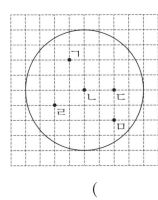

(   )

2

컴퍼스를 이용하여 반지름이 5 cm인 원을 그리려고 합니다. 원을 그리는 순서대로 □ 안에 알맞은 기호를 써넣으세요.

> ㉠ 컴퍼스의 침을 점 ㅇ에 꽂고 원을 그립니다.
> ㉡ 원의 중심이 되는 점 ㅇ을 정합니다.
> ㉢ 컴퍼스를 5 cm만큼 벌립니다.

㉡ ➡ □ ➡ □

3

□ 안에 알맞은 수를 써넣으세요.

4

원을 똑같이 둘로 나누는 선분을 찾아 쓰세요.

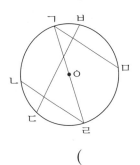

(   )

5

원의 반지름을 3개 그으세요.

6

반지름이 9 cm인 원의 지름은 몇 cm인지 구하세요.

(   )

7

동전에 표시된 원의 중심을 보고 반지름과 지름을 각각 찾아 표시하세요.

8

누름 못과 띠 종이를 이용하여 원을 그리려고 합니다. 누름 못을 원의 중심으로 하는 가장 큰 원을 그리려면 어느 구멍에 연필을 꽂아야 할까요? (   )

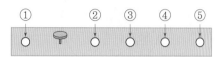

9

컴퍼스를 이용하여 다음과 같은 원을 그리려고 합니다. 컴퍼스를 몇 cm만큼 벌려야 하는지 구하세요.

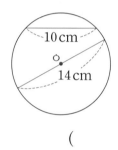

(   )

10

주어진 모양과 똑같이 그리기 위해 컴퍼스의 침을 꽂아야 할 곳은 모두 몇 군데인지 구하세요.

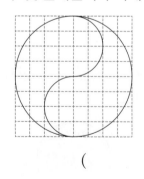

(   )

11 서술형

오른쪽 그림과 같이 한 변의 길이가 20 cm인 정사각형 안에 원을 꼭 맞게 그렸습니다. 원의 반지름은 몇 cm인지 해결 과정을 쓰고, 답을 구하세요.

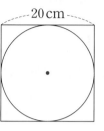

_____

_____

_____

(   )

12

컴퍼스를 이용하여 점 ㅇ을 원의 중심으로 하고 주어진 원과 크기가 같은 원을 그리세요.

13 서술형

크기가 가장 큰 원을 그린 사람은 누구인지 해결 과정을 쓰고, 답을 구하세요.

> 연주: 지름이 12 cm인 원을 그렸어.
> 지훈: 반지름이 5 cm인 원을 그렸어.
> 규리: 지름이 14 cm인 원을 그렸어.

_____

_____

_____

(   )

14

점 ㄱ, 점 ㄴ은 각 원의 중심입니다. 선분 ㄱㄴ의 길이는 몇 cm인지 구하세요.

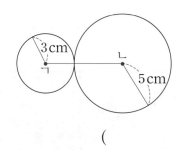

(   )

15

주어진 모양과 똑같이 그리세요.

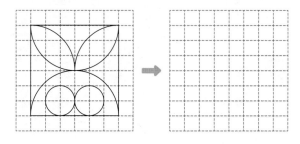

[16-17] 직사각형 안에 반지름이 2 cm인 원 3개를 맞닿게 그렸습니다. 물음에 답하세요.

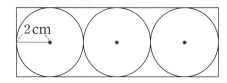

16

직사각형의 가로와 세로는 각각 몇 cm인지 구하세요.

가로 (   )

세로 (   )

17

직사각형의 네 변의 길이의 합은 몇 cm인지 구하세요.

(   )

18 서술형

어떤 규칙이 있는지 '원의 중심'과 '반지름'을 넣어 쓰세요.

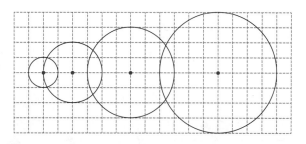

규칙

_____

_____

19

오른쪽 그림에서 점 ㄱ, 점 ㄴ, 점 ㄷ은 각 원의 중심입니다. 선분 ㄱㄷ의 길이는 몇 cm인지 구하세요.

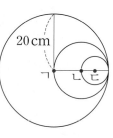

(   )

20

점 ㄴ, 점 ㄹ은 각 원의 중심입니다. 작은 원의 반지름이 7 cm이고, 사각형 ㄱㄴㄷㄹ의 네 변의 길이의 합이 36 cm일 때 큰 원의 지름은 몇 cm인지 구하세요.

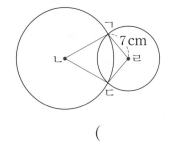

(   )

숨은 그림을 찾아보세요.

● 정답 45쪽

4

분수

▶ 학습을 완료하면 V표를 하면서 학습 진도를 체크해요.

	개념학습				문제학습		
백점 쪽수	88	89	90	91	92	93	94
확인							

	문제학습					응용학습	
백점 쪽수	95	96	97	98	99	100	101
확인							

	응용학습		단원평가			
백점 쪽수	102	103	104	105	106	107
확인						

1 분수로 나타내기

● **부분은 전체의 얼마인지 분수로 나타내기**

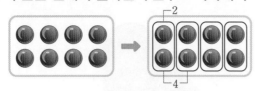

- 2는 4묶음 중의 1묶음이므로 8의 $\frac{1}{4}$입니다.

- 4는 4묶음 중의 2묶음이므로 8의 $\frac{2}{4}$입니다.

- 4는 2묶음 중의 1묶음이므로 8의 $\frac{1}{2}$입니다.

➡ 전체와 부분의 수가 같아도 묶음 수에 따라 나타내는 분수가 달라질 수 있습니다.

개념 강의

- ■묶음 중의 ▲묶음은 $\frac{▲}{■}$입니다.

1 사과 18개를 똑같이 6묶음으로 나누었습니다. □ 안에 알맞은 수를 써넣으세요.

(1) 사과 3개는 6묶음 중의 □ 묶음입니다.

➡ 3은 18의 $\frac{□}{6}$입니다.

(2) 사과 9개는 6묶음 중의 □ 묶음입니다.

➡ 9는 18의 $\frac{□}{6}$입니다.

(3) 사과 15개는 6묶음 중의 □ 묶음입니다.

➡ 15는 18의 $\frac{□}{6}$입니다.

2 색칠한 부분은 전체의 얼마인지 분수로 나타내세요.

(1)

 $\frac{□}{3}$

(2)

 $\frac{□}{□}$

(3)

 $\frac{□}{7}$

(4)

 $\frac{□}{□}$

2 분수만큼은 얼마인지 알기

◉ 전체의 분수만큼 구하기

· 10의 $\frac{1}{5}$ 은 10을 똑같이 5묶음으로 나눈 것 중의 1묶음이므로 2입니다.

· 10의 $\frac{2}{5}$ 는 10을 똑같이 5묶음으로 나눈 것 중의 2묶음이므로 4입니다.

<u>1묶음이 2이므로 2묶음은 $2 \times 2 = 4$</u>

◉ 길이의 분수만큼 구하기

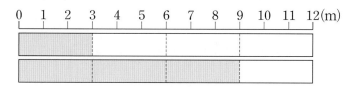

· 12 m의 $\frac{1}{4}$ 은 12 m를 똑같이 4부분으로 나눈 것 중의 1부분이므로 3 m입니다.

· 12 m의 $\frac{3}{4}$ 은 12 m를 똑같이 4부분으로 나눈 것 중의 3부분이므로 9 m입니다.

<u>1부분이 3 m이므로 3부분은 $3 \times 3 = 9$ (m)</u>

개념 강의

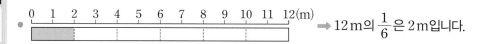 ➡ 12 m의 $\frac{1}{6}$ 은 2 m입니다.

---

1 그림을 보고 □ 안에 알맞은 수를 써넣으세요.

(1)
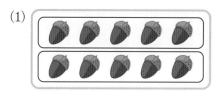

10의 $\frac{1}{2}$ 은 □ 입니다.

(2)
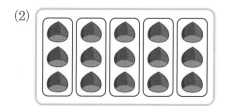

15의 $\frac{3}{5}$ 은 □ 입니다.

2 전체의 분수만큼을 색칠하고, □ 안에 알맞은 수를 써넣으세요.

(1) $\frac{1}{3}$
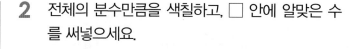

9 cm의 $\frac{1}{3}$ 은 □ cm입니다.

(2) $\frac{4}{5}$

10 cm의 $\frac{4}{5}$ 는 □ cm입니다.

여러 가지 분수

● 정답 23쪽

◉ 진분수, 가분수, 대분수

- 진분수: 분자가 분모보다 작은 분수
- 가분수: 분자가 분모와 같거나 분모보다 큰 분수
- 자연수: 1, 2, 3과 같은 수

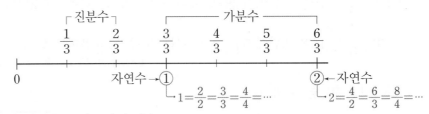

- 대분수: 자연수와 진분수로 이루어진 분수

$$1과 \frac{1}{2} \implies \boxed{쓰기} \ 1\frac{1}{2} \qquad \boxed{읽기} \ 1과 \ 2분의 \ 1$$

◉ 대분수를 가분수로 나타내기

$2\frac{1}{3}$ 은 2와 $\frac{1}{3}$ 이고, $2=\frac{6}{3}$ 이므로 $2\frac{1}{3}$ 은 $\frac{1}{3}$ 이 7개인 $\frac{7}{3}$ 입니다. $\implies 2\frac{1}{3}=\frac{7}{3}$

개념 강의

● $\frac{7}{3}$ 에서 $\frac{6}{3}=2$ 이므로 $\frac{7}{3}$ 은 2와 $\frac{1}{3}$ 입니다. $\implies \frac{7}{3}=2\frac{1}{3}$

---

1 분수를 보고 물음에 답하세요.

$$\frac{9}{7} \qquad 4\frac{1}{6} \qquad \frac{2}{9} \qquad \frac{7}{10} \qquad \frac{8}{8} \qquad 2\frac{6}{9} \qquad \frac{15}{14}$$

⑴ 진분수를 모두 찾아 쓰세요.

(   )

⑵ 가분수를 모두 찾아 쓰세요.

(   )

⑶ 대분수를 모두 찾아 쓰세요.

(   )

2 그림을 보고 대분수는 가분수로, 가분수는 대분수로 나타내세요.

⑴

$$3\frac{1}{2} \text{은} \frac{1}{2} \text{이} \boxed{} \text{개입니다.} \implies 3\frac{1}{2}=\frac{\boxed{}}{\boxed{}}$$

⑵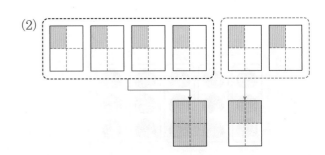

$$\frac{4}{4} \text{는} \boxed{} \text{과 같습니다.} \implies \frac{6}{4}=\boxed{}\frac{\boxed{}}{\boxed{}}$$

분모가 같은 분수의 크기 비교

● 정답 23쪽

● **분모가 같은 가분수의 크기 비교**

분자가 큰 분수가 더 큽니다.

$$\frac{7}{4},\ \frac{9}{4}\ \xrightarrow{\text{분자의 크기를 비교해요.}}\ \frac{7}{4}<\frac{9}{4}$$

● **분모가 같은 대분수의 크기 비교**

① 자연수가 큰 분수가 더 큽니다.

② 자연수가 같으면 분자가 큰 분수가 더 큽니다.

$$2\frac{1}{4},\ 1\frac{3}{4}\ \xrightarrow{\text{자연수의 크기를 비교해요.}}\ 2\frac{1}{4}>1\frac{3}{4} \qquad 3\frac{2}{5},\ 3\frac{4}{5}\ \xrightarrow{\text{분자의 크기를 비교해요.}}\ 3\frac{2}{5}<3\frac{4}{5}$$

4 단원

개념 강의

● 분모가 같은 가분수와 대분수의 크기를 비교할 때는 가분수를 대분수로 나타내거나 대분수를 가분수로 나타내어 크기를 비교합니다.

1 그림을 보고 분수의 크기를 비교하여 ○ 안에 >, =, <를 알맞게 써넣으세요.

(1)
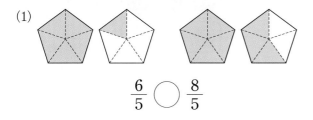

$$\frac{6}{5}\ \bigcirc\ \frac{8}{5}$$

(2)
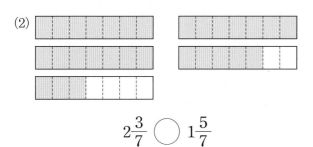

$$2\frac{3}{7}\ \bigcirc\ 1\frac{5}{7}$$

(3)
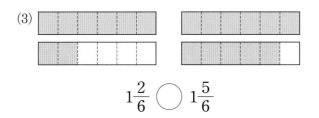

$$1\frac{2}{6}\ \bigcirc\ 1\frac{5}{6}$$

2 분수를 수직선에 ↓로 나타내고, 크기를 비교하여 ○ 안에 >, =, <를 알맞게 써넣으세요.

(1)
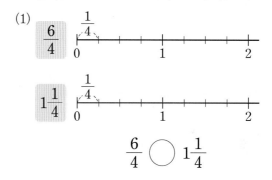

$$\frac{6}{4}\ \bigcirc\ 1\frac{1}{4}$$

(2)
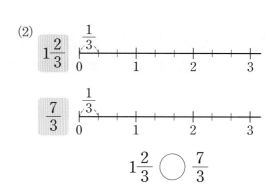

$$1\frac{2}{3}\ \bigcirc\ \frac{7}{3}$$

1 분수로 나타내기

> 전체를 똑같이 나눈 묶음 수를 분모에, 부분의 묶음 수를 분자에 씁니다.

12를 똑같이 6묶음으로 나누었어요.

6은  이므로 6묶음 중의 3묶음입니다.

➡ 6은 12의 $\dfrac{3 \leftarrow 부분 \ 묶음 \ 수}{6 \leftarrow 전체 \ 묶음 \ 수}$

1

그림을 보고 □ 안에 알맞은 수를 써넣으세요.

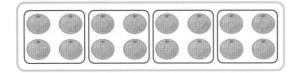

16을 4씩 묶으면 [ ] 묶음이 됩니다.

12는 16의 $\dfrac{\boxed{}}{\boxed{}}$ 입니다.

2

그림을 보고 □ 안에 알맞은 수를 써넣으세요.

토마토 24개를 8개씩 묶으면 [ ] 묶음이 됩니다.

16은 24의 $\dfrac{\boxed{}}{\boxed{}}$ 입니다.

떡 14개를 2개씩 묶고, □ 안에 알맞은 분수를 써넣으세요.

2는 14의 [ ] 이고, 10은 14의 [ ] 입니다.

4

그림을 보고 빨간색 구슬은 전체의 얼마인지 분수로 나타내세요.

5

색칠한 부분은 전체의 얼마인지 분수로 나타낸 것을 찾아 이으세요.

 ·   · $\dfrac{3}{4}$

 ·   · $\dfrac{1}{2}$

 ·   · $\dfrac{5}{8}$

6

그림을 보고 □ 안에 알맞은 분수를 써넣으세요.

(1) 18을 3씩 묶으면 12는 18의 □ 입니다.

(2) 18을 6씩 묶으면 12는 18의 □ 입니다.

7

화단에 씨앗 20개를 심으려고 합니다. □ 안에 알맞은 수를 써넣어 대화를 완성하세요.

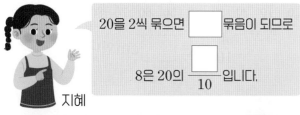

지혜

20을 2씩 묶으면 □ 묶음이 되므로

8은 20의 $\dfrac{□}{10}$ 입니다.

20을 4씩 묶으면 □ 묶음이 되므로

8은 20의 $\dfrac{□}{5}$ 입니다.

태우

8

□ 안에 알맞은 분수를 써넣으세요.

(1) 27을 3씩 묶으면 18은 27의 □ 입니다.

(2) 16을 2씩 묶으면 2는 16의 □ 입니다.

9

그림을 보고 부분은 전체의 얼마인지 바르게 설명한 사람의 이름을 쓰세요.

현준: 노란색 꽃은 3묶음 중에서 2묶음이니까 전체의 $\dfrac{2}{3}$야.

재민: 빨간색 꽃은 5묶음 중에서 3묶음이니까 전체의 $\dfrac{3}{5}$이야.

( )

10

수민이가 친구에게 준 딱지는 전체의 얼마인지 분수로 나타내세요.

딱지 28개를 한 상자에 4개씩 나누어 담고 그중 3상자를 친구에게 줬어.

수민

( )

➕11 교과서 공통

토마토 36개를 6개씩 바구니에 나누어 담았습니다. 토마토 12개는 전체의 얼마인지 분수로 나타내세요.

( )

2 분수만큼은 얼마인지 알기

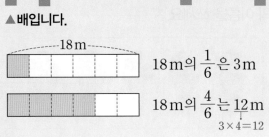

18 m의 $\frac{1}{6}$은 3 m

18 m의 $\frac{4}{6}$는 12 m
$3 \times 4 = 12$

1

그림을 보고 □ 안에 알맞은 수를 써넣으세요.

(1) 20의 $\frac{1}{4}$은 □ 입니다.

(2) 20의 $\frac{2}{4}$는 □ 입니다.

2

□ 안에 알맞은 수를 써넣으세요.

0   5   10   15   20   25(cm)

(1) 25 cm의 $\frac{1}{5}$은 □ cm입니다.

(2) 25 cm의 $\frac{3}{5}$은 □ cm입니다.

3

□ 안에 알맞은 수를 써넣으세요.

◆의 $\frac{1}{7}$은 2입니다.

◆의 $\frac{2}{7}$는 □ 입니다.

4

분수만큼 색칠하여 무늬를 꾸미세요.

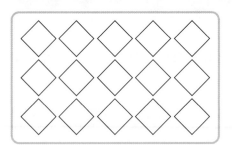

빨간색: 15의 $\frac{2}{5}$ 파란색: 15의 $\frac{3}{5}$

5 교과서 공통

□ 안에 알맞은 수를 써넣으세요.

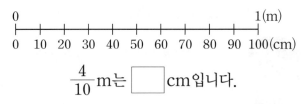

$\frac{4}{10}$ m는 □ cm입니다.

6

□ 안에 알맞은 수를 써넣으세요.

(1) 16의 $\frac{3}{8}$은 □ 입니다.

(2) 27의 $\frac{5}{9}$는 □ 입니다.

7

길이가 더 짧은 것에 ○표 하세요.

35 m의 $\frac{2}{5}$	24 m의 $\frac{2}{3}$
( )	( )

8

관계있는 것끼리 이으세요.

21의 $\frac{2}{3}$ ·　　· 18

30의 $\frac{3}{5}$ ·　　· 14

28의 $\frac{5}{7}$ ·　　· 20

9 교과서 공통

1시간의 $\frac{1}{4}$ 은 몇 분인지 구하세요.

(　　　　　　　　)

10

태극기 한가운데에 있는 태극 문양의 지름의 길이는 태극기의 가로 길이의 $\frac{1}{3}$ 입니다. 태극기의 가로 길이가 36 cm일 때, 태극 문양의 지름의 길이는 몇 cm인지 구하세요.

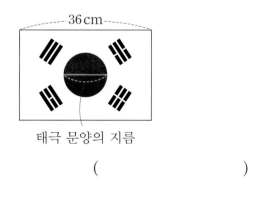

36 cm

태극 문양의 지름

(　　　　　　　　)

11

가장 큰 수를 찾아 기호를 쓰세요.

㉠ 24의 $\frac{3}{8}$ 　㉡ 21의 $\frac{4}{7}$ 　㉢ 18의 $\frac{5}{9}$

(　　　　　　　　)

12

□ 안에 알맞은 글자를 찾아 써넣고, 완성된 문장을 쓰세요.

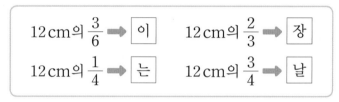

12 cm의 $\frac{3}{6}$ ➡ 이　　12 cm의 $\frac{2}{3}$ ➡ 장

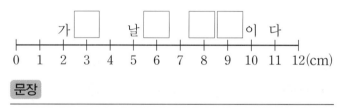

12 cm의 $\frac{1}{4}$ ➡ 는　　12 cm의 $\frac{3}{4}$ ➡ 날

가 □　　날 □　　□ □ 이 다

0　1　2　3　4　5　6　7　8　9　10　11　12(cm)

문장

13

연호네 집에서 놀이공원까지의 거리는 54 km입니다. 연호네 집에서 차를 타고 출발하여 54 km의 $\frac{4}{6}$ 만큼 갔다면 놀이공원까지는 몇 km를 더 가야 하는지 구하세요.

(　　　　　　　　)

3 여러 가지 분수

> 대분수를 가분수로, 가분수를 대분수로 나타낼 때는 자연수를 분수로 바꾸거나 분수를 자연수로 바꾸면 됩니다.

- 대분수 → 가분수: $1\frac{2}{5}$ $< \begin{array}{c} 1 = \frac{5}{5} \\ \frac{2}{5} \end{array}$ $\frac{7}{5}$

- 가분수 → 대분수: $\frac{7}{5}$ $< \begin{array}{c} \frac{5}{5} = 1 \\ \frac{2}{5} \end{array}$ $1\frac{2}{5}$

1

색칠한 부분을 가분수로 나타내세요.

$\frac{1}{6}$

2

수직선을 보고 ☐ 안에 알맞은 분수를 써넣으세요.

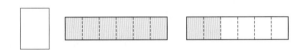

$\frac{1}{8}$ ☐ $\frac{3}{8}$ $\frac{4}{8}$ ☐ ☐ $\frac{7}{8}$

0   1

3 교과서 공통

보기 를 보고 색칠한 부분을 대분수로 나타내세요.

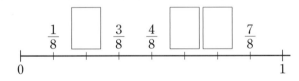

보기

1

4

진분수에 ◯표, 가분수에 △표 하세요.

$$\frac{5}{11} \qquad \frac{9}{6} \qquad \frac{10}{8} \qquad \frac{6}{13} \qquad \frac{7}{7} \qquad \frac{2}{10}$$

5

☐ 안에 알맞은 수를 써넣으세요.

(1) $1 = \dfrac{\Box}{2}$ (2) $2 = \dfrac{\Box}{4}$

(3) $\dfrac{5}{5} = \Box$ (4) $\dfrac{18}{6} = \Box$

6

다음 분수는 대분수입니다. 1부터 9까지의 수 중에서 ☐ 안에 들어갈 수 있는 수를 모두 쓰세요.

$1\dfrac{\Box}{3}$

(   )

7

대분수는 가분수로, 가분수는 대분수로 나타내세요.

(1) $2\dfrac{4}{8}$ (2) $\dfrac{16}{5}$

8

잘못 설명한 사람을 찾아 이름을 쓰세요.

진분수는 1보다 작습니다.

강우

가분수는 1과 같거나 1보다 큽니다.

수지

1은 분수로 나타낼 수 없습니다.

준서

(   )

9

분모가 7인 진분수는 모두 몇 개일까요?

(   )

10

다음 분수는 가분수입니다. □ 안에 들어갈 수 있는 자연수 중에서 1보다 큰 수를 모두 쓰세요.

$$\frac{5}{\square}$$

(   )

11

대분수를 가분수로 잘못 나타낸 것을 찾아 기호를 쓰세요.

$$\bigcirc\ 2\frac{6}{9}=\frac{24}{9} \qquad \bigcirc\ 4\frac{5}{6}=\frac{34}{6}$$

(   )

12

대분수로 나타냈을 때 자연수 부분이 가장 큰 가분수를 찾아 쓰세요.

$$\frac{26}{3} \qquad \frac{15}{2} \qquad \frac{30}{7} \qquad \frac{32}{9}$$

(   )

13 교과서 공통

조건 을 모두 만족하는 대분수를 구하세요.

조건
- 자연수가 3입니다.
- 진분수의 분모와 분자의 합이 8입니다.
- 진분수의 분모와 분자의 차가 2입니다.

(   )

14

수 카드 3장 중 2장을 한 번씩만 사용하여 만들 수 있는 가분수를 모두 쓰세요.

2   5   6

(   )

4 분모가 같은 분수의 크기 비교

> 분모가 같은 대분수는 자연수가 큰 분수가 더 큽니다. 자연수가 같으면 분자가 큰 분수가 더 큽니다.
>
> ① 자연수의 크기를 비교해요.
>
> $2\frac{1}{3}, 1\frac{2}{3} \Rightarrow 2\frac{1}{3} > 1\frac{2}{3}$
>
> ② 자연수가 같으면 분자의 크기를 비교해요.
>
> $1\frac{2}{4}, 1\frac{3}{4} \Rightarrow 1\frac{2}{4} < 1\frac{3}{4}$
>
> 자연수는 1로 같아요.

1

분수의 크기를 비교하여 ○ 안에 >, =, <를 알맞게 써넣으세요.

(1) $\frac{15}{9}$ ◯ $\frac{13}{9}$ (2) $5\frac{7}{8}$ ◯ $7\frac{1}{8}$

(3) $4\frac{3}{11}$ ◯ $4\frac{6}{11}$ (4) $\frac{21}{10}$ ◯ $1\frac{7}{10}$

2

두 분수의 크기를 비교하여 더 큰 분수를 빈칸에 써넣으세요.

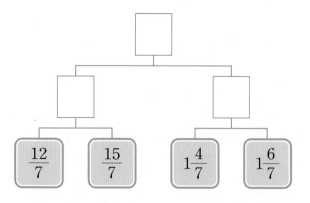

$\frac{12}{7}$ $\frac{15}{7}$ $1\frac{4}{7}$ $1\frac{6}{7}$

3

다연이는 $\frac{13}{5}$시간 동안 숙제를 하고, $\frac{9}{5}$시간 동안 독서를 했습니다. 숙제와 독서 중 어느 것을 더 오래 했을까요?

(   )

4 교과서 공통

경찰서와 소방서 중 민준이네 집에서 더 가까운 곳을 쓰세요.

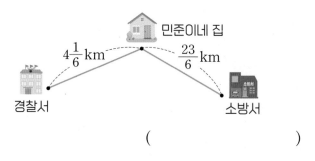

민준이네 집

$4\frac{1}{6}$ km $\frac{23}{6}$ km

경찰서   소방서

(   )

5

가장 큰 분수를 찾아 쓰세요.

$2\frac{3}{8}$ $\frac{23}{8}$ $2\frac{6}{8}$

(   )

6

큰 분수가 나타내는 글자부터 차례대로 쓰면 어떤 단어가 만들어지는지 구하세요.

$$5\frac{1}{3} \Rightarrow 지 \qquad \frac{19}{3} \Rightarrow 오 \qquad 5\frac{2}{3} \Rightarrow 이$$

(　　　　　　)

7

미술 시간에 리본을 연주는 $6\frac{2}{7}$ m, 현호는 $\frac{31}{7}$ m, 민우는 $4\frac{2}{7}$ m 사용했습니다. 리본을 가장 적게 사용한 사람은 누구인지 찾아 쓰세요.

(　　　　　　)

[8-9] 분수를 보고 물음에 답하세요.

$$\frac{6}{4} \qquad 2\frac{3}{4} \qquad 1\frac{3}{4} \qquad 3\frac{2}{4} \qquad \frac{8}{4}$$

8

$1\frac{2}{4}$ 보다 크고 $\frac{10}{4}$ 보다 작은 분수를 모두 찾아 쓰세요.

(　　　　　　)

9

$\frac{5}{4}$ 보다 크고 $2\frac{2}{4}$ 보다 작은 분수는 모두 몇 개인지 구하세요.

(　　　　　　)

10 교과서 공통

가분수와 대분수의 크기를 비교했습니다. 1부터 9까지의 자연수 중에서 □ 안에 알맞은 수를 구하세요.

$$\frac{14}{8} > \square \frac{1}{8}$$

(　　　　　　)

11

◆에 들어갈 수 있는 자연수를 모두 구하세요.

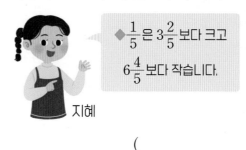

◆$\frac{1}{5}$ 은 $3\frac{2}{5}$ 보다 크고 $6\frac{4}{5}$ 보다 작습니다.

지혜

(　　　　　　)

12

분모가 9인 분수 중에서 $2\frac{4}{9}$ 보다 크고 $\frac{26}{9}$ 보다 작은 가분수를 만들려고 합니다. 보기 에서 분자가 될 수 있는 수를 찾아 쓰세요.

보기
19　　20　　24　　27　　35

(　　　　　　)

1 남은 부분의 수 구하기

● 정답 28쪽

수민이는 사탕 40개를 가지고 있습니다. 그중에서 전체의 $\frac{3}{10}$ 은 형에게 주고,

전체의 $\frac{2}{8}$ 는 동생에게 주었습니다. 남은 사탕은 몇 개인지 구하세요.

1단계 형에게 준 사탕의 개수 구하기

( )

2단계 동생에게 준 사탕의 개수 구하기

( )

3단계 남은 사탕의 개수 구하기

( )

문제해결 tip 전체에서 분수만큼에 해당하는 수를 빼서 남은 부분이 얼마인지 구합니다.

1·1 딸기 30개를 세 사람이 나누어 먹었습니다. 소연이는 전체의 $\frac{2}{6}$ 만큼을, 지훈이는 전체의 $\frac{2}{5}$ 만큼을 먹고 나머지는 모두 영은이가 먹었습니다. 영은이가 먹은 딸기는 몇 개인지 구하세요.

( )

 1·2 색종이 24장을 세 사람이 나누어 종이비행기를 접는 데 모두 사용했습니다. 준수는 전체의 $\frac{3}{8}$ 만큼을, 은서는 전체의 $\frac{4}{12}$ 만큼을 사용하고 나머지는 지윤이가 모두 사용했습니다. 색종이를 가장 많이 사용한 사람은 누구인지 구하세요.

( )

2 조건을 만족하는 수 구하기

★에 들어갈 수 있는 자연수는 모두 몇 개인지 구하세요.

$$\frac{10}{7} < ★ < \frac{27}{7}$$

1단계 가분수를 대분수로 바꾸어 나타내기

$$\boxed{} < ★ < \boxed{}$$

2단계 ★에 들어갈 수 있는 자연수 모두 구하기

( )

3단계 ★에 들어갈 수 있는 자연수의 개수 구하기

( )

문제해결 tip 가분수를 대분수로 나타내거나 대분수를 가분수로 나타내어 조건을 만족하는 수를 구합니다.

2·1 □ 안에 들어갈 수 있는 자연수 중에서 가장 큰 수를 구하세요.

$$\frac{19}{8} > 1\frac{\square}{8}$$

( )

2·2 □ 안에 들어갈 수 있는 자연수는 모두 몇 개인지 구하세요.

$$2\frac{1}{3} < \frac{\square}{3} < 4\frac{2}{3}$$

( )

3 수 카드로 분수 만들기

● 정답 29쪽

수 카드 3장을 한 번씩만 사용하여 가장 큰 대분수를 만들고, 만든 대분수를 가분수로 나타내세요.

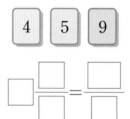

1단계 가장 큰 대분수 만들기

(   )

2단계 만든 대분수를 가분수로 나타내기

(   )

문제해결 tip 가장 큰 대분수를 만들 때는 가장 큰 수를 자연수에 쓰고, 남은 수로 진분수를 만듭니다.

3·1 수 카드 3장을 한 번씩만 사용하여 가장 작은 대분수를 만들고, 만든 대분수를 가분수로 나타내세요.

 3·2 수 카드 9장 중 3장을 사용하여 분모가 7인 가장 큰 대분수를 만들고, 만든 대분수를 가분수로 나타내세요.

4 튀어 오른 공의 높이 구하기

떨어진 높이의 $\frac{4}{6}$ 만큼 튀어 오르는 공이 있습니다. 36 m 높이에서 이 공을 떨어뜨린다면 두 번째 튀어 오른 공의 높이는 몇 m인지 구하세요.

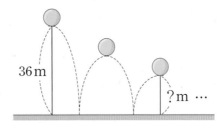

36 m

? m …

1단계 첫 번째 튀어 오른 공의 높이 구하기

(   )

2단계 두 번째 튀어 오른 공의 높이 구하기

(   )

문제해결 tip 첫 번째 튀어 오른 공의 높이를 구하고, 구한 높이를 이용하여 두 번째 튀어 오른 공의 높이를 구합니다.

4·1 떨어진 높이의 $\frac{3}{7}$ 만큼 튀어 오르는 공이 있습니다. 49 m 높이에서 이 공을 떨어뜨린다면 두 번째 튀어 오른 공의 높이는 몇 m인지 구하세요.

(   )

4·2 떨어진 높이의 $\frac{2}{5}$ 만큼 튀어 오르는 공이 있습니다. 어떤 높이에서 이 공을 떨어뜨렸더니 첫 번째 튀어 오른 공의 높이가 8 m였다면 공을 떨어뜨린 높이는 몇 m인지 구하세요.

(   )

4 분수

● 정답 29쪽

전체가 몇 묶음인지 분모에 쓰고, 구하려는 부분의 묶음 수를 분자에 써서 분수로 나타냅니다.

1 부분을 분수로 나타내기

• 30을 3씩 묶으면 18은 30의 ☐ 입니다.

• 30을 6씩 묶으면 18은 30의 ☐ 입니다.

전체의 $\dfrac{▲}{■}$는 전체의 $\dfrac{1}{■}$의 ▲배입니다.

2 전체에 대한 분수만큼 구하기

0 1 2 3 4 5 6 7 8 9 10 11 12 13 14 15 16 17 18(m)

• 18 m의 $\dfrac{1}{6}$은 ☐ m입니다.　　• 18 m의 $\dfrac{5}{6}$는 ☐ m입니다.

분자와 분모의 크기를 비교하여 진분수와 가분수로 분류합니다.
자연수와 진분수로 이루어진 분수는 대분수입니다.

3 분수 분류하기

$$\dfrac{3}{2} \quad 1\dfrac{2}{5} \quad \dfrac{1}{4} \quad 2\dfrac{4}{7} \quad \dfrac{8}{8} \quad \dfrac{7}{6} \quad 1\dfrac{1}{10} \quad \dfrac{5}{9}$$

진분수	가분수	대분수

가분수와 대분수의 크기를 비교할 때는 가분수를 대분수로 나타내거나 대분수를 가분수로 나타내어 크기를 비교합니다.

4 분수의 크기 비교하기

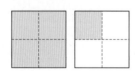

$$\dfrac{5}{4}$$

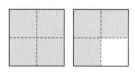

$$1\dfrac{3}{4} = \dfrac{☐}{☐}$$

$$\dfrac{5}{4} \bigcirc 1\dfrac{3}{4}$$

1

□ 안에 알맞은 수를 써넣으세요.

부분 은 전체  를

똑같이 3부분으로 나눈 것 중의 □이므로

전체의 □/□ 입니다.

2

□ 안에 알맞은 분수를 써넣으세요.

35를 5씩 묶으면 20은 35의 □입니다.

3

그림을 보고 □ 안에 알맞은 수를 써넣으세요.

18의 $\frac{2}{9}$는 □입니다.

4

그림을 보고 색칠한 부분을 대분수로 나타내세요.

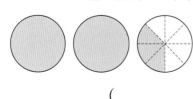

( )

5

분수의 크기를 비교하여 ○ 안에 >, =, <를 알맞게 써넣으세요.

$$2\frac{4}{8} \bigcirc \frac{21}{8}$$

6 서술형

단팥빵 48개를 한 봉지에 6개씩 담았습니다. 단팥빵 30개는 전체의 얼마인지 분수로 나타내려고 합니다. 해결 과정을 쓰고, 답을 구하세요.

_____

_____

_____

( )

7

1시간의 $\frac{1}{2}$은 몇 분인지 구하세요.

( )

8

↓가 가리키는 수를 가분수로 나타내세요.

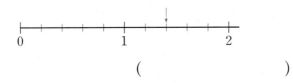

(   )

9

분모가 11인 진분수 중 가장 큰 수를 쓰세요.

(   )

10 서술형

똑같은 과자를 은솔이는 $6\dfrac{2}{7}$개, 준호는 $\dfrac{31}{7}$개 먹었습니다. 과자를 더 많이 먹은 사람은 누구인지 해결 과정을 쓰고, 답을 구하세요.

_____

_____

_____

(   )

11

㉠과 ㉡의 합을 구하세요.

> • 25를 5씩 묶으면 10은 25의 $\dfrac{㉠}{5}$입니다.
>
> • 28을 4씩 묶으면 12는 28의 $\dfrac{3}{㉡}$입니다.

(   )

12

바르게 말한 사람을 찾아 이름을 쓰세요.

> 정우: 30의 $\dfrac{2}{6}$는 12입니다.
>
> 민정: 27의 $\dfrac{4}{9}$는 3입니다.
>
> 연수: 21의 $\dfrac{5}{7}$는 15입니다.

(   )

13

지원이네 학교 1반과 2반의 학생 수입니다. 두 반 전체 학생의 $\dfrac{5}{8}$가 남학생일 때 1반과 2반의 남학생은 모두 몇 명인지 구하세요.

1반	2반
23명	25명

(   )

14

수 카드 3장을 한 번씩만 사용하여 만들 수 있는 대분수를 모두 쓰세요.

| 2 | 3 | 4 |

(   )

15

분모가 5이고, 분모와 분자의 합이 22인 가분수를 대분수로 나타내세요.

( )

16

가장 큰 분수와 가장 작은 분수를 찾아 쓰세요.

$$\frac{11}{6} \qquad 1\frac{3}{6} \qquad \frac{14}{6}$$

가장 큰 분수 ( )

가장 작은 분수 ( )

17

세 사람이 가지고 있는 끈의 길이입니다. 길이가 가장 긴 끈을 가지고 있는 사람을 찾아 이름을 쓰세요.

정윤	은지	재희
$2\frac{4}{10}$ m	$\frac{23}{10}$ m	$\frac{27}{10}$ m

( )

18

어떤 수의 $\frac{3}{4}$ 은 39입니다. 어떤 수는 얼마인지 구하세요.

( )

19 서술형

분모가 1보다 크고 분자가 5인 가분수를 모두 구하려고 합니다. 해결 과정을 쓰고, 답을 구하세요.

_____

_____

_____

( )

20

□ 안에 들어갈 수 있는 자연수를 모두 구하세요.

$$\frac{13}{9} > 1\frac{\square}{9}$$

( )

미로를 따라 길을 찾아보세요.

● 정답 45쪽

들이와 무게

▶ 학습을 완료하면 V표를 하면서 학습 진도를 체크해요.

① 들이 비교하기

● 정답 31쪽

┌ 그릇 안에 가득 담을 수 있는 양

● 주스병과 물병의 들이 비교

방법 1 주스병에 물을 가득 채운 후 물병에 옮겨 담아 비교하기

주스병

물병

물병에 물이 넘쳤습니다.

➡ 주스병의 들이가 더 많습니다.

방법 2 주스병, 물병에 물을 가득 채운 후 큰 그릇에 옮겨 담아 비교하기

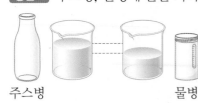

주스병   물병

주스병에서 옮겨 담은 물의 높이가 물병에서 옮겨 담은 물의 높이보다 더 높습니다.

➡ 주스병의 들이가 더 많습니다.

방법 3 주스병, 물병에 물을 가득 채운 후 작은 컵에 옮겨 담아 비교하기

주스병   물병

주스병: 컵 6개, 물병: 컵 4개

➡ <u>주스병</u>의 들이가 더 많습니다.

└ 물을 모두 옮겨 담는 데 사용한 컵의 수가 더 많은 쪽이 들이가 더 많아요.

개념 강의

● **방법 2** 와 **방법 3** 처럼 다른 그릇이나 컵을 사용하여 들이를 비교할 때는 사용하는 그릇이나 컵의 모양과 크기가 같아야 합니다.

---

1 꽃병에 물을 가득 채운 후 물병에 모두 옮겨 담았습니다. 알맞은 말에 ○표 하세요.

꽃병

물병

(꽃병 , 물병)의 들이가 더 적습니다.

2 우유병과 주전자에 물을 가득 채운 후 모양과 크기가 같은 그릇에 모두 옮겨 담았습니다. 알맞은 말에 ○표 하세요.

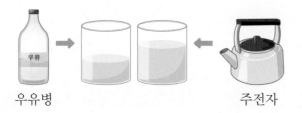

우유병   주전자

(우유병 , 주전자)의 들이가 더 많습니다.

3 그릇 ㉮, ㉯에 물을 가득 채운 후 모양과 크기가 같은 컵에 모두 옮겨 담았습니다. ㉮, ㉯ 중 들이가 더 많은 것을 쓰세요.

(1)

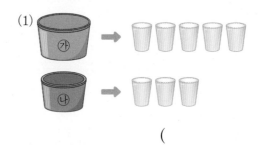

(   )

(2)

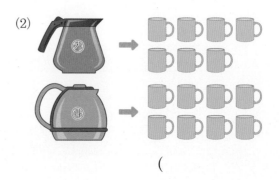

(   )

2 들이의 단위, 들이 어림하고 재어 보기

◎ 들이의 단위

- 들이의 단위에는 리터와 밀리리터 등이 있습니다.

쓰기	$1\,L$	$1\,mL$
읽기	1 리터	1 밀리리터
관계	\multicolumn{2}{c}{$1\,L = 1000\,mL$}

- $1\,L$보다 $300\,mL$ 더 많은 들이를 $1\,L\ 300\,mL$라 쓰고 1 리터 300 밀리리터라고 읽습니다.
- $1\,L = 1000\,mL$이므로 $1\,L\ 300\,mL = \underset{1000\,mL + 300\,mL}{\underline{1300\,mL}}$입니다.

◎ 들이 어림하고 재어 보기

- 어림한 들이는 들이 앞에 약을 붙여서 말합니다.
- 들이를 알고 있는 물건과 비교하여 들이를 어림할 수 있습니다.
- 기름병의 들이는 $1\,L$ 우유갑 1개와 비슷해 보여서 약 $1\,L$라고 어림했습니다.

개념 강의

◎ L는 들이가 많은 물건에, mL는 들이가 적은 물건에 사용하면 편리합니다.
예 냄비 ➡ 약 $2\,L$, 물컵 ➡ 약 $300\,mL$

---

1 주어진 들이를 쓰고, 읽어 보세요.

(1)

$$4\,L$$

쓰기 _____

읽기 (   )

(2)

$$500\,mL$$

쓰기 _____

읽기 (   )

(3)

$$2\,L\ 100\,mL$$

쓰기 _____

읽기 (   )

2 □ 안에 알맞은 단위를 골라 ○표 하세요.

(1)

양동이의 들이는 약 5□입니다.

L	mL

(2)

음료수 캔의 들이는 약 350□입니다.

L	mL

◎ **받아올림과 받아내림이 없는 들이의 덧셈과 뺄셈**

L는 L끼리, mL는 mL끼리 계산합니다.

덧셈
```
    1 L  400 mL
  + 2 L  300 mL
  ─────────────
    3 L  700 mL
```

뺄셈
```
    8 L  600 mL
  − 3 L  500 mL
  ─────────────
    5 L  100 mL
```

◎ **받아올림과 받아내림이 있는 들이의 덧셈과 뺄셈**

• mL끼리의 합이 1000이거나 1000보다 크면 1000 mL를 1 L로 받아올림합니다.

• mL끼리 뺄 수 없으면 1 L를 1000 mL로 받아내림합니다.

덧셈
```
        1
    2 L  600 mL
  + 4 L  800 mL
  ─────────────
    7 L  400 mL
```
- mL 단위 계산: 600+800=1400,
　　　　　　　　 1400−1000=400
- L 단위 계산: ①+2+4=7

뺄셈
```
    4   1000
    5̸ L  300 mL
  − 3 L  700 mL
  ─────────────
    1 L  600 mL
```
- mL 단위 계산: 1000+300−700=600
- L 단위 계산: 5−①−3=1

개념 강의 ● L와 mL가 있는 들이의 덧셈, 뺄셈은 1000을 기준으로 받아올림, 받아내림합니다.

---

1 □ 안에 알맞은 수를 써넣으세요.

(1) 2 L 500 mL+4 L 400 mL
= □ L □ mL

(2) 3 L 200 mL+5 L 300 mL
= □ L □ mL

(3) 6 L 700 mL−3 L 600 mL
= □ L □ mL

(4) 4 L 800 mL−2 L 100 mL
= □ L □ mL

2 □ 안에 알맞은 수를 써넣으세요.

(1)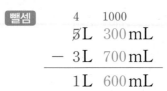
```
          □
     4 L  600 mL
  +  4 L  500 mL
  ──────────────
     □ L  □ mL
```

(2)
```
     6    1000
     7̸ L  200 mL
  −  2 L  500 mL
  ──────────────
     □ L  □ mL
```

(3)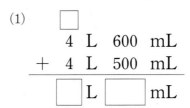
```
     □    □
     9̸ L  200 mL
  −  5 L  400 mL
  ──────────────
     □ L  □ mL
```

4 무게 비교하기

● 정답 31쪽

○ 오렌지와 바나나의 무게 비교

`방법 1` 양손에 하나씩 들어서 비교하기

직접 들어 보니 오렌지가 더 무겁습니다.

`방법 2` 저울을 사용하여 비교하기

오렌지가 있는 쪽의 접시가 내려갔습니다.

➡ 오렌지가 더 무겁습니다.

`방법 3` 저울과 동전을 사용하여 비교하기

25개   17개

오렌지: 동전 25개, 바나나: 동전 17개

➡ 오렌지가 더 무겁습니다.

개념 강의

● `방법 3` 처럼 같은 단위(예 500원짜리 동전)로 물건의 무게를 비교할 때는 단위가 많이 사용된 물건이 더 무겁습니다.

---

1 저울로 사과와 귤의 무게를 비교했습니다. 알맞은 말에 ○표 하세요.

사과   귤

사과가 있는 쪽의 접시가 내려갔으므로 사과의 무게가 더 (무겁습니다 , 가볍습니다).

2 저울로 크레파스와 가위의 무게를 비교했습니다. 알맞은 말에 ○표 하세요.

크레파스   가위

가위가 있는 쪽의 접시가 내려갔으므로 크레파스의 무게가 더 (무겁습니다 , 가볍습니다).

3 저울과 바둑돌을 사용하여 연필과 색연필의 무게를 비교했습니다. 연필과 색연필 중 더 무거운 것을 쓰세요.

연필   3개   색연필   4개

(   )

4 저울과 바둑돌을 사용하여 달걀과 밤의 무게를 비교했습니다. 달걀과 밤 중 더 무거운 것을 쓰세요.

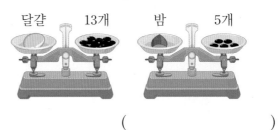

달걀   13개   밤   5개

(   )

무게의 단위

• 무게의 단위에는 킬로그램, 그램, 톤 등이 있습니다.

쓰기	1 kg	1 g	1 t
읽기	1 킬로그램	1 그램	1 톤
관계	1 kg=1000 g 1 t=1000 kg		

• 1 kg보다 500 g 더 무거운 무게를 1 kg 500 g이라 쓰고 1 킬로그램 500 그램이라고 읽습니다.

• 1 kg=1000 g이므로 1 kg 500 g=$\underset{1000\,g+500\,g}{1500\,g}$입니다.

무게 어림하고 재어 보기

200 g

• 어림한 무게는 무게 앞에 약을 붙여서 말합니다.

• 무게를 알고 있는 물건과 비교하여 무게를 어림할 수 있습니다.

• 축구공의 무게는 무게가 200 g인 휴대 전화의 2배쯤 될 것 같아서 약 400 g이라고 어림했습니다.

개념 강의

• kg, t은 무거운 물건에, g은 가벼운 물건에 사용하면 편리합니다.
    예 자동차 ➡ 약 2 t, 과일 상자 ➡ 약 3 kg, 필통 ➡ 약 100 g

---

1 주어진 무게를 쓰고, 읽어 보세요.

(1)
> 4 kg

쓰기 _____

읽기 (   )

(2)
> 6 kg 200 g

쓰기 _____

읽기 (   )

(3)
> 3 t

쓰기 _____

읽기 (   )

2 □ 안에 알맞은 단위를 골라 ○표 하세요.

(1)

탬버린의 무게는 약 100 □입니다.

g	kg	t

(2)

책상의 무게는 약 2 □입니다.

g	kg	t

6 무게의 덧셈과 뺄셈

◉ **받아올림과 받아내림이 없는 무게의 덧셈과 뺄셈**

kg은 kg끼리, g은 g끼리 계산합니다.

덧셈

$$
\begin{array}{rr}
& 2\,\text{kg} \quad 500\,\text{g} \\
+ & 3\,\text{kg} \quad 400\,\text{g} \\
\hline
& 5\,\text{kg} \quad 900\,\text{g}
\end{array}
$$

뺄셈

$$
\begin{array}{rr}
& 6\,\text{kg} \quad 600\,\text{g} \\
- & 1\,\text{kg} \quad 300\,\text{g} \\
\hline
& 5\,\text{kg} \quad 300\,\text{g}
\end{array}
$$

◉ **받아올림과 받아내림이 있는 무게의 덧셈과 뺄셈**

- g끼리의 합이 1000이거나 1000보다 크면 1000g을 1kg으로 받아올림합니다.
- g끼리 뺄 수 없으면 1kg을 1000g으로 받아내림합니다.

덧셈

$$
\begin{array}{rr}
& \overset{1}{} \\
& 5\,\text{kg} \quad 200\,\text{g} \\
+ & 2\,\text{kg} \quad 900\,\text{g} \\
\hline
& 8\,\text{kg} \quad 100\,\text{g}
\end{array}
$$

뺄셈

$$
\begin{array}{rr}
& \overset{6}{\cancel{7}}\text{kg} \quad \overset{1000}{}300\,\text{g} \\
- & 4\,\text{kg} \quad 800\,\text{g} \\
\hline
& 2\,\text{kg} \quad 500\,\text{g}
\end{array}
$$

- g 단위 계산: 200+900=1100,
  1100−1000=100
- kg 단위 계산: ①+5+2=8

- g 단위 계산: 1000+300−800=500
- kg 단위 계산: 7−①−4=2

개념 강의

● kg과 g이 있는 무게의 덧셈, 뺄셈은 1000을 기준으로 받아올림, 받아내림합니다.

---

1 □ 안에 알맞은 수를 써넣으세요.

(1) 1 kg 200 g + 2 kg 300 g

= □ kg □ g

(2) 5 kg 600 g + 1 kg 200 g

= □ kg □ g

(3) 4 kg 700 g − 3 kg 500 g

= □ kg □ g

(4) 8 kg 300 g − 3 kg 100 g

= □ kg □ g

2 □ 안에 알맞은 수를 써넣으세요.

(1)

$$
\begin{array}{rr}
& \boxed{} \\
& 1 \quad \text{kg} \quad 500 \quad \text{g} \\
+ & 3 \quad \text{kg} \quad 700 \quad \text{g} \\
\hline
& \boxed{} \,\text{kg} \quad \boxed{} \,\text{g}
\end{array}
$$

(2)

$$
\begin{array}{rr}
& \overset{8}{\cancel{9}} \quad\quad \overset{1000}{} \\
& \cancel{9} \quad \text{kg} \quad 200 \quad \text{g} \\
- & 2 \quad \text{kg} \quad 700 \quad \text{g} \\
\hline
& \boxed{} \,\text{kg} \quad \boxed{} \,\text{g}
\end{array}
$$

(3)

$$
\begin{array}{rr}
& \boxed{} \quad\quad \boxed{} \\
& \cancel{5} \quad \text{kg} \quad 400 \quad \text{g} \\
- & 2 \quad \text{kg} \quad 600 \quad \text{g} \\
\hline
& \boxed{} \,\text{kg} \quad \boxed{} \,\text{g}
\end{array}
$$

1 들이 비교하기

▶ 크기가 같은 큰 그릇에 물을 옮겨 담고 물의 높이를 비교합니다. 또는 크기가 같은 작은 컵에 물을 옮겨 담고 컵의 수를 비교합니다.

생수병의 들이가 더 많습니다.

1

물병에 물을 가득 채운 후 수조에 모두 옮겨 담았습니다. 들이가 더 많은 것에 ○표 하세요.

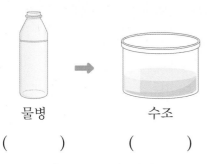

물병   수조
(   )   (   )

2

꽃병과 주스병에 물을 가득 채운 후 모양과 크기가 같은 그릇에 모두 옮겨 담았습니다. 꽃병과 주스병 중 들이가 더 적은 것을 쓰세요.

꽃병   주스병
(   )

3 ⊕ 교과서 공통

항아리와 주전자에 물을 가득 채운 후 모양과 크기가 같은 종이컵에 모두 옮겨 담았습니다. □ 안에 알맞은 말이나 수를 써넣으세요.

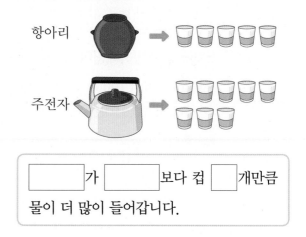

□□□가 □□□보다 컵 □개만큼 물이 더 많이 들어갑니다.

4

그릇 ㉮, ㉯, ㉰에 물을 가득 채운 후 모양과 크기가 같은 컵에 모두 옮겨 담았습니다. 들이가 가장 많은 것을 찾아 쓰세요.

(   )

5

대야와 그릇에 물을 가득 채운 후 모양과 크기가 같은 컵에 모두 옮겨 담았습니다. 대야의 들이는 그릇의 들이의 몇 배인지 구하세요.

(   )

● 정답 32쪽

6

㉮, ㉯, ㉰에 물을 가득 채운 후 모양과 크기가 같은 그릇에 모두 옮겨 담았습니다. 들이가 적은 것부터 차례대로 쓰세요.

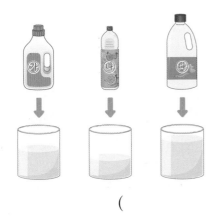

( )

7

모양과 크기가 같은 두 수조에 물을 가득 채운 후 각자의 컵으로 각각 모두 덜어냈습니다. 들이가 더 많은 컵을 가진 사람의 이름을 쓰세요.

7번 덜어냈어.

5번 덜어냈어.

지혜   수민

( )

8

냄비와 양동이에 물을 가득 채우려면 컵 ㉮와 ㉯에 물을 가득 채워 다음과 같이 각각 부어야 합니다. 물음에 답하세요.

컵	㉮	㉯
냄비	3번	5번
양동이	6번	10번

(1) ㉮와 ㉯ 중 들이가 더 적은 컵은 무엇일까요?

( )

(2) 양동이의 들이는 냄비 들이의 몇 배일까요?

( )

9

우유병, 물병, 요구르트병의 들이를 비교했습니다. 들이가 많은 것부터 □ 안에 차례대로 1, 2, 3을 써넣으세요.

- 요구르트병에 물을 가득 채운 후 우유병에 모두 옮겨 담았더니 우유병에 물이 가득 차지 않았습니다.
- 물병에 물을 가득 채운 후 우유병에 모두 옮겨 담았더니 우유병에 물이 넘쳤습니다.

우유병   물병   요구르트병

□   □   □

10

㉮, ㉯에 물을 가득 채운 후 컵에 모두 옮겨 담았습니다. 잘못 말한 사람의 이름을 쓰세요.

은율: ㉮와 ㉯의 들이는 항상 같아.
선호: ㉮와 ㉯의 들이는 다를 수 있어.

( )

11 교과서 공통

어항에 물을 가득 채우려면 컵 ㉮, ㉯, ㉰에 물을 가득 채워 다음과 같이 각각 부어야 합니다. 들이가 가장 많은 컵을 찾아 쓰세요.

컵	㉮	㉯	㉰
횟수(번)	13	9	11

( )

> ▶ 1 L=1000 mL임을 이용하여 들이의 단위를 바꾸어 나타낼 수 있습니다.
>
> 3 L=3000 mL ➡ 3 L 500 mL=3500 mL
> 5000 mL=5 L ➡ 5200 mL=5 L 200 mL

1

물의 양이 얼마인지 눈금을 읽고 ☐ 안에 알맞은 수를 써넣으세요.

(1)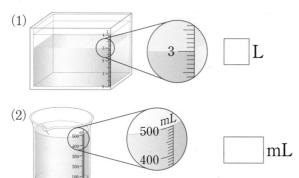

☐ L

(2)

☐ mL

2

오렌지주스 1 L와 350 mL를 넣었더니 유리병이 넘치지 않고 가득 찼습니다. 유리병의 들이는 얼마인지 ☐ 안에 알맞은 수를 써넣으세요.

1 L   350 mL

☐ L ☐ mL

3

☐ 안에 알맞은 수를 써넣으세요.

(1) 8 L= ☐ mL

(2) 4 L 60 mL= ☐ mL

(3) 3700 mL= ☐ L ☐ mL

4

6 L의 기름이 들어 있는 통에 900 mL의 기름을 더 부었습니다. 통에 들어 있는 기름은 모두 몇 mL인지 구하세요.

(   )

5

들이가 1 L인 우유갑을 보고 주전자의 들이를 어림하여 ☐ 안에 L와 mL 중 알맞은 단위를 써넣으세요.

우유갑   1L   주전자

주전자의 들이는 약 3 ☐ 입니다.

6

들이를 바르게 어림한 물건을 찾아 쓰세요.

컵   냄비   양동이
약 250 L   약 4 L   약 10 mL

(   )

7 교과서 공통

보기 에서 ☐ 안에 알맞은 물건을 찾아 문장을 완성하세요.

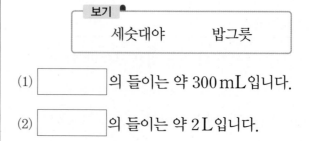

보기

세숫대야   밥그릇

(1) ☐ 의 들이는 약 300 mL입니다.

(2) ☐ 의 들이는 약 2 L입니다.

8

물이 어항에는 1100 mL 들어 있고, 물병에는 1 L 30 mL 들어 있습니다. 어항과 물병 중 어느 것에 물이 더 많이 들어 있는지 쓰세요.

(   )

 **9** 교과서 공통

들이가 가장 적은 물건을 찾아 쓰세요.

항아리	양동이	물뿌리개
2040 mL	2 L 400 mL	2140 mL

(   )

10

비커에 들어 있는 물은 약 몇 L인지 어림하세요.

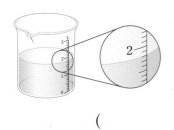

(   )

11

꽃병에 물을 가득 채운 후 들이가 1000 mL인 컵에 모두 옮겨 담았더니 한 컵은 가득 찼고, 남은 한 컵은 절반 정도 찼습니다. 꽃병의 들이는 약 몇 mL인지 어림하세요.

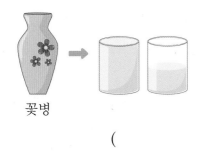

꽃병

(   )

12

□ 안에 알맞은 단위가 나머지와 다른 것을 찾아 기호를 쓰세요.

> ㉠ 세제통의 들이는 약 2 □입니다.
> ㉡ 주사기의 들이는 약 5 □입니다.
> ㉢ 욕조의 들이는 약 300 □입니다.

(   )

13

우유갑을 이용하여 물병의 들이를 어림했습니다. 잘못 어림한 사람의 이름을 쓰세요.

물병에 200 mL 우유갑으로 3번 들어갈 것 같아서 들이는 약 600 mL야.

강우

물병에 500 mL 우유갑으로 1번, 200 mL 우유갑으로 2번 들어갈 것 같아서 약 900 L야.

태우

(   )

14

들이가 1 L인 물병입니다. 물병에 들어 있는 물의 양을 가장 가깝게 어림한 사람을 찾아 이름을 쓰세요.

> 은지: 약 500 mL
> 민호: 약 900 mL
> 지수: 약 300 mL

(   )

> ▶ 1L=1000mL이므로 1000을 기준으로 받아올림, 받아내림합니다.

```
1000mL ⟶ 1
        2L  400mL              5   1000
     +  1L  900mL           6̸L  200mL
     ─────────────          −  3L  500mL
        4L  300mL           ─────────────
                              2L  700mL
```

1

계산을 하세요.

(1) $5L\ 400mL + 2L\ 200mL$

(2) $8L\ 800mL − 3L\ 600mL$

(3) $4L\ 700mL$
    $+\ 4L\ 100mL$

(4) $6L\ 800mL$
    $−\ 5L\ 100mL$

2

□ 안에 알맞은 수를 써넣으세요.

2L 700mL

⬇

+3L 200mL

⬇

□ L □ mL

3

두 그릇의 들이의 합은 몇 L 몇 mL인지 구하세요.

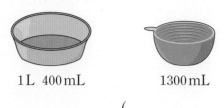

1L 400mL   1300mL

(   )

4

들이가 더 많은 것에 ○표 하세요.

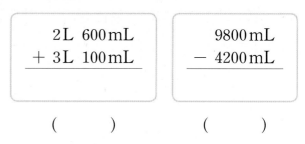

2L 600mL + 3L 100mL	9800mL − 4200mL

(   )   (   )

5➕ 교과서 공통

진호는 다음과 같이 물이 채워져 있는 수조에서 2L 300mL만큼 물을 덜어 냈습니다. 수조에 남아 있는 물은 몇 L 몇 mL인지 구하세요.

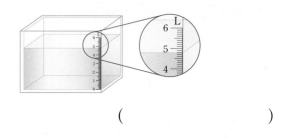

(   )

6

빈 물병에 들이가 500mL인 컵에 물을 가득 채워 1번 붓고, 들이가 350mL인 컵에 물을 가득 채워 2번 부었습니다. 물병에 들어 있는 물은 모두 몇 L 몇 mL인지 구하세요.

(   )

7

□ 안에 알맞은 수를 써넣으세요.

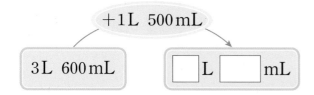

+1 L 500 mL

3 L 600 mL → ☐ L ☐ mL

[8-10] 민지와 연아가 마시기 전의 우유의 양과 일주일 동안 마시고 난 후 남은 우유의 양입니다. 물음에 답하세요.

	민지	연아
마시기 전 우유의 양	3 L 500 mL	2 L 800 mL
남은 우유의 양	1 L 400 mL	1 L 100 mL

8

민지와 연아가 일주일 동안 마신 우유는 각각 몇 L 몇 mL인지 구하세요.

민지 (   )

연아 (   )

9

두 사람이 일주일 동안 마신 우유는 모두 몇 mL인지 구하세요.

(   )

10

민지와 연아 중 누가 일주일 동안 우유를 몇 mL 더 많이 마셨는지 구하세요.

(   ), (   )

11

들이가 가장 많은 것과 들이가 가장 적은 것의 차는 몇 L 몇 mL인지 구하세요.

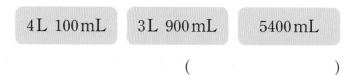

4 L 100 mL   3 L 900 mL   5400 mL

(   )

12

들이가 많은 것부터 차례대로 기호를 쓰세요.

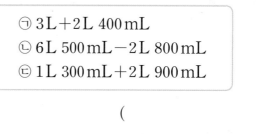

㉠ 3 L＋2 L 400 mL

㉡ 6 L 500 mL－2 L 800 mL

㉢ 1 L 300 mL＋2 L 900 mL

(   )

 13 교과서 공통

주스를 4명이 400 mL씩 마셨더니 1 L 800 mL가 남았습니다. 처음에 있던 주스는 몇 L 몇 mL인지 구하세요.

(   )

4 무게 비교하기

▶ 저울의 양쪽에 물건을 올려서 무게를 비교합니다. 또는 물건의 무게가 각각 바둑돌 몇 개와 같은지 구하여 무게를 비교합니다.

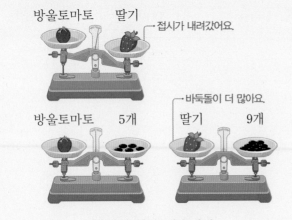

방울토마토　딸기 — 접시가 내려갔어요.

방울토마토　5개　　딸기　9개 — 바둑돌이 더 많아요.

딸기가 더 무겁습니다.

1

저울로 당근과 감자의 무게를 비교했습니다. 더 무거운 것을 쓰세요.

당근　　감자

(　　　　　　　　)

2

저울과 500원짜리 동전을 사용하여 자몽과 고구마의 무게를 비교했습니다. 자몽과 고구마 중 어느 것이 500원짜리 동전 몇 개만큼 더 무거운지 구하세요.

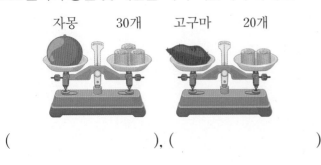

자몽　30개　　고구마　20개

(　　　　　), (　　　　　　)

3

탁구공과 배드민턴공을 양손에 들어 보니 무게가 비슷하여 어느 것이 더 무거운지 비교할 수 없었습니다. 탁구공과 배드민턴공의 무게를 비교할 수 있는 방법을 쓰세요.

방법 _____

_____

4

저울로 치약, 컵, 안경의 무게를 비교했습니다. 가장 무거운 것은 어느 것일까요?

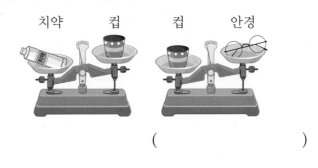

치약　　컵　　　컵　　안경

(　　　　　　　　　　)

5 교과서 공통

저울로 필통, 휴지, 장난감의 무게를 비교했습니다. 무게가 가벼운 것부터 차례대로 쓰세요.

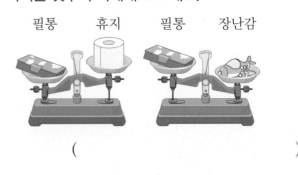

필통　　휴지　　필통　　장난감

(　　　　　　　　　　)

6

저울과 바둑돌을 사용하여 지우개와 물감의 무게를 비교했습니다. 물감의 무게는 지우개의 무게의 몇 배인지 구하세요.

지우개   3개   물감   6개

(   )

[7-8] 저울과 동전을 사용하여 참외와 가지의 무게를 비교했습니다. 물음에 답하세요.

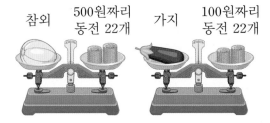

참외   500원짜리 동전 22개   가지   100원짜리 동전 22개

7

수지는 참외와 가지의 무게를 다음과 같이 비교했습니다. 수지가 무게를 바르게 비교했는지 '네' 또는 '아니요'로 답하세요.

참외 1개와 가지 1개의 무게는 같습니다. 참외와 가지의 무게가 각각 동전 22개와 같기 때문입니다.

수지

(   )

8

500원짜리 동전 1개가 100원짜리 동전 1개보다 더 무겁다면 참외와 가지 중 어느 것이 더 무거운지 쓰세요.

(   )

➒ 교과서 공통

저울로 배, 사과, 감의 무게를 비교했습니다. 한 개의 무게가 가장 무거운 것은 어느 것일까요?

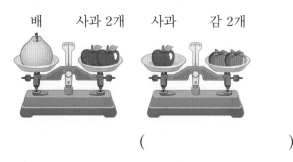

배   사과 2개   사과   감 2개

(   )

10

저울로 크레파스, 풀, 가위의 무게를 비교했습니다. 한 개의 무게가 가벼운 것부터 차례대로 쓰세요.

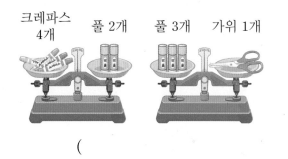

크레파스 4개   풀 2개   풀 3개   가위 1개

(   )

11

저울과 바둑돌, 쌓기나무를 사용하여 수첩의 무게를 재었습니다. 바둑돌과 쌓기나무 중 한 개의 무게가 더 무거운 것을 쓰세요.

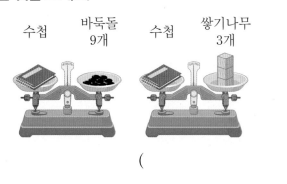

수첩   바둑돌 9개   수첩   쌓기나무 3개

(   )

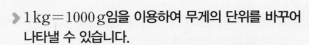

5 무게의 단위, 무게 어림하고 재어 보기

> 1kg=1000g임을 이용하여 무게의 단위를 바꾸어
> 나타낼 수 있습니다.
>
> 3kg=3000g ➡ 3kg 400g=3400g
> 6000g=6kg ➡ 6700g=6kg 700g

1

물건의 무게가 얼마인지 눈금을 읽고 □ 안에 알맞은
수를 써넣으세요.

(1)   (2)

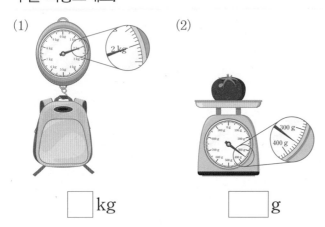

[　]kg   [　]g

2

□ 안에 알맞은 수를 써넣으세요.

(1) 2kg보다 600g 더 무거운 무게

➡ [　]kg [　]g

(2) 900kg보다 100kg 더 무거운 무게

➡ [　]t

3

무게가 나머지와 다른 것을 찾아 ○표 하세요.

| 4kg 50g | 450g | 4kg보다 50g 더 무거운 무게 |

(　)　(　)　(　)

4

무게가 같은 것끼리 이으세요.

3kg 100g	•	•	3010g
3kg 1g	•	•	3100g
3kg 10g	•	•	3001g

5  교과서 공통

무게를 t으로 나타내기에 적당한 것을 찾아 기호를 쓰
세요.

| ㉠ 책상　㉡ 휴대 전화　㉢ 비행기 |

(　)

6

□ 안에 알맞은 것을 찾아 쓰세요.

| □의 무게는 약 200g입니다. |

| 수박　구급차　비누 |

(　)

7

무게가 1000kg보다 무거운 것을 찾아 기호를 쓰세요.

| ㉠ 에어컨 1대　㉡ 자동차 2대 ㉢ 농구공 10개　㉣ 귤 1박스 |

(　)

8

보기 에서 알맞은 단위를 찾아 □ 안에 써넣으세요.

보기
g   kg   t

(1) 바지의 무게는 약 500 □ 입니다.

(2) 트럭의 무게는 약 2 □ 입니다.

(3) 의자의 무게는 약 3 □ 입니다.

9

설탕 한 봉지의 무게보다 더 가벼운 것을 모두 고르세요.
(   )

① 쌀 1포대
② 배구공 1개
③ 과자 1봉지
④ 냉장고 1대
⑤ 컴퓨터 1대

10 교과서 공통

무게의 단위를 잘못 사용한 사람을 찾아 이름을 쓰세요.

혜림: 연필 한 자루의 무게는 약 10 g입니다.
은선: 버스의 무게는 약 10 t입니다.
지민: 파 한 단의 무게는 약 800 kg입니다.

(   )

11

무게가 다음과 같은 카메라의 무게를 은서는 약 1 kg 으로, 지효는 약 2 kg 100 g으로 어림했습니다. 카메라의 실제 무게에 더 가깝게 어림한 사람의 이름을 쓰세요.

(   )

12

서랍의 무게는 약 10 kg이고, 코뿔소의 무게는 약 2 t 입니다. 코뿔소의 무게는 서랍의 무게의 약 몇 배인지 구하세요.

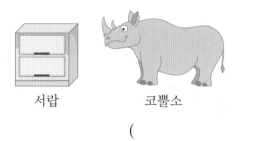

서랍   코뿔소

(   )

13

저울로 돋보기, 자석, 양초의 무게를 비교했습니다. 돋보기 한 개의 무게가 약 600 g일 때, 양초 한 개의 무게는 약 몇 g인지 어림하세요.

돋보기   자석 2개   자석 1개   양초 3개

(   )

6 무게의 덧셈과 뺄셈

> 1 kg＝1000 g이므로 1000을 기준으로 받아올림, 받아내림합니다.

$$
\begin{array}{r}
^{1000\,g\rightarrow 1} \\
6\,kg\ \ 800\,g \\
+\ \ 4\,kg\ \ 300\,g \\
\hline
11\,kg\ \ 100\,g
\end{array}
\qquad
\begin{array}{r}
^{8}\,^{1000} \\
\cancel{9}\,kg\ \ 200\,g \\
-\ \ 5\,kg\ \ 500\,g \\
\hline
3\,kg\ \ 700\,g
\end{array}
$$

1

계산을 하세요.

⑴ 6 kg 100 g＋2 kg 400 g

⑵ 7 kg 800 g－4 kg 500 g

⑶
$$
\begin{array}{r}
3\ kg\ \ 700\ g \\
+\ \ 5\ kg\ \ 200\ g \\
\hline
\end{array}
$$

⑷
$$
\begin{array}{r}
9\ kg\ \ 600\ g \\
-\ \ 5\ kg\ \ 300\ g \\
\hline
\end{array}
$$

2

□ 안에 알맞은 수를 써넣으세요.

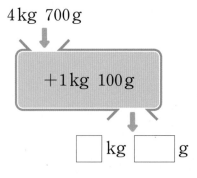

4 kg 700 g

＋1 kg 100 g

☐ kg ☐ g

3

혜림이는 종이를 1 kg 400 g 모았고, 영우는 종이를 3 kg 200 g 모았습니다. 혜림이와 영우가 모은 종이는 모두 몇 kg 몇 g인지 구하세요.

( )

4

□ 안에 알맞은 수를 써넣으세요.

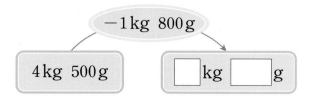

－1 kg 800 g

4 kg 500 g → ☐ kg ☐ g

5

두 무게의 합은 몇 kg 몇 g인지 구하세요.

| 2 kg 600 g | 3800 g |

( )

[6-7] 세 사람이 캔 고구마의 무게입니다. 물음에 답하세요.

지은	상현	경준
1 kg 200 g	2 kg 100 g	1 kg 800 g

6  교과서 공통

지은이와 경준이가 캔 고구마는 모두 몇 kg인지 구하세요.

( )

7

상현이는 경준이보다 고구마를 몇 g 더 많이 캤는지 구하세요.

( )

● 정답 35쪽

8

파인애플을 바구니에 담았을 때와 바구니에 담지 않았을 때의 무게를 각각 재었습니다. 빈 바구니의 무게는 몇 g인지 구하세요.

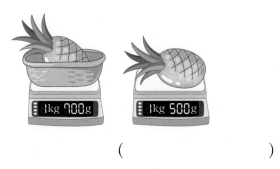

1kg 900g 1kg 500g

( )

9

가장 무거운 무게와 가장 가벼운 무게의 차는 몇 g인지 구하세요.

| 2500 g | 2 kg 80 g |
| 6210 g | 4 kg 100 g |

( )

10

무거운 것부터 차례대로 ◯ 안에 1, 2, 3을 써넣으세요.

10 kg 800 g − 3 kg 100 g ◯

3 kg 700 g + 1 kg 700 g ◯

7 kg 100 g − 1 kg 600 g ◯

11

계산 결과가 6900 g − 3300 g과 같은 것을 찾아 기호를 쓰세요.

㉠ 1 kg 900 g + 2 kg 700 g
㉡ 9 kg 100 g − 5 kg 500 g

( )

12

3 kg까지 물건을 담을 수 있는 상자에 무게가 700 g인 물건과 900 g인 물건이 각각 1개씩 들어 있습니다. 상자에 더 담을 수 있는 무게는 몇 kg 몇 g인지 구하세요.

( )

⑬ ➕ 교과서 공통

준서의 가방 무게는 몇 kg 몇 g인지 구하세요.

내 가방의 무게는 800 g이야.
지혜

내 가방은 지혜의 가방보다 300 g 더 무거워.
수민

내 가방과 수민이 가방의 무게의 합은 2 kg 800 g이야.
준서

( )

1 세 그릇의 들이 비교하기

● 정답 36쪽

그릇 ㉮, ㉯, ㉰ 중 들이가 가장 많은 것을 구하세요.

- ㉮에 물을 가득 채운 후 ㉰에 모두 옮겨 담았더니 물이 넘쳤습니다.
- ㉯에 물을 가득 채운 후 ㉰에 모두 옮겨 담았더니 물이 가득 차지 않았습니다.

1단계 ㉮와 ㉰ 중 들이가 더 많은 것 구하기

( )

2단계 ㉯와 ㉰ 중 들이가 더 많은 것 구하기

( )

3단계 들이가 가장 많은 것 구하기

( )

문제해결 tip 크기를 비교했을 때 ㉮＞㉰이고 ㉰＞㉯이면 ㉮＞㉰＞㉯입니다.

1·1 그릇 ㉮, ㉯, ㉰ 중 들이가 가장 적은 것을 구하세요.

- ㉮에 물을 가득 채운 후 ㉯에 모두 옮겨 담았더니 물이 가득 차지 않았습니다.
- ㉯에 물을 가득 채운 후 ㉰에 모두 옮겨 담았더니 물이 가득 차지 않았습니다.

( )

1·2 그릇 ㉮, ㉯ 중 들이가 더 적은 것을 구하세요.

㉮에 가득 채운 물을 ㉰에 모두 옮겨 담았더니 물이 반보다 더 많이 담겼습니다.

태우

㉯에 가득 채운 물을 태우가 옮겨 담은 그릇 ㉰에 이어서 옮겨 담았더니 물이 가득 차지 않았습니다.

수지

( )

2 수조에 물 담는 방법 찾기

● 정답 36쪽

들이가 다음과 같은 물병과 어항을 사용하여 수조에 물 1L를 담는 두 가지 방법을 찾아 쓰세요.

물병	어항
500 mL	1 L 500 mL

1단계 물병을 사용한 방법 쓰기

(   )

2단계 물병과 어항을 사용한 방법 쓰기

(   )

문제해결 tip   물병과 어항의 들이의 합과 차를 이용하여 수조에 물을 담는 방법을 찾습니다.

2·1 들이가 다음과 같은 물병 ㉮, ㉯, ㉰를 사용하여 수조에 물 2L 100mL를 담는 방법을 찾아 쓰세요.

㉮	㉯	㉰
300 mL	500 mL	1 L

방법

2·2 들이가 2L와 5L인 어항을 사용하여 수조에 물 1L를 담는 방법을 찾아 쓰세요.

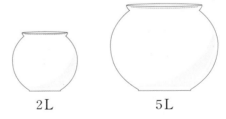

2L   5L

방법

---

3 물건 한 개의 무게 구하기

● 정답 36쪽

저울로 비누, 빗, 치약의 무게를 비교했습니다. 비누 한 개의 무게가 160 g일 때 치약 한 개의 무게는 몇 g인지 구하세요. (단, 빗의 무게는 모두 같습니다.)

비누 1개   빗 2개   빗 3개   치약 1개

1단계 빗 한 개의 무게 구하기

(   )

2단계 빗 3개의 무게 구하기

(   )

3단계 치약 한 개의 무게 구하기

(   )

문제해결 tip 주어진 비누의 무게와 비누, 빗, 치약 무게의 관계를 이용하여 치약의 무게를 구합니다.

3·1 저울로 책, 수첩, 시계의 무게를 비교했습니다. 책 한 권의 무게가 360 g일 때 시계 한 개의 무게는 몇 g인지 구하세요. (단, 수첩의 무게는 모두 같습니다.)

책 1권   수첩 3개   수첩 5개   시계 1개

(   )

3·2 건전지 3개와 지우개 9개의 무게가 같고, 지우개 9개와 필통 한 개의 무게가 같습니다. 필통 한 개의 무게가 450 g일 때 건전지 한 개의 무게는 몇 g인지 구하세요. (단, 같은 물건끼리는 무게가 같습니다.)

(   )

4 무게의 합이 주어진 물건의 무게 구하기

두 상자의 무게의 합은 14 kg입니다. ㉠의 무게가 ㉡의 무게보다 2 kg 더 무거울 때 ㉠의 무게는 몇 kg인지 구하세요.

1단계 ㉡의 무게가 ■일 때 ㉠의 무게 나타내기

(㉠의 무게) = ■ + ☐ kg

2단계 ㉡의 무게 구하기

(   )

3단계 ㉠의 무게 구하기

(   )

문제해결 tip ■를 사용하여 조건을 식으로 나타내면 상자의 무게를 구할 수 있습니다.

4·1 두 사람의 가방 무게의 합은 20 kg입니다. 성호의 가방 무게는 진우의 가방 무게보다 4 kg 더 무거울 때 성호의 가방 무게는 몇 kg인지 구하세요.

성호의 가방   진우의 가방

(   )

4·2 귤 상자 1개와 포도 상자 2개의 무게의 합은 3 kg입니다. 포도 상자 1개의 무게가 귤 상자 1개의 무게보다 300 g 더 무거울 때 포도 상자 1개의 무게는 몇 kg 몇 g인지 구하세요. (단, 포도 상자의 무게는 같습니다.)

(   )

5 수도로 물을 받은 물건의 들이 구하기

● 정답 37쪽

비어 있는 주전자에 물이 1분에 800 mL씩 나오는 수도로 물을 받았습니다. 5분이 지났을 때 1 L 400 mL의 물이 주전자 밖으로 흘러 넘쳤다면 주전자의 들이는 몇 L 몇 mL인지 구하세요.

1단계 5분 동안 수도에서 나온 물의 양 구하기

(   )

2단계 주전자의 들이 구하기

(   )

문제해결 tip (주전자의 들이)=(수도에서 나온 물의 양)−(흘러 넘친 물의 양)입니다.

5·1 비어 있는 양동이에 물이 1분에 2 L 350 mL씩 나오는 수도로 물을 받았습니다. 3분이 지났을 때 1 L 500 mL의 물이 양동이 밖으로 흘러 넘쳤다면 양동이의 들이는 몇 L 몇 mL인지 구하세요.

(   )

5·2 구멍이 뚫려서 1분에 50 mL씩 물이 새는 세숫대야가 있습니다. 이 세숫대야에 물이 1분에 950 mL씩 나오는 수도로 물을 가득 받는 데 5분이 걸렸다면 세숫대야의 들이는 몇 L 몇 mL인지 구하세요.

(   )

빈 병의 무게 구하기

● 정답 37쪽

주스가 가득 담긴 병의 무게를 저울로 재었더니 500 g이었습니다. 주스를 반만큼 마신 다음 주스가 담긴 병의 무게를 저울로 재었더니 300 g이었습니다. 빈 주스병의 무게는 몇 g인지 구하세요.

1단계 주스 반만큼의 무게 구하기

(   )

2단계 빈 주스병의 무게 구하기

(   )

문제해결 tip (빈 병의 무게)=(주스가 반만큼 담긴 병의 무게)−(주스 반만큼의 무게)입니다.

6·1 무게가 같은 음료수 4병이 담긴 상자의 무게를 재었더니 1 kg 650 g이었습니다. 여기에서 음료수 2병을 뺐더니 1 kg 50 g이 되었습니다. 빈 상자의 무게는 몇 g인지 구하세요.

(   )

6·2 배 6개가 담긴 상자의 무게를 재었더니 4 kg 600 g이었습니다. 이 상자에 배 3개를 더 넣었더니 무게가 6 kg 550 g이 되었습니다. 빈 상자의 무게는 몇 g인지 구하세요. (단, 배의 무게는 모두 같습니다.)

(   )

5 들이와 무게

● 정답 38쪽

모양과 크기가 같은 작은 컵을 사용하여 들이를 비교하면 어떤 물건에 물이 컵 몇 개만큼 더 많이 들어가는지 나타낼 수 있습니다.

1 들이 비교하기

물병   꽃병

☐ 이 ☐ 보다 컵 ☐ 개만큼 물이 더 많이 들어갑니다.

들이를 같은 단위로 나타내고 L는 L끼리, mL는 mL끼리 계산합니다.

2 들이의 합과 차 구하기

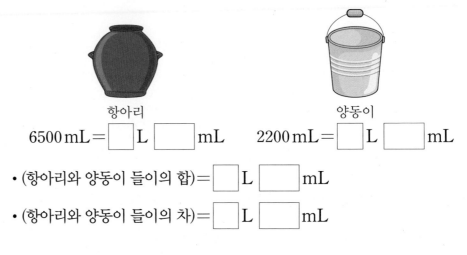

항아리   양동이

$6500\,mL =$ ☐ L ☐ mL $2200\,mL =$ ☐ L ☐ mL

• (항아리와 양동이 들이의 합) = ☐ L ☐ mL

• (항아리와 양동이 들이의 차) = ☐ L ☐ mL

바둑돌을 사용하여 무게를 비교하면 어떤 물건이 바둑돌 몇 개만큼 더 무거운지 나타낼 수 있습니다.

3 무게 비교하기

자   3개   가위   5개

☐ 가 ☐ 보다 바둑돌 ☐ 개만큼 더 무겁습니다.

무게를 같은 단위로 나타내고 kg은 kg끼리, g은 g끼리 계산합니다.

4 무게의 합과 차 구하기

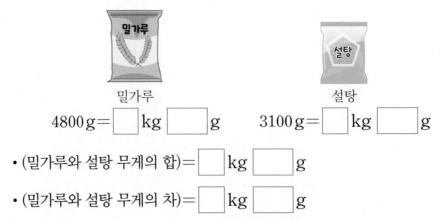

밀가루   설탕

$4800\,g =$ ☐ kg ☐ g $3100\,g =$ ☐ kg ☐ g

• (밀가루와 설탕 무게의 합) = ☐ kg ☐ g

• (밀가루와 설탕 무게의 차) = ☐ kg ☐ g

5
단원

1

물병 ㉮, ㉯에 물을 가득 채운 후 모양과 크기가 같은 그릇에 모두 옮겨 담았습니다. ㉮와 ㉯ 중 들이가 더 많은 것을 쓰세요.

(   )

2

□ 안에 알맞은 수를 써넣으세요.

$$3\,L\ 680\,mL = \boxed{}\,mL$$

3

책 4권의 무게는 몇 kg 몇 g인지 □ 안에 알맞은 수를 써넣으세요.

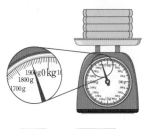

$\boxed{}$ kg $\boxed{}$ g

4

□ 안에 알맞은 수를 써넣으세요.

> 800 kg보다 200 kg 더 무거운 무게는
> $\boxed{}$ t입니다.

5

보기 에서 알맞은 단위를 찾아 □ 안에 써넣으세요.

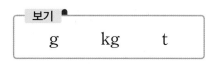

> 보기 ●
> g   kg   t

농구공 1개의 무게는 약 600 $\boxed{}$ 입니다.

6

물통에 물을 가득 채운 후 그릇에 모두 옮겨 담았더니 그릇에 물이 넘쳤습니다. 물통과 그릇 중 들이가 더 많은 것을 쓰세요.

(   )

7

들이가 적은 것부터 차례대로 기호를 쓰세요.

> ㉠ 7 L   ㉡ 7 L 20 mL
> ㉢ 7200 mL   ㉣ 700 mL

(   )

8

물병의 들이는 2 L입니다. 이 물병에 들어 있는 물은 약 몇 L인지 어림하세요.

(   )

9

두 들이의 차는 몇 L 몇 mL인지 구하세요.

> 2 L 600 mL   5 L 870 mL

(   )

10 서술형

수조에 물이 1250 mL 들어 있었습니다. 이 수조에 물을 2 L 450 mL 더 넣었다면 수조에 들어 있는 물은 모두 몇 L 몇 mL인지 해결 과정을 쓰고, 답을 구하세요.

_____

_____

_____

(   )

11

그릇 ㉮, ㉯, ㉰에 물을 가득 채우려면 종이컵에 물을 가득 채운 후 다음과 같이 각각 부어야 합니다. 들이가 가장 많은 그릇을 찾아 쓰세요.

그릇	㉮	㉯	㉰
횟수(번)	6	8	5

(   )

12 서술형

은영이와 경선이는 들이가 750 mL인 식용유병의 들이를 다음과 같이 어림했습니다. 식용유병의 실제 들이에 더 가깝게 어림한 사람은 누구인지 해결 과정을 쓰고, 답을 구하세요.

이름	어림한 들이
은영	약 1 L
경선	약 600 mL

_____

_____

_____

(   )

13

저울로 배, 사과, 참외의 무게를 비교했습니다. 가장 무거운 것은 어느 것일까요?

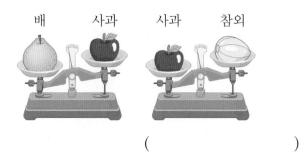

배   사과   사과   참외

(   )

14

무게의 단위 사이의 관계를 <u>잘못</u> 나타낸 것을 모두 고르세요. (   )

① 5000 kg = 5 t   ② 5 kg 5 g = 5005 g

③ 5 kg 55 g = 5550 g   ④ 5900 g = 5 kg 90 g

⑤ 5709 g = 5 kg 709 g

15

무게가 단호박보다 더 무거운 것을 찾아 기호를 쓰세요.

단호박

㉠ 연필 1자루
㉡ 지우개 1개
㉢ 공책 1권
㉣ 세탁기 1대

(   )

16 서술형

가장 무거운 것과 가장 가벼운 것의 무게의 차는 몇 kg 몇 g인지 해결 과정을 쓰고, 답을 구하세요.

간장
4 kg 100 g

식초
4010 g

고추장
400 g

_____

_____

_____

(   )

17

승진이는 감자를 3 kg 900 g 캤고, 민욱이는 승진이보다 1400 g 더 많이 캤습니다. 승진이와 민욱이가 캔 감자는 모두 몇 kg 몇 g인지 구하세요.

(   )

18

물 1 L 800 mL가 들어 있던 물통에 들이가 300 mL인 그릇에 물을 가득 채워 4번 부었습니다. 물통에 들어 있는 물은 모두 몇 L인지 구하세요. (단, 물통에 부은 물은 넘치지 않았습니다.)

(   )

19

□ 안에 알맞은 수를 써넣으세요.

$$
\begin{array}{r}
\square \ \text{kg} \quad 200 \ \text{g} \\
- \quad 2 \ \text{kg} \quad \square \ \text{g} \\
\hline
3 \ \text{kg} \quad 400 \ \text{g}
\end{array}
$$

20

가지 한 개와 한라봉 한 개의 무게의 합은 몇 g인지 구하세요. (단, 같은 물건끼리는 무게가 같습니다.)

가지 4개   한라봉 3개

(   )

다른 그림을 찾아보세요.

● 정답 45쪽

다른 곳이 15군데 있어요.

6

자료의 정리

▶ 학습을 완료하면 V표를 하면서 학습 진도를 체크해요.

	개념학습				문제학습		
백점 쪽수	140	141	142	143	144	145	146
확인							

	문제학습					응용학습	
백점 쪽수	147	148	149	150	151	152	153
확인							

	응용학습		단원평가			
백점 쪽수	154	155	156	157	158	159
확인						

표를 보고 내용 알기

◉ 표를 보고 내용 알기

좋아하는 음식별 학생 수

음식	피자	김밥	국수	떡볶이	합계
학생 수(명)	9	5	7	4	25

- 가장 많은 학생들이 좋아하는 음식은 피자입니다.
- 가장 적은 학생들이 좋아하는 음식은 떡볶이입니다.
- 국수를 좋아하는 학생은 김밥을 좋아하는 학생보다 $7-5=2$(명) 더 많습니다.
- 좋아하는 학생 수가 많은 음식부터 순서대로 쓰면 피자, 국수, 김밥, 떡볶이입니다.
  학생 수를 비교하면 $9>7>5>4$예요.

개념 강의

- 표는 조사한 자료의 항목별 수를 쉽게 알 수 있습니다.
- 합계는 항목별 수를 모두 더하여 구할 수 있습니다.

1 윤수네 반 학생들이 생일에 받고 싶은 선물을 조사하여 표로 나타냈습니다. 물음에 답하세요.

받고 싶은 선물별 학생 수

선물	컴퓨터	인형	책	게임기	합계
학생 수(명)	2	7	6	9	24

(1) 자료를 수집한 대상은 누구인지 쓰세요.

( )

(2) 인형을 받고 싶은 학생은 몇 명인지 쓰세요.

( )

(3) 윤수네 반 학생은 모두 몇 명인지 쓰세요.

( )

(4) 게임기를 받고 싶은 학생은 책을 받고 싶은 학생보다 몇 명 더 많은지 구하세요.

$9-\boxed{}=\boxed{}$(명)

2 하은이네 반 학생들이 좋아하는 꽃을 조사하여 표로 나타냈습니다. 물음에 답하세요.

좋아하는 꽃별 학생 수

꽃	개나리	진달래	봉선화	민들레	합계
학생 수(명)	4	7	6	9	26

(1) 개나리를 좋아하는 학생은 몇 명인지 쓰세요.

( )

(2) 좋아하는 학생이 6명인 꽃은 무엇인지 쓰세요.

( )

(3) 봉선화를 좋아하는 학생과 개나리를 좋아하는 학생은 모두 몇 명인지 구하세요.

$6+\boxed{}=\boxed{}$(명)

(4) 가장 많은 학생들이 좋아하는 꽃은 무엇인지 쓰세요.

( )

2 그림그래프 알기

● 그림그래프 알기

조사한 수를 그림으로 나타낸 그래프를 그림그래프라고 합니다.

종류별 나무의 수

종류	나무의 수
소나무	🌳🌳🌳🌲🌲
단풍나무	🌳🌳🌳🌲🌲
편백나무	🌳🌳🌲🌲🌲
벗나무	🌳🌳🌳🌳🌲

🌳 10그루
🌲 1그루

- 🌳은 10그루, 🌲은 1그루를 나타냅니다.
- 소나무는 🌳이 3개, 🌲이 2개이므로 32그루입니다.
- 가장 많은 나무는 벗나무이고, 가장 적은 나무는 편백나무입니다.
- 나무의 수가 많은 종류부터 순서대로 쓰면 벗나무, 소나무, 단풍나무, 편백나무입니다.

개념 강의

● 조사한 수를 비교할 때는 큰 그림의 수부터 비교하고 큰 그림의 수가 같으면 작은 그림의 수를 비교합니다.

6단원

---

1 어느 아파트 주차장에 있는 동별 자동차 수를 조사하여 그래프로 나타냈습니다. ☐ 안에 알맞은 수나 말을 써넣으세요.

동별 자동차 수

동	자동차 수
101동	🚗🚗🚙🚙
102동	🚗🚙🚙🚙
103동	🚗🚗🚙

🚗 10대
🚙 1대

(1) 위와 같이 조사한 수를 그림으로 나타낸 그래프를 ☐☐☐☐ 라고 합니다.

(2) 101동은 🚗이 2개, 🚙이 ☐ 개이므로 ☐ 대입니다.

(3) 102동은 🚗이 ☐ 개, 🚙이 3개이므로 ☐ 대입니다.

(4) 103동은 🚗이 ☐ 개, 🚙이 ☐ 개이므로 ☐ 대입니다.

---

2 지윤이네 반 학생들이 일주일 동안 도서관에서 종류별 빌려 간 책의 수를 조사하여 그림그래프로 나타냈습니다. 물음에 답하세요.

종류별 빌려 간 책의 수

종류	책의 수
동화책	📕📕📗📗📗📗📗
위인전	📕📕📕
과학책	📗📗📗
백과사전	📕📗📗📗📗

📕 10권
📗 1권

(1) 📕과 📗은 각각 몇 권을 나타내는지 쓰세요.

📕 ( )
📗 ( )

(2) 백과사전은 몇 권 빌려 갔는지 쓰세요.

( )

(3) 빌려 간 책이 30권인 책의 종류를 쓰세요.

( )

그림그래프로 나타내기

● 정답 39쪽

○ **표를 보고 그림그래프로 나타내기**

키우고 싶은 반려동물별 학생 수

반려동물	강아지	고양이	햄스터	합계
학생 수(명)	42	33	25	100

③ 키우고 싶은 반려동물별 학생 수

반려동물	학생 수
강아지	☺ ☺ ☺ ☺ ☺ ☺ ─②
고양이	☺ ☺ ☺ ☺ ☺ ☺
햄스터	☺ ☺ ☺ ☺ ☺ ☺

☺ 10명
☺ 1명

① 단위를 몇 가지로 나타낼지 정하고, 어떤 그림으로 나타낼지 정하기 ➡ ☺ 10명, ☺ 1명 └ 2가지

② 조사한 수에 맞게 그림 그리기

➡ • 강아지: ☺ 4개, ☺ 2개   • 고양이: ☺ 3개, ☺ 3개   • 햄스터: ☺ 2개, ☺ 5개

③ 그림그래프에 알맞은 제목 붙이기 ➡ 키우고 싶은 반려동물별 학생 수

개념 강의

● 표는 정확한 자료의 수를 알기 편리합니다.
● 그림그래프는 자료의 수가 많고 적음을 한눈에 비교하기 편리합니다.

---

1 표를 보고 그림그래프로 나타내려고 합니다. 물음에 답하세요.

가고 싶은 장소별 학생 수

장소	바다	공원	호수	합계
학생 수(명)	16	21		60

가고 싶은 장소별 학생 수

장소	학생 수
바다	△ △ △ △ △ △ △
공원	△ △ △
호수	

△ 10명
△ 1명

(1) 호수에 가고 싶은 학생은 몇 명인지 구하세요.

$$60 - 16 - 21 = \boxed{} \text{(명)}$$

(2) 호수에 가고 싶은 학생은 △ $\boxed{}$ 개, △ $\boxed{}$ 개 로 나타냅니다.

(3) 위의 그림그래프를 완성하세요.

2 수아네 마을의 목장별 양의 수를 조사하여 표로 나타냈습니다. 물음에 답하세요.

목장별 양의 수

목장	가	나	다	합계
양의 수(마리)	33	12	24	69

(1) 표를 보고 그림그래프로 나타낼 때 그림의 단위로 알맞은 것을 2가지 골라 ○표 하세요.

1마리	10마리
100마리	1000마리

(2) 표를 보고 그림그래프를 완성하세요.

목장별 양의 수

목장	양의 수
가	◎ ◎ ◎ ○ ○ ○
나	
다	

◎ 10마리
○ 1마리

● **자료를 조사하여 그림그래프로 나타내기**

① 조사할 내용 정하기

➡ 지호네 반 학생들이 좋아하는 운동

② 자료 수집 방법 정하기

➡ 붙임딱지를 붙여 조사하기

③ 자료 조사하기

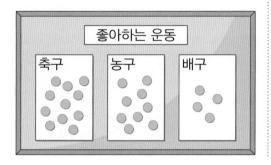

④ 조사한 자료를 보고 표로 나타내기

좋아하는 운동별 학생 수

운동	축구	농구	배구	합계
학생 수(명)	11	9	4	24

⑤ 표를 보고 그림그래프로 나타내기

좋아하는 운동별 학생 수

운동	학생 수
축구	👤 👤 👤
농구	👤 👤 👤 👤 👤
배구	👤 👤 👤 👤

👤 5명
👤 1명

개념 강의

● 자료 수집 방법에는 직접 손 들기, 붙임딱지 붙이기 등이 있습니다.
● 자료의 수를 두 번 세거나 빠뜨리지 않도록 합니다.

1 서연이네 반 학생들이 좋아하는 계절을 조사했습니다. 물음에 답하세요.

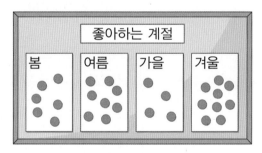

(1) 자료를 수집한 대상에 ○표 하세요.

(서연이네 반 학생들 , 좋아하는 계절)

(2) 자료를 수집한 방법에 ○표 하세요.

(직접 손 들기 , 붙임딱지 붙이기)

(3) 조사한 자료를 보고 표를 완성하세요.

좋아하는 계절별 학생 수

계절	봄	여름	가을	겨울	합계
학생 수(명)	6				27

(4) (3)의 표를 보고 그림그래프를 완성하세요.

좋아하는 계절별 학생 수

계절	학생 수
봄	☺ ☺
여름	
가을	
겨울	☺ ☺ ☺ ☺ ☺

☺ 5명
☺ 1명

(5) (4)의 그림그래프를 보고 바르게 설명한 것에 ○표, 잘못 설명한 것에 ×표 하세요.

• 가장 많은 학생들이 좋아하는 계절은 겨울입니다.

( )

• 가장 적은 학생들이 좋아하는 계절은 봄입니다.

( )

▶ 표에서는 조사한 내용, 항목별 수, 조사한 수의 합계를 알 수 있습니다.

가고 싶은 나라별 학생 수 → 조사한 내용을 나타내요.

나라	미국	영국	프랑스	합계
학생 수(명)	9	6	8	23

항목별 수를 나타내요.   조사한 수의 합계를 나타내요.

[1-3] 효선이네 반 학생들이 배우고 싶은 악기를 조사하여 표로 나타냈습니다. 물음에 답하세요.

배우고 싶은 악기별 학생 수

악기	첼로	통기타	피아노	플루트	합계
학생 수(명)	5	9	10	7	31

1

피아노를 배우고 싶은 학생은 몇 명인지 쓰세요.

( )

2

첼로와 플루트 중에서 배우고 싶은 학생 수가 더 많은 악기는 무엇인지 쓰세요.

( )

3

피아노를 배우고 싶은 학생은 통기타를 배우고 싶은 학생보다 몇 명 더 많은지 구하세요.

( )

[4-7] 연준이네 반 학생들이 좋아하는 음료수를 조사하여 표로 나타냈습니다. 물음에 답하세요.

좋아하는 음료수별 학생 수

음료수	사이다	우유	주스	콜라	합계
학생 수(명)	8	3	6	9	

 **4** 교과서 공통

연준이네 반 학생은 모두 몇 명인지 구하세요.

( )

5

표를 보고 알 수 있는 것의 기호를 쓰세요.

> ㉠ 연준이가 좋아하는 음료수
> ㉡ 가장 많은 학생들이 좋아하는 음료수

( )

6

사이다와 주스를 좋아하는 학생은 모두 몇 명인지 구하세요.

( )

 7 교과서 공통

좋아하는 학생 수가 많은 음료수부터 순서대로 쓰세요.

( )

[8-11] 운동회에서 청군과 백군이 얻은 점수를 조사하여 표로 나타냈습니다. 물음에 답하세요.

운동회에서 경기별 얻은 점수

경기	줄다리기	씨름	달리기	꼬리잡기	합계
청군 점수(점)	150	100	50	200	500
백군 점수(점)	200	150	100	100	550

8

청군이 줄다리기에서 얻은 점수는 몇 점인지 쓰세요.

( )

9

백군이 운동회에서 얻은 점수는 모두 몇 점인지 쓰세요.

( )

 10 교과서 공통

청군이 운동회에서 가장 많은 점수를 얻은 경기는 무엇인지 쓰세요.

( )

11

백군이 씨름에서 얻은 점수는 청군이 씨름에서 얻은 점수보다 몇 점 더 많은지 구하세요.

( )

[12-13] 마을별 학생 수를 조사하여 표로 나타냈습니다. 물음에 답하세요.

마을별 학생 수

마을	초록	푸른	달빛	샛별	합계
여학생 수(명)	18	23	16	17	74
남학생 수(명)	21	30	12	15	78

12

남학생이 초록 마을보다 더 많이 살고 있는 마을은 어느 마을인지 쓰세요.

( )

13

위 표를 보고 알 수 있는 내용을 2가지 쓰세요.

내용 1

_____

_____

내용 2

_____

_____

14

수현이네 반 학생들의 취미를 조사하여 표로 나타냈습니다. 독서가 취미인 남학생 수는 게임이 취미인 여학생 수의 몇 배인지 구하세요.

취미별 학생 수

취미	운동	게임	독서	바둑	합계
여학생 수(명)	2		9	3	17
남학생 수(명)	3	5		2	16

( )

2 그림그래프 알기

그림그래프에서 조사한 수를 비교할 때는 큰 그림부터 비교하고 작은 그림을 비교합니다.

① 큰 그림의 수가 많을수록 조사한 수가 많습니다.

② 큰 그림의 수가 같으면 작은 그림의 수가 많을수록 조사한 수가 많습니다.

[1-3] 마을별 돼지의 수를 조사하여 그림그래프로 나타냈습니다. 물음에 답하세요.

마을별 돼지의 수

마을	돼지의 수
청동	🐷🐷🐷🐷🐷 🐖🐖
중동	🐷🐷 🐖🐖🐖🐖🐖🐖
연동	🐷🐷🐖🐖🐖🐖🐖
하동	🐷🐖🐖🐖🐖🐖🐖

🐷 10마리
🐖 1마리

1

🐷과 🐖은 각각 몇 마리를 나타내는지 쓰세요.

🐷 (   )
🐖 (   )

2

조사한 마을은 모두 몇 군데인지 쓰세요.

(   )

3

청동 마을에 있는 돼지는 몇 마리인지 쓰세요.

(   )

[4-6] 정현이네 아파트에 살고 있는 동별 초등학생 수를 조사하여 그림그래프로 나타냈습니다. 물음에 답하세요.

동별 초등학생 수

동	초등학생 수
가 동	🧍🧍🧍🧍🧍🧍
나 동	🧍🧍🧍🧍🧍🧍🧍
다 동	🧍🧍🧍🧍
라 동	🧍🧍

🧍 10명
🧍 1명

4

초등학생이 22명 살고 있는 곳은 어느 동인지 쓰세요.

(   )

5

초등학생이 두 번째로 적게 살고 있는 곳은 어느 동인지 쓰세요.

(   )

6 ➕ 교과서 공통

위 그림그래프를 보고 알 수 있는 내용으로 잘못된 것을 찾아 기호를 쓰세요.

> ㉠ 가 동에 살고 있는 초등학생은 15명입니다.
> ㉡ 가장 많은 초등학생들이 살고 있는 곳은 나 동입니다.
> ㉢ 라 동에 살고 있는 초등학생은 나 동에 살고 있는 초등학생보다 4명 더 많습니다.

(   )

[7-10] 정우네 학교 체육관에 있는 종류별 공의 수를 조사하여 그림그래프로 나타냈습니다. 물음에 답하세요.

종류별 공의 수

종류	공의 수
축구공	
농구공	
배구공	
야구공	

◯ 10개
◌ 1개

7

체육관에 있는 축구공과 배구공은 모두 몇 개인지 구하세요.

( )

8 교과서 공통

체육관에 있는 공 중에서 배구공보다 더 많이 있는 공은 무엇인지 쓰세요.

( )

9

체육관에 있는 공의 수가 적은 종류부터 순서대로 쓰세요.

( )

10

공의 수가 농구공의 2배인 것은 무엇인지 쓰세요.

( )

[11-13] 어느 백화점에서 일주일 동안 팔린 전자 제품을 조사하여 그림그래프로 나타냈습니다. 물음에 답하세요.

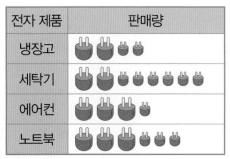

전자 제품별 판매량

전자 제품	판매량
냉장고	
세탁기	
에어컨	
노트북	

🔌 10대
🔌 1대

11 교과서 공통

두 번째로 많이 팔린 전자 제품은 무엇인지 쓰세요.

( )

12

가장 많이 팔린 전자 제품은 가장 적게 팔린 전자 제품보다 몇 대 더 많이 팔렸는지 구하세요.

( )

13

내가 백화점 직원이라면 다음 주에는 어떤 전자 제품을 더 많이 준비하는 것이 좋을지 쓰세요.

( )

3 그림그래프로 나타내기

▶ 그림의 단위를 바꾸어 그림그래프를 나타낼 수 있습니다.

동별 배달된 우편물 수

동	우편물 수
1동	△ △△△△△
2동	△ △△
3동	△△△△△△△

△ 10개 △ 1개

→

동별 배달된 우편물 수

동	우편물 수
1동	△ ▲
2동	△ △△
3동	▲ △△

△ 10개 ▲ 5개 △ 1개

그려야 하는 그림의 수가 줄어서 더 간단하게 나타낼 수 있습니다.

[1-2] 서은이네 학교 3학년 반별 학생 수를 조사하여 표로 나타냈습니다. 물음에 답하세요.

반별 학생 수

반	1반	2반	3반	4반	합계
학생 수(명)	25	26	24	23	98

 교과서 공통

표를 보고 그림그래프로 나타내려고 합니다. 그림을 몇 가지로 나타내는 것이 좋을지 쓰세요.

(   )

2

표를 보고 그림그래프를 완성하세요.

반별 학생 수

반	학생 수
1반	☺ ☺☺☺☺☺☺
2반	
3반	☺☺ ☺☺☺
4반	

☺ 10명
☺ 1명

[3-6] 태호네 마을의 농장별 멜론 생산량을 조사하여 표로 나타냈습니다. 물음에 답하세요.

농장별 멜론 생산량

농장	하늘	푸른	초원	사랑	합계
생산량(상자)	260	320		350	1100

3

초원 농장의 멜론 생산량은 몇 상자인지 구하세요.

(   )

4

표를 보고 그림그래프를 완성하세요.

농장별 멜론 생산량

농장	멜론 생산량
하늘	
푸른	🍈🍈🍈🍈🍈
초원	
사랑	

🍈 100상자
🍈 10상자

 교과서 공통

하늘 농장보다 멜론 생산량이 더 많은 농장을 모두 쓰세요.

(   )

6

멜론 생산량이 가장 많은 마을을 알아보려면 표와 그림그래프 중에서 어느 것이 더 편리할지 쓰세요.

(   )

[7-10] 슬기네 학교 학생들이 좋아하는 민속놀이별 학생 수를 조사하여 표와 그림그래프로 나타냈습니다. 물음에 답하세요.

좋아하는 민속놀이별 학생 수

민속놀이	연날리기	제기차기	팽이치기	강강술래	합계
학생 수(명)				160	800

좋아하는 민속놀이별 학생 수

민속놀이	학생 수
연날리기	◎ ● ○ ○
제기차기	◎ ● ○ ○ ○
팽이치기	◎ ◎ ● ○ ○ ○
강강술래	

◎ 100명
● 50명
○ 10명

7

100명, 50명, 10명을 단위로 그림그래프를 나타냈습니다. 학생 수에 알맞은 그림을 나타내세요.

100명 ( )
50명 ( )
10명 ( )

 교과서 공통

그림그래프를 보고 표를 완성하세요.

9

표를 보고 그림그래프를 완성하세요.

10

학생들이 가장 많이 좋아하는 민속놀이와 가장 적게 좋아하는 민속놀이의 학생 수의 차는 몇 명인지 구하세요.

( )

[11-12] 모둠별로 받은 칭찬 붙임딱지 수를 조사하여 나타낸 표를 보고 그림그래프로 잘못 나타냈습니다. 물음에 답하세요.

모둠별 칭찬 붙임딱지 수

모둠	가	나	다	라	마	합계
칭찬 붙임딱지 수(장)	15	21	27	42	34	139

모둠별 칭찬 붙임딱지 수

모둠	칭찬 붙임딱지 수
가	♥ ♥ ♥ ♥ ♥
나	♥ ♥ ♥
다	♥ ♥ ♥ ♥ ♥ ♥ ♥
라	♥ ♥ ♥ ♥ ♥
마	♥ ♥ ♥ ♥ ♥

♥ 10장
♥ 1장

11

그림그래프에서 잘못된 부분을 찾아 잘못된 이유를 쓰고, 그림그래프로 바르게 나타내세요.

모둠별 칭찬 붙임딱지 수

모둠	칭찬 붙임딱지 수
가	
나	
다	
라	
마	

♥ 10장
♥ 1장

이유 _____

_____

12

표와 그림그래프의 다른 점을 한 가지 쓰세요.

다른 점 _____

_____

4 자료를 조사하여 그림그래프로 나타내기

> 표에서 합계와 그림그래프에서 그림이 나타내는 수량의 합은 항상 같아야 합니다.

학예회 종목별 참가한 학생 수

종목	연극	합창	합주	합계
학생 수(명)	25	31	27	83

학예회 종목별 참가한 학생 수 25+31+27=83

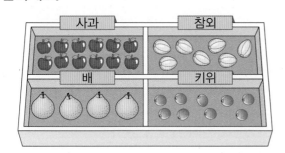

☺ 10명 ☺ 1명

[1-6] 진규네 집에 있는 과일을 조사했습니다. 물음에 답하세요.

1

조사한 내용은 무엇인지 쓰세요.

(   )

2 교과서 공통

조사한 자료를 보고 표로 나타내세요.

종류별 과일 수

종류	사과	참외	배	키위	합계
과일 수(개)					

3 교과서 공통

2의 표를 보고 그림그래프로 나타내세요.

종류별 과일 수

종류	과일 수
사과	
참외	
배	
키위	

◎ 5개
○ 1개

4

가장 많이 있는 과일은 무엇이고, 몇 개 있는지 쓰세요.

(   ), (   )

5

진규네 집에 있는 과일 수가 적은 종류부터 순서대로 쓰세요.

(   )

6

3의 그림그래프를 보고 잘못 설명한 사람의 이름을 쓰세요.

준서: 참외는 배보다 3개 더 많이 있어.

지혜: 사과와 키위는 모두 20개 있어.

(   )

[7-9] 재은이네 학교 3학년 학생들이 좋아하는 전통 음료를 조사했습니다. 물음에 답하세요.

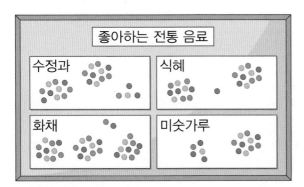

좋아하는 전통 음료

| 수정과 | 식혜 |
| 화채 | 미숫가루 |

7

조사한 자료를 보고 표로 나타내세요.

좋아하는 전통 음료별 학생 수

전통 음료	수정과	식혜	화채	미숫가루	합계
학생 수(명)					

8

7의 표를 보고 그림그래프로 나타내세요.

좋아하는 전통 음료별 학생 수

전통 음료	학생 수
수정과	
식혜	
화채	
미숫가루	

☺ 10명
☺ 1명

9

8의 그림그래프를 보고 알 수 있는 내용을 2가지 쓰세요.

내용 1
_____

_____

내용 2
_____

_____

[10-12] 소미네 반 학생들이 좋아하는 간식을 조사했습니다. 물음에 답하세요.

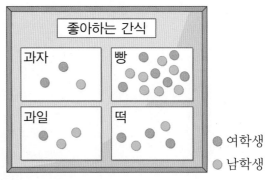

좋아하는 간식

| 과자 | 빵 |
| 과일 | 떡 |

● 여학생
○ 남학생

10 교과서 공통

조사한 자료를 보고 표로 나타내세요.

좋아하는 간식별 학생 수

간식	과자	빵	과일	떡	합계
여학생 수(명)					
남학생 수(명)					

11

10의 표를 보고 그림그래프로 나타내세요.

좋아하는 간식별 학생 수

간식	학생 수
과자	
빵	
과일	
떡	

☺ 10명
☺ 1명

12

소미네 반에서 간식을 한 가지만 준비한다면 어떤 간식이 좋을지 쓰고, 그 이유를 쓰세요.

(   )

이유
_____

_____

1 표와 그림그래프 완성하기

● 정답 42쪽

진수네 학교 학생들이 좋아하는 색깔별 학생 수를 조사하여 표와 그림그래프로 나타냈습니다. 표와 그림그래프를 각각 완성하세요.

좋아하는 색깔별 학생 수

색깔	파란색	초록색	노란색	합계
학생 수(명)			130	720

좋아하는 색깔별 학생 수

색깔	학생 수
파란색	☺ ☺ ☺ ☺ ☺ ☺
초록색	☺ ☺ ☺ ☺ ☺ ☺ ☺ ☺
노란색	

☺ 100명
☺ 10명

1단계 파란색과 초록색을 좋아하는 학생은 각각 몇 명인지 알아보기

파란색 (   )

초록색 (   )

2단계 표와 그림그래프 각각 완성하기

문제해결 tip 그림그래프에 나타낸 그림을 보고 표에 알맞은 수를 써넣고, 표에 나타낸 수를 보고 그림그래프에 알맞은 그림을 그려 넣습니다.

1·1 어느 지역의 과수원별 사과 생산량을 조사하여 표와 그림그래프로 나타냈습니다. 표와 그림그래프를 각각 완성하세요.

과수원별 사과 생산량

과수원	햇살	바람	행복	산들	합계
생산량(상자)		310		250	

과수원별 사과 생산량

과수원	생산량
햇살	🍎 🍎 🍎 🍎 🍎 🍎 🍎 🍎
바람	
행복	🍎 🍎 🍎
산들	

🍎 100상자
🍎 10상자

2 그림의 단위를 구해 문제 해결하기

● 정답 43쪽

준기네 집에 있는 종류별 책의 수를 조사하여 그림그래프로 나타냈습니다. 준기네 집에 만화책이 35권 있을 때 동화책은 몇 권 있는지 구하세요.

종류별 책의 수

종류	책의 수
과학책	
위인전	
만화책	
동화책	

1단계 □ 안에 알맞은 수 써넣기

> 만화책 35권을 🔲 ☐ 개, 🔲 ☐ 개로 나타냈습니다.

2단계 🔲과 🔲은 각각 몇 권을 나타내는지 구하기

🔲 (   )

🔲 (   )

3단계 동화책은 몇 권 있는지 구하기

(   )

문제해결 tip 먼저 만화책의 수를 🔲과 🔲 몇 개로 나타냈는지 알아봅니다.

2·1 다혜가 살고 있는 아파트의 동별 배달된 택배 수를 조사하여 그림그래프로 나타냈습니다. 가 동에 배달된 택배가 220개일 때 라 동은 다 동보다 택배가 몇 개 더 많이 배달됐는지 구하세요.

동별 배달된 택배 수

동	택배 수
가 동	
나 동	
다 동	
라 동	

(   )

3 전체 조사한 수를 구해 문제 해결하기

● **정답** 43쪽

수지네 동네에 있는 밭의 감자 생산량을 조사하여 그림그래프로 나타냈습니다. 4군데의 밭에서 생산된 감자를 5 kg씩 자루에 담으려면 필요한 자루는 모두 몇 개인지 구하세요.

밭별 감자 생산량

밭	감자 생산량
수지네	
영호네	
민수네	
경서네	

10 kg
1 kg

1단계 밭별 감자 생산량은 각각 몇 kg인지 알아보기

수지네 ( ), 영호네 ( ),
민수네 ( ), 경서네 ( )

2단계 전체 감자 생산량은 몇 kg인지 구하기

( )

3단계 필요한 자루는 모두 몇 개인지 구하기

( )

문제해결 tip 과 의 수를 각각 세어 밭별 감자 생산량을 알아본 후 전체 감자 생산량을 구합니다.

문제 강의

3·1 누리 초등학교에서 사물놀이를 배우는 학년별 학생 수를 조사하여 그림그래프로 나타냈습니다. 사물놀이를 배우는 6학년 학생은 3학년 학생보다 3명이 더 많습니다. 학년에 관계없이 4명씩 한 모둠이 되어 사물놀이를 배운다면 모두 몇 모둠이 되는지 구하세요.

사물놀이를 배우는 학년별 학생 수

학년	학생 수
3학년	
4학년	
5학년	
6학년	

10명
1명

( )

● 정답 43쪽

4 모르는 항목의 수를 구해 그림그래프 완성하기

어느 가게의 월별 우산 판매량을 조사하여 그림그래프로 나타냈습니다. 전체 팔린 우산은 120개이고, 8월에 팔린 우산은 7월에 팔린 우산보다 2개 더 많을 때 그림그래프를 완성하세요.

월별 우산 판매량

월	우산 판매량
5월	☂ ☂ ☂ ☂ ☂ ☂
6월	☂ ☂ ☂ ☂ ☂
7월	
8월	

☂ 10개
☂ 1개

1단계 5월과 6월에 팔린 우산은 각각 몇 개인지 알아보기

5월 (   )

6월 (   )

2단계 7월과 8월에 팔린 우산은 모두 몇 개인지 구하기

(   )

3단계 그림그래프 완성하기

문제해결 tip 5월과 6월에 팔린 우산 수의 합을 구한 후 7월과 8월에 팔린 우산 수의 합을 구합니다.

4·1 우영이네 학교 3학년 학생들이 좋아하는 과목별 학생 수를 조사하여 그림그래프로 나타냈습니다. 3학년 전체 학생은 110명이고, 수학을 좋아하는 학생 수는 과학을 좋아하는 학생 수의 2배일 때 그림그래프를 완성하세요.

좋아하는 과목별 학생 수

과목	학생 수
국어	☺ ☺ ☺ ☺ ☺ ☺
수학	
사회	☺ ☺ ☺ ☺ ☺ ☺ ☺ ☺
과학	

☺ 10명
☺ 1명

6 자료의 정리

● 정답 43쪽

자료를 조사하여 표는 수로 나타내고, 그림그래프는 그림으로 나타냅니다.

❶ 표와 그림그래프 비교하기

색깔별 색종이 수

색깔	빨간색	노란색	파란색	합계
색종이 수(장)	30	21	24	75

전체 색종이 수는 표에서 합계를 보면 알 수 있어요.

• 그림을 일일이 세지 않아도 됩니다.
• 항목별 수를 알기 쉽습니다.
• 합계를 알기 쉽습니다.

색깔별 색종이 수

색깔	색종이 수
빨간색	□□□
노란색	□□□
파란색	□□□□□□

큰 그림의 수가 가장 많으므로 색종이 수가 가장 많아요.

□ 10장
□ 1장

자료의 수가 많고 적음을 한눈에 비교하기 쉽습니다.

그림의 크기에 따라 나타내는 수가 다르므로 크기별 그림의 개수를 확인해야 합니다.

❷ 그림그래프의 내용 알기

좋아하는 꽃별 학생 수

꽃	학생 수
해바라기	👤👤👤👤👤👤👤👤
튤립	👤👤👤👤👤
백합	👤👤👤👤👤
코스모스	👤👤👤👤👤👤👤👤

👤 10명
👤 1명

• 해바라기를 좋아하는 학생은 👤이 2개, 👤이 6개이므로 □명입니다.

• 튤립을 좋아하는 학생은 👤이 3개, 👤이 2개이므로 □명입니다.

• 백합을 좋아하는 학생은 👤이 □개, 👤이 4개이므로 □명입니다.

• 코스모스를 좋아하는 학생은 👤이 1개, 👤이 □개이므로 □명입니다.

• 가장 많은 학생들이 좋아하는 꽃은 □이고, 가장 적은 학생들이 좋아하는 꽃은 □입니다.

표를 보고 그림그래프로 나타낼 때 표의 합계는 나타내지 않습니다.

❸ 표를 보고 그림그래프로 나타내기

제목 ─── 알맞은 제목을 붙여요. ─── 제목

항목	가	나	다	합계
수(개)	13	21	14	48

두 자리 수이므로 2가지 그림으로 나타내요.

➡

항목	수
가	△ △△△
나	△ △ △
다	△ △△△△

△ □개
△ □개

[1-4] 어느 어린이 연극의 회차별 관람객 수를 조사하여 표로 나타냈습니다. 물음에 답하세요.

회차별 관람객 수

회차	1회	2회	3회	4회	합계
관람객 수(명)	220	340	180	200	

1

1회의 관람객은 몇 명인지 쓰세요.

( )

2

1회와 4회 중에서 관람객 수가 더 적은 회차는 몇 회인지 쓰세요.

( )

3

1회부터 4회까지 어린이 연극을 관람한 관람객은 모두 몇 명인지 구하세요.

( )

4 서술형

위 표를 보고 알 수 있는 내용을 2가지 쓰세요.

내용 1

_____

내용 2

_____

[5-8] 예준이네 마을의 목장에서 일주일 동안 생산한 우유의 양을 조사하여 그림그래프로 나타냈습니다. 물음에 답하세요.

목장별 우유 생산량

목장	우유 생산량
가	🥛🥛🥛🥛🥛🥛
나	🥛🥛🥛🥛🥛
다	🥛🥛🥛🥛
라	🥛🥛🥛🥛🥛🥛🥛

🥛 10 kg
🥛 1 kg

5

🥛과 🥛은 각각 몇 kg을 나타내는지 쓰세요.

🥛 ( )
🥛 ( )

6

나 목장의 우유 생산량은 몇 kg인지 쓰세요.

( )

7

다 목장과 라 목장 중에서 우유 생산량이 더 많은 곳은 어느 목장인지 쓰세요.

( )

8

우유 생산량이 두 번째로 적은 목장은 어느 목장인지 쓰세요.

( )

[9-11] 어느 지역의 마을별 초등학교에 입학한 학생 수를 조사하여 표로 나타냈습니다. 물음에 답하세요.

마을별 초등학교에 입학한 학생 수

마을	금강	덕유	한라	설악	합계
학생 수(명)	43	36		25	120

9

한라 마을에서 초등학교에 입학한 학생은 몇 명인지 구하세요.

( )

10

표를 보고 그림그래프로 나타내세요.

마을별 초등학교에 입학한 학생 수

마을	학생 수
금강	
덕유	
한라	
설악	

☺ 10명
☺ 1명

11 서술형

초등학교 입학생들이 가장 많은 마을과 가장 적은 마을의 입학생 수의 차는 몇 명인지 해결 과정을 쓰고, 답을 구하세요.

_____

_____

_____

( )

[12-14] 민혁이가 살고 있는 도시의 두 지역에 있는 병원을 조사했습니다. 물음에 답하세요.

가 지역	
내과	9개
치과	8개
안과	10개

나 지역	
내과	12개
치과	15개
안과	6개

12

조사한 자료를 보고 표를 완성하세요.

진료 과목별 병원 수

진료 과목	내과	치과	안과	합계
병원 수(개)	21			

13

12의 표를 보고 그림그래프로 나타내세요.

진료 과목별 병원 수

진료 과목	병원 수
내과	
치과	
안과	

⊞ 10개
⊞ 1개

14

두 지역에 있는 병원 수가 많은 진료 과목부터 순서대로 쓰세요.

( )

[15-17] 윤호네 학교 3학년 학생들이 좋아하는 동물별 학생 수를 조사하여 그림그래프로 나타냈습니다. 물음에 답하세요.

좋아하는 동물별 학생 수

동물	학생 수
호랑이	☺ ☺
토끼	☺ ☺ ☺ ☺ ☺ ☺ ☺
기린	☺ ☺ ☺ ☺ ☺ ☺ ☺
곰	

☺ 10명
☺ 1명

15

곰을 좋아하는 학생이 토끼를 좋아하는 학생보다 7명 더 적을 때, 그림그래프를 완성하세요.

16

윤호네 학교 3학년 학생은 모두 몇 명인지 구하세요.

( )

17 서술형

호랑이와 기린을 좋아하는 학생에게 한 명당 연필을 3자루씩 나누어 주려고 합니다. 연필은 모두 몇 자루 필요한지 해결 과정을 쓰고, 답을 구하세요.

_____

_____

( )

[18-19] 어느 음식점에서 일주일 동안 팔린 음식의 수를 조사하여 그림그래프로 나타냈습니다. 물음에 답하세요.

일주일 동안 팔린 음식의 수

치즈돈가스 카레돈가스 치킨가스 생선가스

◯ 100접시 ◯ 10접시

18

치즈돈가스는 생선가스의 $\frac{1}{2}$만큼 팔렸습니다. 치즈돈 가스는 몇 접시 팔렸는지 구하세요.

( )

19

일주일 동안 가장 많이 팔린 음식은 가장 적게 팔린 음식보다 몇 접시 더 많이 팔렸는지 구하세요.

( )

20

어느 해 11월과 12월의 날씨를 조사하여 표로 나타냈습니다. 11월에 비가 온 날은 12월에 비가 온 날보다 며칠 더 많은지 구하세요.

날씨별 날수

날씨	맑음	흐림	비	눈	합계
11월 날수(일)	10	8		3	30
12월 날수(일)	9	8		8	

( )

숨은 그림을 찾아보세요.

● 정답 45쪽

동아출판
초등 무료
스마트러닝

동아출판 초등 **무료 스마트러닝**으로
초등 전 과목 · 전 영역을 쉽고 재미있게!

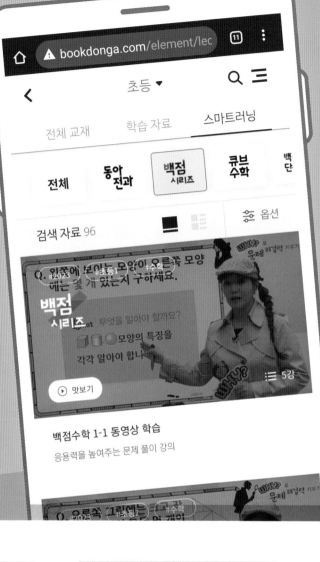

bookdonga.com/element/lec

초등 ▼

전체 교재   학습 자료   스마트러닝

전체   동아전과   백점시리즈   큐브수학   백단

검색 자료 96

백점수학 1-1 동영상 학습
응용력을 높여주는 문제 풀이 강의

과목별 · 영역별 특화 강의

전 과목 개념 강의

국어 독해 지문 분석 강의

구구단 송

그림으로 이해하는 비주얼씽킹 강의

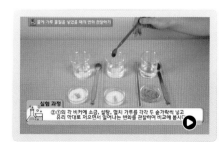

과학 실험 동영상 강의

과목별 문제 풀이 강의

서비스 제공 교재   동아전과 ㅣ 백점 시리즈 ㅣ 큐브수학 ㅣ 빠작 초등 국어 ㅣ 초능력 ㅣ 초고필 ㅣ 하이탑 초등 과학

강의가 더해진, **교과서 맞춤 학습**

백점

수학 3·2

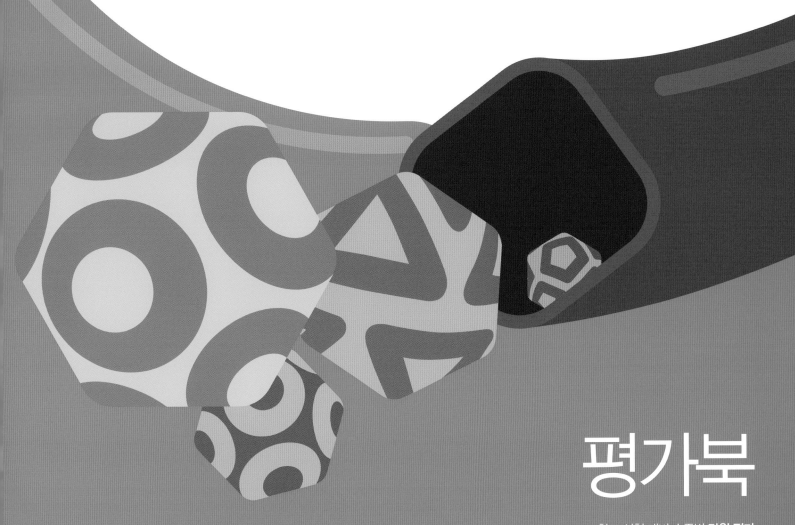

평가북

● 학교 시험 대비 수준별 **단원 평가**
● 출제율이 높은 차시별 **수행 평가**

동아출판

평가북 구성과 특징

1 **수준별 단원 평가**가 있습니다.
  • 기본형, 심화형 두 가지 형태의 **단원 평가**를 제공

2 **차시별 수행 평가**가 있습니다.
  • 수시로 치러지는 수행 평가를 대비할 수 있도록 차시별 **수행 평가**를 제공

3 **2학기 총정리**가 있습니다.
  • 한 학기의 학습을 마무리할 수 있도록 **총정리**를 제공

백점

BOOK 2　평가북

● 차례

수학 3·2

1

수 모형을 보고 □ 안에 알맞은 수를 써넣으세요.

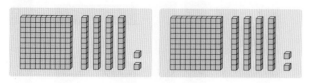

$$142 \times 2 = \boxed{}$$

2

□ 안에 알맞은 수를 써넣으세요.

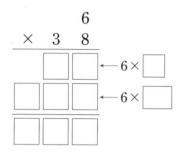

3

다음 계산에서 □ 안의 수 3이 실제로 나타내는 수는 얼마인지 구하세요.

$$\begin{array}{r} \boxed{3} \\ 2\ 4\ 1 \\ \times 8 \\ \hline 1\ 9\ 2\ 8 \end{array}$$

(   )

4

80×70을 계산할 때 $8 \times 7 = 56$의 6은 어느 자리에 써야 하는지 찾아 기호를 쓰세요.

$$80 \times 70 = ㉠㉡㉢㉣$$

(   )

5

빈칸에 두 수의 곱을 써넣으세요.

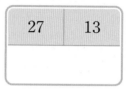

27	13

6

덧셈식을 곱셈식으로 나타내어 계산을 하세요.

$$568 + 568 + 568 + 568 + 568 + 568$$

식 _____

답 _____

7

69×42의 계산에서 □ 안의 두 수의 곱은 실제로 얼마를 나타내는지 구하세요.

$$\begin{array}{r} 6\ \boxed{9} \\ \times \boxed{4}\ 2 \\ \hline \end{array}$$

(   )

8

계산에서 잘못된 곳을 찾아 바르게 계산하세요.

9

계산 결과가 같은 것끼리 이으세요.

37×60	•	•	52×40
60×40	•	•	74×30
26×80	•	•	30×80

10

계산 결과를 비교하여 ○ 안에 >, =, <를 알맞게 써넣으세요.

11

빈칸에 알맞은 수를 써넣으세요.

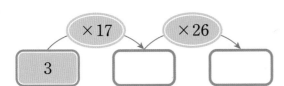

12

가장 큰 수와 가장 작은 수의 곱을 구하세요.

( )

13 서술형

곱이 가장 큰 것을 찾아 기호를 쓰려고 합니다. 해결 과정을 쓰고, 답을 구하세요.

| ㉠ 34×22 | ㉡ 9×86 |
| ㉢ 20×40 | ㉣ 15×50 |

_____

_____

_____

( )

14

세 변의 길이가 모두 같은 삼각형입니다. 이 삼각형의 세 변의 길이의 합은 몇 cm인지 구하세요.

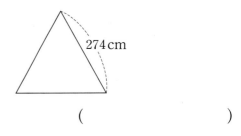

( )

15

문구점에서 오늘 한 묶음에 20장씩 들어 있는 색종이를 70묶음 팔았습니다. 문구점에서 오늘 판 색종이는 모두 몇 장인지 구하세요.

( )

16 서술형

어떤 수에 34를 곱해야 할 것을 잘못하여 더했더니 42가 되었습니다. 바르게 계산하면 얼마인지 해결 과정을 쓰고, 답을 구하세요.

_____

_____

_____

( )

17

□ 안에 들어갈 수 있는 가장 큰 세 자리 수를 구하세요.

$$\boxed{\square < 42 \times 17}$$

( )

18

□ 안에 알맞은 수를 써넣으세요.

$$
\begin{array}{cccc}
 & 8 & 3 & \square \\
\times & & & 4 \\
\hline
3 & 3 & 4 & 4 \\
\end{array}
$$

19

수 카드 5 , 8 을 □ 안에 하나씩 놓아 계산 결과가 더 큰 (몇)×(몇십몇)을 만들려고 합니다. 만든 곱셈의 곱을 구하세요.

$$
\begin{array}{cc}
 & \square \\
\times\ 4 & \square \\
\end{array}
$$

( )

20 서술형

윤석이는 우체국에서 330원짜리 우표 7장을 사고 3000원을 냈습니다. 윤석이가 받아야 할 거스름돈은 얼마인지 해결 과정을 쓰고, 답을 구하세요.

_____

_____

_____

( )

1

계산을 하세요.

$$\begin{array}{r} 1\ 3\ 2 \\ \times\qquad 3 \\ \hline \end{array}$$

2

□ 안에 알맞은 수를 써넣으세요.

7 → ×65 →

3

빈칸에 알맞은 수를 써넣으세요.

×	30	50	80
28			

4

계산 결과를 찾아 이으세요.

572×6 ·   · 3912

923×4 ·   · 3432

489×8 ·   · 3692

5

바르게 계산한 사람의 이름을 쓰세요.

12×53=636   25×14=330

수민   강우

(   )

6

수직선을 보고 알맞은 곱셈식을 쓰세요.

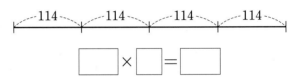

114   114   114   114

□ × □ = □

7

□ 안에 들어갈 0은 모두 몇 개인지 구하세요.

50×60=3□

(   )

8

마트에 음료수가 한 상자에 8병씩 73상자 있습니다. 마트에 있는 음료수는 모두 몇 병인지 구하세요.

$$8 \times \boxed{} = \boxed{}$$

(   )

9

두 곱의 차를 구하세요.

231×5	362×4

(   )

10

곱이 3000보다 큰 것은 어느 것일까요? (   )

① 27×40 ② 56×50

③ 18×80 ④ 34×60

⑤ 42×80

11

준서네 집에서 할머니 댁까지의 거리는 174 km입니다. 준서네 집에서 할머니 댁까지 자동차로 다녀왔다면 이동한 거리는 모두 몇 km인지 구하세요.

(   )

12

㉠과 ㉡에 알맞은 수의 차는 얼마인지 구하세요.

- $126 \times 3 = ㉠$
- $50 \times 20 = ㉡$

(   )

13 서술형

태우가 말한 수와 12의 곱을 구하려고 합니다. 해결 과정을 쓰고, 답을 구하세요.

10이 27개, 1이 147개인 수

태우

_____

_____

_____

(   )

14

□ 안에 알맞은 수를 써넣으세요.

$$\begin{array}{r} 5\ 6 \\ \times\ 2\ \boxed{} \\ \hline 2\ 2\ \boxed{} \\ 1\ 1\ 2\phantom{\ \boxed{0}} \\ \hline 1\ \boxed{}\ 4\ 4 \end{array}$$

● 정답 47쪽　점수:

15 서술형

사탕을 한 봉지에 36개씩 70봉지에 담았더니 10개가 남았습니다. 사탕은 모두 몇 개인지 해결 과정을 쓰고, 답을 구하세요.

_____

_____

_____

　　　　　　　(　　　　　　　)

16

소희는 동화책을 하루에 9쪽씩 읽으려고 합니다. 5주일 동안 읽을 수 있는 동화책은 모두 몇 쪽인지 구하세요.

　　　　　　　(　　　　　　　)

17

민우네 과수원에서 수확한 과일을 포장하였더니 사과는 34개씩 27상자, 배는 16개씩 54상자가 되었습니다. 어느 과일이 몇 개 더 많은지 구하세요.

(　　　　　　), (　　　　　　)

18

4장의 수 카드를 한 번씩만 사용하여 계산 결과가 가장 큰 (세 자리 수)×(한 자리 수)를 만들려고 합니다. 만든 곱셈의 곱을 구하세요.

　3　　8　　1　　5

　　　　　　　(　　　　　　　)

19

기호 ◈에 대하여 다음과 같이 약속할 때 19◈25와 30◈40의 합을 구하세요.

㉠◈㉡＝(㉠보다 5 큰 수)×㉡

　　　　　　　(　　　　　　　)

20 서술형

길이가 70 cm인 리본 20개를 그림과 같이 11 cm씩 겹치게 이어 붙였습니다. 이어 붙인 리본의 길이는 몇 cm인지 해결 과정을 쓰고, 답을 구하세요.

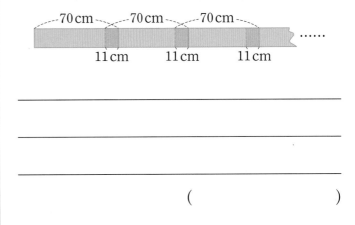

_____

_____

　　　　　　　(　　　　　　　)

평가 주제	(세 자리 수)×(한 자리 수) 알아보기
평가 목표	(세 자리 수)×(한 자리 수)의 계산 원리와 방법을 알고 바르게 계산할 수 있습니다.

1 수 모형을 보고 □ 안에 알맞은 수를 써넣으세요.

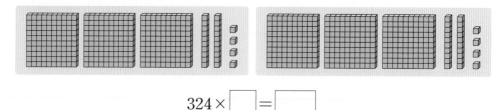

$$324 \times \boxed{} = \boxed{}$$

2 계산을 하세요.

(1)
```
    1 6 4
  ×     2
```

(2)
```
    9 2 7
  ×     3
```

3 계산 결과를 비교하여 ○ 안에 >, =, <를 알맞게 써넣으세요.

(1) 204×2 ○ 145×3

(2) 371×4 ○ 256×5

4 지혜가 말한 수를 구하세요.

100이 17개, 10이 8개, 1이 2개인 수에 4를 곱한 수예요.

지혜

( )

5 귤이 한 상자에 112개씩 들어 있습니다. 4상자에 들어 있는 귤은 모두 몇 개인지 구하세요.

( )

평가 주제	(몇십)×(몇십), (몇십몇)×(몇십) 알아보기
평가 목표	(몇십)×(몇십), (몇십몇)×(몇십)의 계산 원리와 방법을 알고 바르게 계산할 수 있습니다.

1 계산을 하세요.

(1) 70×80

(2) 42×50

2 빈칸에 알맞은 수를 써넣으세요.

(1)

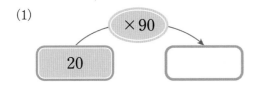

(2)

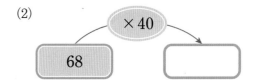

3 곱이 4000보다 작은 것에 ◯표 하세요.

$$87 \times 40 \qquad\qquad 58 \times 70$$

(   )   (   )

4 ☐ 안에 들어갈 수 있는 수를 모두 찾아 ◯표 하세요.

$$100 \times \square < 30 \times 20$$

(3 , 4 , 5 , 6 , 7   )

5 준서는 책을 하루에 18쪽씩 읽습니다. 준서가 30일 동안 읽은 책은 모두 몇 쪽인지 구하세요.

(   )

평가 주제	(몇)×(몇십몇) 알아보기
평가 목표	(몇)×(몇십몇)의 계산 원리와 방법을 알고 바르게 계산할 수 있습니다.

1 □ 안에 알맞은 수를 써넣으세요.

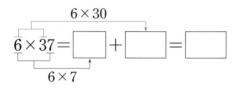

$$6 \times 37 = \boxed{} + \boxed{} = \boxed{}$$

2 계산을 하세요.

(1)
$$\begin{array}{r} 7 \\ \times\ 2\ 6 \\ \hline \end{array}$$

(2)
$$\begin{array}{r} 5 \\ \times\ 4\ 8 \\ \hline \end{array}$$

3 빈칸에 알맞은 수를 써넣으세요.

(1)
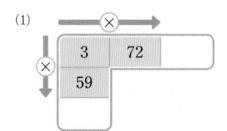

(2)
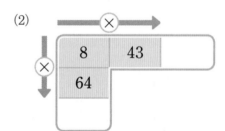

4 계산 결과를 비교하여 ○ 안에 >, =, <를 알맞게 써넣으세요.

(1) 6×29 ○ 2×83 (2) 9×42 ○ 5×77

5 한라봉이 한 상자에 7개씩 들어 있습니다. 45상자에 들어 있는 한라봉은 모두 몇 개인지 구하세요.

(   )

평가 주제	(몇십몇)×(몇십몇) 알아보기
평가 목표	(몇십몇)×(몇십몇)의 계산 원리와 방법을 알고 바르게 계산할 수 있습니다.

1 계산을 하세요.

(1)
$$\begin{array}{r} 6\,3 \\ \times\,2\,7 \\ \hline \end{array}$$

(2)
$$\begin{array}{r} 9\,4 \\ \times\,1\,6 \\ \hline \end{array}$$

2 잘못 계산한 것에 ○표 하세요.

$$26 \times 21 = 546 \qquad 38 \times 15 = 560$$

(   )   (   )

3 곱이 큰 것부터 차례대로 기호를 쓰세요.

$$\bigcirc\ 53 \times 61 \qquad \bigcirc\ 44 \times 72 \qquad \bigcirc\ 86 \times 38$$

(   )

4 한 변의 길이가 12 cm인 정사각형 6개를 나란히 붙여 큰 직사각형을 만든 후 빨간선으로 표시하였습니다. 빨간선으로 표시한 길이는 몇 cm인지 구하세요.

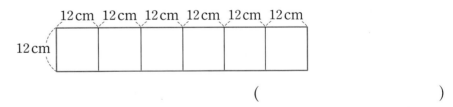

(   )

5 수민이네 반에서 각 모둠의 학생 수는 다음과 같습니다. 모든 학생들에게 색종이를 15장씩 주려면 색종이를 모두 몇 장 준비해야 하는지 구하세요.

모둠	1모둠	2모둠	3모둠	4모둠
학생 수(명)	4	6	5	6

(   )

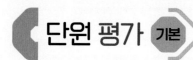
1

□ 안에 알맞은 수를 써넣으세요.

$$8 \div 2 = \boxed{} \rightarrow 80 \div 2 = \boxed{}$$

2

□ 안에 알맞은 수를 써넣으세요.

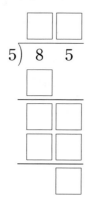

3

계산을 하세요.

$$239 \div 4$$

4

나눗셈을 하고, 몫과 나머지를 각각 구하세요.

몫 (   )

나머지 (   )

5

빈칸에 알맞은 수를 써넣으세요.

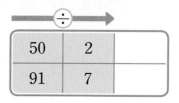

50	2
91	7

6

나누어떨어지지 않는 나눗셈을 찾아 색칠하세요.

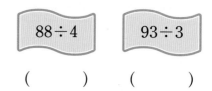

$$51 \div 3 \qquad 84 \div 7 \qquad 54 \div 4$$

7

몫이 더 큰 것에 ○표 하세요.

$$88 \div 4 \qquad 93 \div 3$$

(   )   (   )

8

나머지가 6이 될 수 없는 나눗셈을 찾아 기호를 쓰세요.

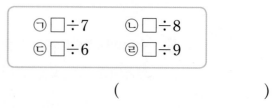

㉠ □÷7   ㉡ □÷8
㉢ □÷6   ㉣ □÷9

(   )

9

계산에서 잘못된 곳을 찾아 바르게 계산하세요.

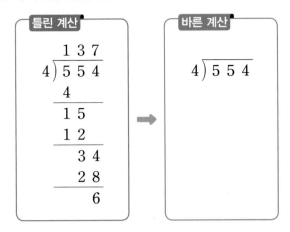

10 서술형

㉠과 ㉡에 알맞은 수의 합은 얼마인지 해결 과정을 쓰고, 답을 구하세요.

$$218 \div 3 = ㉠ \cdots ㉡$$

_____

_____

_____

(   )

11

세 변의 길이가 모두 같은 삼각형이 있습니다. 세 변의 길이의 합이 126 cm일 때 삼각형의 한 변의 길이는 몇 cm인지 구하세요.

(   )

12

몫이 작은 것부터 차례대로 기호를 쓰세요.

㉠ $84 \div 4$	㉡ $90 \div 3$
㉢ $62 \div 2$	㉣ $80 \div 5$

(   )

13

연필 58자루를 한 명에게 6자루씩 나누어 주려고 합니다. 연필을 몇 명에게 나누어 줄 수 있고, 몇 자루가 남는지 구하세요.

(   ), (   )

14

두 나눗셈식에서 ♥는 같은 수를 나타냅니다. ♥, ★에 알맞은 수는 각각 얼마인지 구하세요.

- $96 \div 2 = ♥$
- $♥ \div 4 = ★$

♥ (   )

★ (   )

2
단원

15

□ 안에 들어갈 수 있는 세 자리 수 중에서 가장 작은 수를 구하세요.

$$738 \div 3 < \square$$

(   )

16

□ 안에 알맞은 수를 써넣으세요.

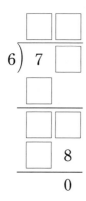

17 서술형

쿠키가 70개 있습니다. 이 쿠키를 한 상자에 6개씩 남김없이 담으려면 쿠키는 적어도 몇 개 더 필요한지 해결 과정을 쓰고, 답을 구하세요.

_____

_____

_____

(   )

18

어떤 수를 4로 나누어야 할 것을 잘못하여 4를 곱하였더니 76이 되었습니다. 바르게 계산하면 몫과 나머지는 각각 얼마인지 구하세요.

몫 (   )
나머지 (   )

19 서술형

길이가 440 cm인 철사를 모두 사용하여 겹치는 부분 없이 모양과 크기가 같은 사각형 5개를 만들었습니다. 만든 사각형의 네 변의 길이가 모두 같을 때 사각형의 한 변의 길이는 몇 cm인지 해결 과정을 쓰고, 답을 구하세요.

_____

_____

_____

(   )

20

나눗셈이 나누어떨어지게 하려고 합니다. 0부터 9까지의 수 중에서 □ 안에 들어갈 수 있는 수를 모두 구하세요.

$$4\square \div 3$$

(   )

1

계산을 하세요.

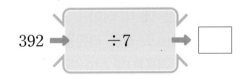

2

□ 안에 알맞은 수를 써넣으세요.

392 ➔ ÷7 ➔ □

3

큰 수를 작은 수로 나눈 몫과 나머지를 각각 구하세요.

311	4

몫 (   )

나머지 (   )

4

몫이 다른 것을 찾아 기호를 쓰세요.

㉠ 60÷3   ㉡ 90÷3
㉢ 40÷2   ㉣ 80÷4

(   )

5

빈칸에 몫을 쓰고, ◯ 안에 나머지를 써넣으세요.

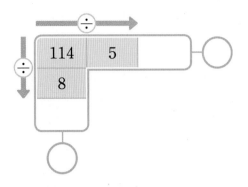

6

나머지가 같은 것끼리 이으세요.

57÷2   •   •   74÷6

71÷4   •   •   85÷3

86÷7   •   •   88÷5

7

몫이 더 큰 것의 기호를 쓰세요.

㉠ 34÷5   ㉡ 51÷9

(   )

8 서술형

다음 수 중에서 어떤 수를 7로 나누었을 때 나머지가 될 수 있는 수는 모두 몇 개인지 해결 과정을 쓰고, 답을 구하세요.

| 4 | 8 | 6 | 5 | 9 | 7 | 2 |

_____

_____

_____

(   )

9

나머지가 가장 작은 것은 어느 것일까요? (   )

① $39 \div 8$ ② $82 \div 7$ ③ $87 \div 6$

④ $43 \div 3$ ⑤ $84 \div 5$

10

동물원에 있는 호랑이 다리 수는 모두 60개입니다. 동물원에 있는 호랑이는 몇 마리인지 구하세요.

(   )

11

□ 안에 알맞은 수를 구하세요.

$$\square \div 8 = 27 \cdots 5$$

(   )

12

리본 한 개를 만드는 데 색 테이프 7 cm가 필요합니다. 색 테이프 97 cm로 같은 리본을 몇 개까지 만들 수 있고, 남는 색 테이프는 몇 cm인지 구하세요.

(   ), (   )

13

두 나눗셈식에서 ●는 같은 수를 나타냅니다. ●, ♣에 알맞은 수를 각각 구하세요.

- $87 \div 4 = 21 \cdots$ ●
- $426 \div$ ● $=$ ♣

● (   )

♣ (   )

14

가래떡을 6 cm씩 잘랐더니 8도막이 되고, 2 cm가 남았습니다. 자르기 전의 가래떡의 길이는 몇 cm인지 구하세요.

(   )

15 서술형

㉠과 ㉡에 알맞은 수의 합을 구하려고 합니다. 해결 과정을 쓰고, 답을 구하세요.

> • $92 \div 7 = ㉠ \cdots 1$
> • $㉡ \div 3 = 35 \cdots 2$

_____

_____

_____

(   )

16

사과 맛 사탕이 33개, 망고 맛 사탕이 17개, 포도 맛 사탕이 26개 있습니다. 이 사탕을 맛에 관계없이 4명이 똑같이 나누어 가진다면 한 명이 갖게 되는 사탕은 몇 개인지 구하세요.

(   )

17

배가 한 바구니에 36개씩 4바구니 있습니다. 한 상자에 배를 7개씩 담으려고 합니다. 배를 모두 담으려면 필요한 상자는 적어도 몇 상자인지 구하세요.

(   )

18

길이가 252 m인 도로 한쪽에 처음부터 끝까지 6 m 간격으로 가로수를 심으려고 합니다. 심어야 할 가로수는 모두 몇 그루인지 구하세요. (단, 가로수의 두께는 생각하지 않습니다.)

(   )

19

4장의 수 카드를 한 번씩만 사용하여 몫이 가장 작은 (세 자리 수)÷(한 자리 수)를 만들려고 합니다. 만든 나눗셈의 몫과 나머지를 각각 구하세요.

| 3 | 7 | 4 | 5 |

몫 (   )

나머지 (   )

20 서술형

50보다 작은 두 자리 수 중에서 9로 나누었을 때 나머지가 5인 수는 모두 몇 개인지 해결 과정을 쓰고, 답을 구하세요.

_____

_____

_____

(   )

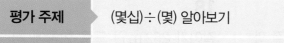
평가 주제	(몇십)÷(몇) 알아보기
평가 목표	• 내림이 없는 (몇십)÷(몇)을 계산할 수 있습니다. • 내림이 있는 (몇십)÷(몇)을 계산할 수 있습니다.

1 계산을 하세요.

(1) $70 \div 7$ (2) $90 \div 5$

2 □ 안에 알맞은 수를 써넣으세요.

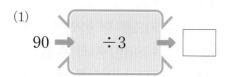

(1) $90 \rightarrow \div 3 \rightarrow \boxed{}$

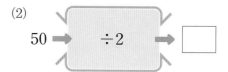

(2) $50 \rightarrow \div 2 \rightarrow \boxed{}$

3 나눗셈의 몫을 찾아 이으세요.

$30 \div 2$ •   • 10

$60 \div 3$ •   • 15

$90 \div 9$ •   • 20

4 몫이 작은 것부터 차례대로 기호를 쓰세요.

㉠ $80 \div 4$	㉡ $60 \div 5$	㉢ $90 \div 6$

(   )

5 붙임딱지가 80장 있습니다. 붙임딱지를 한 명에게 5장씩 나누어 주면 몇 명에게 나누어 줄 수 있는지 구하세요.

(   )

평가 주제	나머지가 없는 (몇십몇)÷(몇) 알아보기
평가 목표	• 내림이 없는 (몇십몇)÷(몇)을 계산할 수 있습니다. • 내림이 있는 (몇십몇)÷(몇)을 계산할 수 있습니다.

1 계산을 하세요.

(1) 　3$\overline{)6\,3}$

(2) 　5$\overline{)9\,5}$

2 빈칸에 알맞은 수를 써넣으세요.

(1)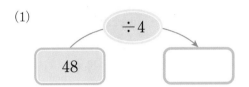

(2)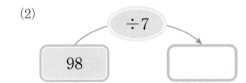

3 몫의 크기를 비교하여 ○ 안에 >, =, <를 알맞게 써넣으세요.

(1) $39÷3$ $68÷4$

(2) $64÷2$ $75÷3$

4 몫이 가장 큰 것을 찾아 기호를 쓰세요.

　㉠ $55÷5$　　㉡ $96÷8$　　㉢ $69÷3$　　㉣ $72÷4$

(　　　　　　　　　)

5 도넛 가게에서 도넛 84개를 한 상자에 6개씩 담아서 팔려고 합니다. 팔 수 있는 도넛은 몇 상자인지 구하세요.

(　　　　　　　　　)

평가 주제	나머지가 있는 (몇십몇)÷(몇) 알아보기
평가 목표	• 나머지가 있는 (몇십몇)÷(몇)을 계산할 수 있습니다. • (몇십몇)÷(몇)을 맞게 계산했는지 확인할 수 있습니다.

1 나눗셈의 계산이 맞는지 확인하려고 합니다. ☐ 안에 알맞은 수를 써넣으세요.

$$83 \div 3 = 27 \cdots 2$$

확인 $3 \times \boxed{} = \boxed{} \implies \boxed{} + 2 = \boxed{}$

2 나눗셈의 몫과 나머지를 각각 구하세요.

(1) $52 \div 9$

몫 (   )
나머지 (   )

(2) $99 \div 7$

몫 (   )
나머지 (   )

3 보기 는 나눗셈을 하고 계산이 맞는지 확인한 것입니다. 계산한 나눗셈식을 쓰고, 몫과 나머지를 각각 구하세요.

보기
$$3 \times 24 = 72 \implies 72 + 2 = 74$$

나눗셈식
_____

몫 (   )
나머지 (   )

4 나머지가 큰 것부터 차례대로 기호를 쓰세요.

㉠ $51 \div 4$ ㉡ $94 \div 5$ ㉢ $79 \div 6$ ㉣ $37 \div 7$

(   )

5 색종이 67장을 9명에게 똑같이 나누어 주려고 합니다. 한 명에게 색종이를 몇 장씩 나누어 줄 수 있고, 몇 장이 남는지 구하세요.

(   ), (   )

평가 주제	(세 자리 수)÷(한 자리 수) 알아보기
평가 목표	• 나머지가 없는 (세 자리 수)÷(한 자리 수)를 계산할 수 있습니다. • 나머지가 있는 (세 자리 수)÷(한 자리 수)를 계산할 수 있습니다.

1 큰 수를 작은 수로 나눈 몫을 구하세요.

(1) | 716   4 |
(2) | 8   296 |

(   )   (   )

2 빈칸에 몫을 쓰고, ◯ 안에 나머지를 써넣으세요.

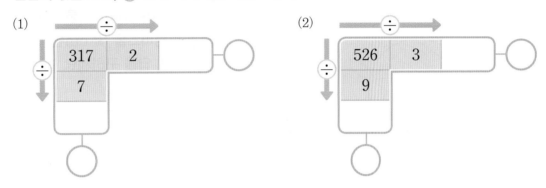

(1) 317   2   7

(2) 526   3   9

3 몫의 크기를 비교하여 ◯ 안에 >, =, <를 알맞게 써넣으세요.

(1) 720÷5 ◯ 834÷6

(2) 528÷9 ◯ 445÷7

4 ■는 세 자리 수입니다. 다음 나눗셈의 나머지가 될 수 있는 수 중에서 가장 큰 수는 얼마인지 구하세요.

■÷8

(   )

5 철사 8 cm로 옷핀 한 개를 만들 수 있습니다. 철사 394 cm로는 같은 옷핀을 몇 개까지 만들 수 있고, 몇 cm가 남는지 구하세요.

(   ), (   )

1

원의 중심을 찾아 쓰세요.

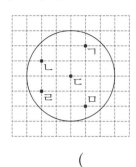

(　　　　　　　)

2

원에서 반지름을 나타내는 선분은 어느 것일까요?

(　　　　　)

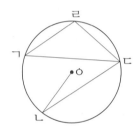

① 선분 ㄱㄷ　　② 선분 ㄱㄹ　　③ 선분 ㅇㄴ

④ 선분 ㄴㄷ　　⑤ 선분 ㄷㄹ

3

원을 똑같이 둘로 나누는 선분을 모두 찾아 쓰세요.

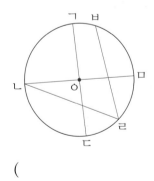

(　　　　　　　)

4

한 원에는 원의 중심이 몇 개 있을까요? (　　　　)

① 1개　　　　② 2개　　　　③ 3개

④ 10개　　　⑤ 셀 수 없이 많습니다.

5

□ 안에 알맞은 수를 써넣으세요.

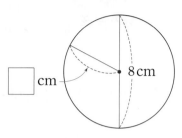

6 서술형

컴퍼스를 이용하여 지름이 10 cm인 원을 그리려고 합니다. 컴퍼스를 몇 cm만큼 벌려야 하는지 해결 과정을 쓰고, 답을 구하세요.

_____

_____

_____

(　　　　　　　)

7

규칙에 따라 원을 그렸습니다. 원의 중심이 되는 곳을 찾아 모눈종이에 •으로 표시하세요.

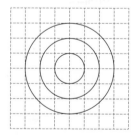

8 서술형

그림을 보고 알 수 있는 원의 지름의 성질을 한 가지 쓰세요.

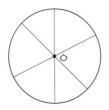

9

점 ㄱ은 원의 중심입니다. 삼각형 ㄱㄴㄷ의 세 변의 길이의 합은 몇 cm인지 구하세요.

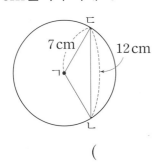

7 cm   12 cm

(   )

10

주어진 모양과 똑같이 그리기 위해 컴퍼스의 침을 꽂아야 할 곳은 모두 몇 군데인지 구하세요.

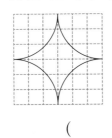

(   )

11

컴퍼스를 이용하여 점 ㅇ을 원의 중심으로 하고 주어진 선분을 반지름으로 하는 원을 그리세요.

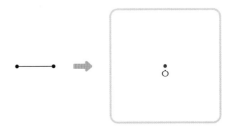

12

주어진 모양과 똑같이 그리세요.

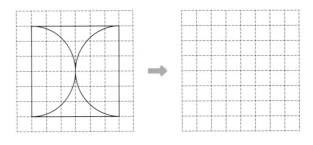

13

크기가 가장 작은 원을 그린 사람을 찾아 이름을 쓰세요.

미현: 반지름이 9 cm인 원을 그렸어.
정훈: 지름이 26 cm인 원을 그렸어.
승아: 반지름이 12 cm인 원을 그렸어.

(   )

14

오른쪽 그림에서 점 ㄱ, 점 ㄴ은 각 원의 중심입니다. 큰 원의 지름은 몇 cm인지 구하세요.

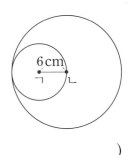

6 cm

(   )

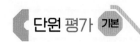
[15-16] 원을 그린 모양을 보고 물음에 답하세요.

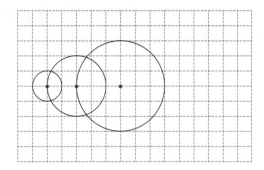

15 서술형

어떤 규칙이 있는지 '원의 중심'과 '반지름'을 넣어 쓰세요.

규칙

16

규칙에 따라 위 모양에 원을 1개 더 그리세요.

17

크기가 같은 두 원이 만나는 한 점과 두 원의 중심을 이어 삼각형 ㄱㄴㄷ을 그렸습니다. 삼각형 ㄱㄴㄷ의 세 변의 길이의 합은 몇 cm인지 구하세요.

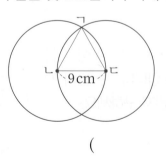

(   )

18

크기가 같은 원 3개를 서로 원의 중심이 지나도록 겹쳐서 그렸습니다. 선분 ㄱㄴ의 길이가 32 cm일 때 한 원의 반지름은 몇 cm인지 구하세요.

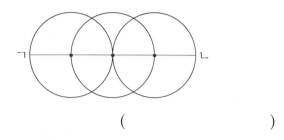

(   )

19

주어진 모양과 똑같이 그리려고 합니다. 컴퍼스의 침을 꽂아야 할 곳이 더 많은 것의 기호를 쓰세요.

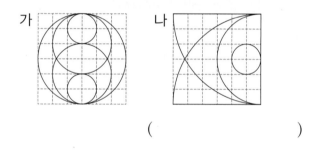

(   )

20

직사각형 안에 반지름이 5 cm인 원 4개를 맞닿게 그렸습니다. 직사각형의 네 변의 길이의 합은 몇 cm인지 구하세요.

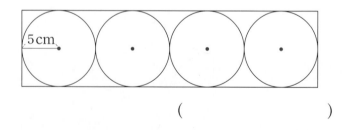

(   )

1

오른쪽 원에서 지름을 나타내는 선분은 어느 것일까요? (　　　)

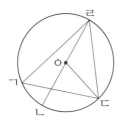

① 선분 ㄱㄷ　　② 선분 ㄱㄹ
③ 선분 ㄴㄹ　　④ 선분 ㅇㄷ
⑤ 선분 ㄷㄹ

2

컴퍼스를 이용하여 반지름이 3cm인 원을 그리려고 합니다. 원을 그리는 순서대로 □ 안에 알맞은 기호를 써넣으세요.

> ㉠ 컴퍼스를 3cm만큼 벌립니다.
> ㉡ 원의 중심이 되는 점 ㅇ을 정합니다.
> ㉢ 컴퍼스의 침을 점 ㅇ에 꽂고 원을 그립니다.

㉡ ➡ □ ➡ □

3

오른쪽 원에서 반지름은 몇 cm 인지 구하세요.

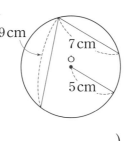
9cm　7cm
ㅇ
5cm

(　　　　　　　　)

4

□ 안에 알맞은 수를 써넣으세요.

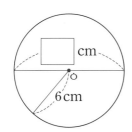
□cm
ㅇ
6cm

5

원의 반지름을 나타내는 선분은 모두 몇 개인지 구하세요.

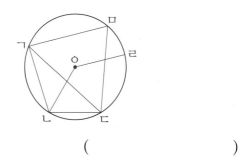

(　　　　　　　　)

6

원의 지름에 대한 설명으로 알맞은 것을 찾아 기호를 쓰세요.

> ㉠ 한 원에서 지름의 길이는 모두 다릅니다.
> ㉡ 지름은 원 안에 그을 수 있는 가장 긴 선분입니다.
> ㉢ 한 원에서 지름은 2개만 그을 수 있습니다.

(　　　　　　　　)

7

컴퍼스를 이용하여 지름이 14cm인 원을 그리려면 컴퍼스를 몇 cm만큼 벌려야 하는지 구하세요.

(　　　　　　　　)

8

크기가 더 작은 원에 ○표 하세요.

반지름이 12cm인 원	지름이 22cm인 원
(　　　)	(　　　)

9

한 변의 길이가 16 cm인 정사각형 모양의 색종이에 원을 꼭 맞게 그렸습니다. 원의 반지름은 몇 cm인지 구하세요.

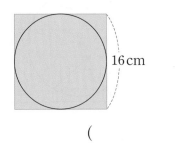

(   )

10 서술형

기찬이와 혜진이가 컴퍼스를 이용하여 각각 원을 그렸습니다. 크기가 더 큰 원을 그린 사람은 누구인지 해결 과정을 쓰고, 답을 구하세요.

> 기찬: 컴퍼스를 6 cm만큼 벌려서 원을 그렸어.
> 혜진: 지름이 14 cm인 원을 그렸어.

_____

_____

_____

(   )

11

두 원 가와 나의 지름의 차는 몇 cm인지 구하세요.

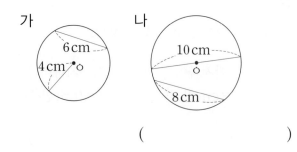

(   )

12

규칙에 따라 원을 1개 더 그리세요.

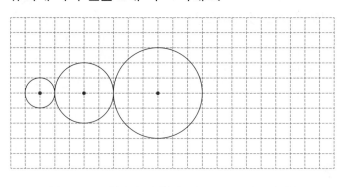

13

점 ㄱ, 점 ㄴ은 각 원의 중심입니다. 큰 원의 지름이 12 cm일 때 작은 원의 반지름은 몇 cm인지 구하세요.

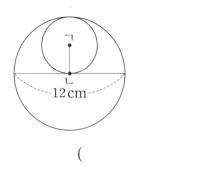

(   )

14

주어진 모양과 똑같이 그리세요.

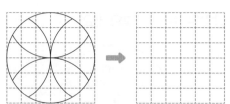

15

반지름은 같고 원의 중심만 다르게 하여 그린 것이 아닌 것을 찾아 기호를 쓰세요.

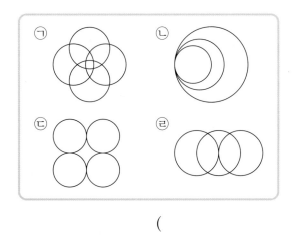

(   )

16 서술형

크기가 같은 원 3개를 맞닿게 그렸습니다. 점 ㄴ, 점 ㄷ, 점 ㄹ이 각 원의 중심일 때 선분 ㄱㅁ의 길이는 몇 cm인지 해결 과정을 쓰고, 답을 구하세요.

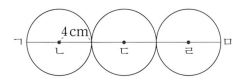

(   )

17

크기가 다른 원 2개를 오른쪽 그림과 같이 맞닿게 그렸습니다. 점 ㄴ, 점 ㄷ은 각 원의 중심일 때 선분 ㄱㄹ의 길이는 몇 cm인지 구하세요.

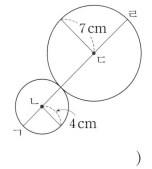

(   )

18

주어진 모양과 똑같이 그리려고 합니다. 컴퍼스의 침을 꽂아야 할 곳의 수가 다른 하나를 찾아 기호를 쓰세요.

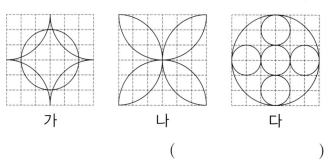

가   나   다

(   )

19 서술형

크기가 같은 원 3개를 오른쪽 그림과 같이 맞닿게 그리고 세 원의 중심을 이은 것입니다. 삼각형의 세 변의 길이의 합이 36 cm일 때 원의 반지름은 몇 cm인지 해결 과정을 쓰고, 답을 구하세요.

(   )

20

크기가 같은 원 6개를 서로 원의 중심이 지나도록 겹쳐서 그렸습니다. 선분 ㄱㄴ의 길이가 42 cm일 때 원의 지름은 몇 cm인지 구하세요.

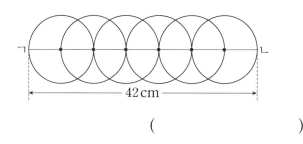

(   )

평가 주제	원의 중심, 반지름, 지름 알아보기
평가 목표	원의 중심, 반지름, 지름의 뜻을 이해하고 구분할 수 있습니다.

1 누름 못과 띠 종이를 이용하여 원을 그렸습니다. 누름 못이 꽂혔던 점 ㅇ을 무엇이라고 하는지 쓰세요.

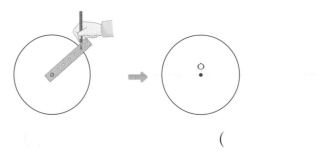

(   )

2 오른쪽 원에서 반지름을 나타내는 선분이 <u>아닌</u> 것은 어느 것일까요?

(   )

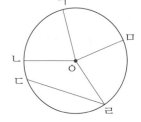

① 선분 ㅇㄱ   ② 선분 ㅇㄴ   ③ 선분 ㄷㄹ

④ 선분 ㅇㄹ   ⑤ 선분 ㅇㅁ

3 □ 안에 알맞은 수를 써넣으세요.

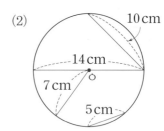

(1) 반지름: □ cm   지름: □ cm

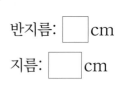

(2) 반지름: □ cm   지름: □ cm

4 원의 지름을 잘못 그은 것입니다. 잘못된 이유를 쓰세요.

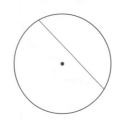

이유

평가 주제	원의 성질 알아보기
평가 목표	원의 지름의 성질을 알고, 원의 반지름과 지름의 관계를 이해할 수 있습니다.

1 알맞은 것에 ○표 하세요.

(1) 원을 똑같이 둘로 나누는 선분은 원의 (반지름 , 지름)입니다.

(2) 한 원에서 지름의 길이는 반지름의 길이의 (2배 , 4배)입니다.

2 원 안에 그을 수 있는 가장 긴 선분을 찾아 쓰세요.

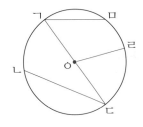

(   )

3 □ 안에 알맞은 수를 써넣으세요.

(1)
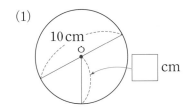

(2)
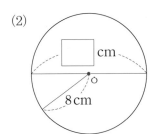

4 크기가 가장 큰 원부터 차례대로 기호를 쓰세요.

> ㉠ 반지름이 9cm인 원 ㉡ 지름이 15cm인 원
> ㉢ 지름이 17cm인 원 ㉣ 반지름이 10cm인 원

(   )

평가 주제	컴퍼스를 이용하여 원 그리기
평가 목표	• 컴퍼스를 이용하여 원을 그리는 방법을 이해할 수 있습니다. • 그린 원의 크기를 비교할 수 있습니다.

1 그림과 같이 컴퍼스를 벌려 원을 그렸습니다. 그린 원의 반지름은 몇 cm인지 구하세요.

(   )

2 컴퍼스를 이용하여 지름이 18 cm인 원을 그리려고 합니다. 컴퍼스를 몇 cm만큼 벌려야 하는지 구하세요.

(   )

3 컴퍼스를 이용하여 점 ㅇ을 원의 중심으로 하고 지름이 4 cm인 원을 그리세요.

ㅇ

4 크기가 더 큰 원을 그린 사람의 이름을 쓰세요.

수지: 지름이 12 cm인 원을 그렸어.
준서: 컴퍼스를 7 cm만큼 벌려 원을 그렸어.

(   )

평가 주제	원을 이용하여 여러 가지 모양 그리기
평가 목표	• 컴퍼스를 이용하여 규칙에 따라 원을 그릴 수 있습니다. • 컴퍼스를 이용하여 주어진 모양과 똑같은 모양을 그릴 수 있습니다.

3
단원

1 오른쪽 모양과 똑같이 그리기 위해 컴퍼스의 침을 꽂아야 할 곳은 모두 몇 군데인지 구하세요.

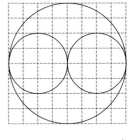

(   )

2 주어진 모양과 똑같이 그리기 위해 컴퍼스의 침을 꽂아야 할 곳을 모두 찾아 모눈종이에 ·으로 표시하세요.

(1)
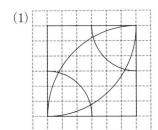

(2)
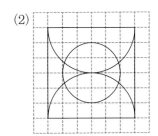

3 규칙에 따라 원을 2개 더 그리세요.

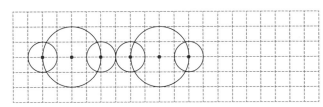

4 원의 중심은 같고 반지름만 다르게 하여 그린 것을 찾아 기호를 쓰세요.

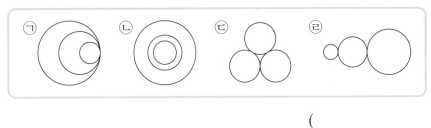

(   )

1

그림을 보고 □ 안에 알맞은 수를 써넣으세요.

4는 14를 똑같이 7묶음으로 나눈 것 중의

□묶음이므로 14의 $\dfrac{□}{□}$ 입니다.

2

색칠한 부분은 전체의 얼마인지 분수로 나타내세요.

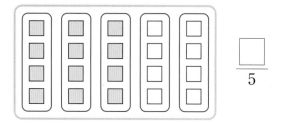

$\dfrac{□}{5}$

3

지우개 15개를 똑같이 3묶음으로 나누고 □ 안에 알맞은 수를 써넣으세요.

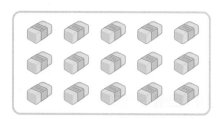

15의 $\dfrac{1}{3}$ 은 □ 입니다.

4

$12\,\text{cm}$의 $\dfrac{5}{6}$ 는 몇 cm일까요?

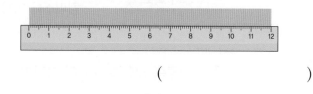

(   )

5

가분수는 모두 몇 개일까요?

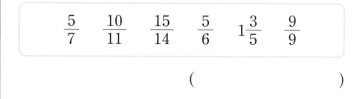

$$\dfrac{5}{7} \quad \dfrac{10}{11} \quad \dfrac{15}{14} \quad \dfrac{5}{6} \quad 1\dfrac{3}{5} \quad \dfrac{9}{9}$$

(   )

6

분수를 수직선에 ↓ 로 나타내세요.

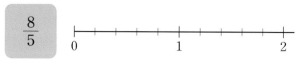

$\dfrac{8}{5}$

7 서술형

옥수수 40개를 삶아 5개씩 봉지에 나누어 담았습니다. 그중 15개를 먹었다면 먹은 옥수수는 전체의 얼마인지 분수로 나타내려고 합니다. 해결 과정을 쓰고, 답을 구하세요.

_____

_____

_____

(   )

8

대분수를 가분수로 나타내세요.

$$2\frac{3}{7} = \boxed{}$$

9

분수의 크기를 비교하여 ○ 안에 >, =, <를 알맞게 써넣으세요.

$$\frac{13}{4} \bigcirc \frac{11}{4}$$

10

사용한 리본의 길이가 더 긴 사람은 누구일까요?

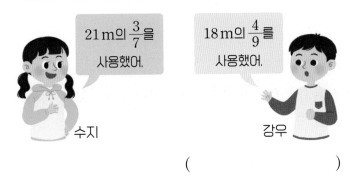

21 m의 $\frac{3}{7}$을 사용했어. 수지

18 m의 $\frac{4}{9}$를 사용했어. 강우

(　　　　　)

11

집에서 도서관까지의 거리는 $\frac{19}{8}$ km이고, 집에서 우체국까지의 거리는 $2\frac{1}{8}$ km입니다. 도서관과 우체국 중 집에서 더 가까운 곳을 쓰세요.

(　　　　　)

12 서술형

아현이네 집에서 담은 레몬청은 16 kg입니다. 담은 레몬청의 $\frac{3}{4}$을 이웃에 선물하였다면 남은 레몬청은 몇 kg인지 해결 과정을 쓰고, 답을 구하세요.

_____

_____

_____

(　　　　　)

13

□ 안에 알맞은 수를 찾아 이으세요.

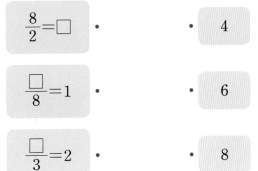

$\frac{8}{2} = \square$ ・　　　・ 4

$\frac{\square}{8} = 1$ ・　　　・ 6

$\frac{\square}{3} = 2$ ・　　　・ 8

14

분모가 6인 진분수는 모두 몇 개일까요?

(　　　　　)

15

분수의 크기를 비교하여 큰 수부터 차례대로 쓰세요.

$$1\frac{4}{9} \qquad \frac{11}{9} \qquad 1\frac{7}{9}$$

( )

16

1시간의 $\frac{2}{3}$는 몇 분일까요?

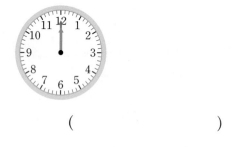

( )

17

똑같은 사과 파이 2개를 각각 똑같이 8조각으로 나누어 그중 3조각을 먹었습니다. 남은 사과 파이의 양은 얼마인지 가분수로 나타내세요.

( )

18

$\frac{14}{5}$보다 크고 $4\frac{2}{5}$보다 작은 분수를 모두 찾아 쓰세요.

$$1\frac{4}{5} \qquad \frac{41}{5} \qquad 3\frac{1}{5} \qquad \frac{19}{5} \qquad 2\frac{3}{5}$$

( )

19

□ 안에 들어갈 수 있는 자연수를 모두 구하세요.

$$\frac{32}{9} < 3\frac{\square}{9}$$

( )

20 서술형

조건을 모두 만족하는 분수는 몇 개인지 해결 과정을 쓰고, 답을 구하세요.

- 분모가 8인 가분수입니다.
- $\frac{29}{8}$보다 작은 분수입니다.
- $3\frac{1}{8}$보다 큰 분수입니다.

_____

_____

_____

( )

1

그림을 보고 □ 안에 알맞은 수를 써넣으세요.

18을 3씩 묶으면 □ 묶음이 됩니다.

15는 18의 $\dfrac{□}{□}$ 입니다.

2

□ 안에 알맞은 수를 써넣으세요.

30을 6씩 묶으면 12는 30의 $\dfrac{□}{□}$ 입니다.

3

그림을 보고 □ 안에 알맞은 수를 써넣으세요.

24의 $\dfrac{1}{8}$ 은 □, 24의 $\dfrac{1}{6}$ 은 □ 입니다.

4

보기 를 보고 색칠한 부분을 대분수로 나타내세요.

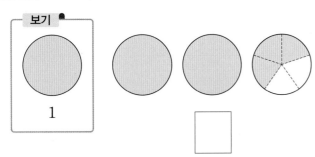

5

관계있는 것끼리 이으세요.

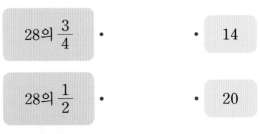

28의 $\dfrac{3}{4}$ ·   · 14

28의 $\dfrac{1}{2}$ ·   · 20

28의 $\dfrac{5}{7}$ ·   · 21

6

□ 안에 알맞은 수를 써넣으세요.

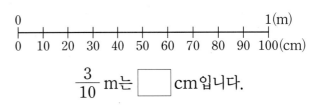

$\dfrac{3}{10}$ m는 □ cm입니다.

7 서술형

장미 36송이의 $\dfrac{5}{9}$ 는 빨간색입니다. 빨간색 장미는 몇 송이인지 해결 과정을 쓰고, 답을 구하세요.

_____

_____

_____

(   )

8

수직선을 보고 □ 안에 알맞은 수를 써넣으세요.

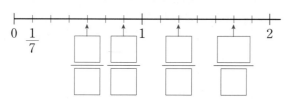

9

가분수 $\dfrac{\square}{8}$ 에서 □ 안에 들어갈 수 있는 수를 모두 찾아 쓰세요.

| 1 | 4 | 5 | 7 | 8 | 10 | 11 |

( )

10

잘못 설명한 것을 찾아 기호를 쓰세요.

> ㉠ $\dfrac{27}{4}$ 을 대분수로 나타내면 $6\dfrac{1}{4}$ 입니다.
>
> ㉡ $3\dfrac{2}{9}$ 를 가분수로 나타내면 $\dfrac{29}{9}$ 입니다.

( )

11

밀가루가 $200\,g$ 있습니다. 과자를 만드는 데 밀가루를 $200\,g$의 $\dfrac{2}{5}$ 만큼 사용했습니다. 남은 밀가루는 몇 g인지 구하세요.

( )

12

더 긴 털실을 가진 사람의 이름을 쓰세요.

( )

13

가장 큰 분수와 가장 작은 분수를 찾아 쓰세요.

| $2\dfrac{1}{6}$ | $\dfrac{14}{6}$ | $1\dfrac{5}{6}$ |

가장 큰 분수 ( )

가장 작은 분수 ( )

14 서술형

수 카드 3장을 한 번씩만 사용하여 만들 수 있는 대분수는 모두 몇 개인지 구하려고 합니다. 해결 과정을 쓰고, 답을 구하세요.

| 3 | 5 | 8 |

_____

_____

_____

( )

15

나타내는 수가 나머지와 다른 것을 찾아 기호를 쓰세요.

> ㉠ 16의 $\frac{3}{4}$　　㉡ 36의 $\frac{1}{4}$
>
> ㉢ 18의 $\frac{2}{3}$　　㉣ 20의 $\frac{3}{5}$

(　　　　　　　　　)

16

㉠과 ㉡의 합을 구하세요.

> • 28을 4씩 묶으면 16은 28의 $\frac{㉠}{7}$입니다.
>
> • 27을 3씩 묶으면 15는 27의 $\frac{㉡}{9}$입니다.

(　　　　　　　　　)

17

어느 날 낮의 길이는 하루의 $\frac{5}{8}$였습니다. 이날 낮의 길이는 몇 시간인지 구하세요.

(　　　　　　　　　)

18 서술형

조건 을 모두 만족하는 분수를 구하려고 합니다. 해결 과정을 쓰고, 답을 구하세요.

> 조건
> • 진분수입니다.
> • 분모와 분자의 합은 20입니다.
> • 분모와 분자의 차는 2입니다.

_____

_____

_____

(　　　　　　　　　)

19

□ 안에 알맞은 수가 가장 큰 것을 찾아 기호를 쓰세요.

> ㉠ $\frac{□}{5}$는 분모가 5인 가분수 중 가장 작습니다.
>
> ㉡ $5\frac{□}{4}$는 자연수가 5, 분모가 4인 대분수 중 가장 큽니다.
>
> ㉢ $\frac{□}{7}$는 분모가 7인 진분수 중 가장 큽니다.

(　　　　　　　　　)

20

분모가 11인 분수 중에서 $1\frac{5}{11}$보다 크고 $\frac{19}{11}$보다 작은 가분수를 모두 쓰세요.

(　　　　　　　　　)

평가 주제	분수로 나타내기
평가 목표	부분을 분수로 나타낼 수 있습니다.

1 핫도그 12개를 똑같이 3묶음으로 나누어 ○을 그리고, □ 안에 알맞은 수를 써넣으세요.

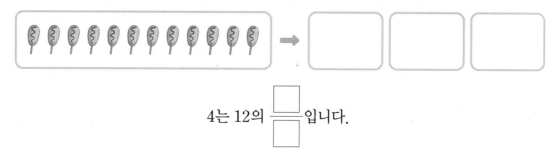

4는 12의 $\dfrac{\Box}{\Box}$ 입니다.

2 색칠한 부분은 전체의 얼마인지 분수로 나타내세요.

(1)

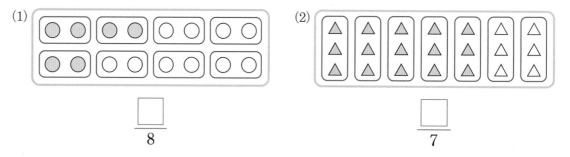

$\dfrac{\Box}{8}$

(2)

$\dfrac{\Box}{7}$

3 그림을 보고 □ 안에 알맞은 수를 써넣으세요.

(1) 24를 4씩 묶으면 □ 묶음이 되므로 20은 24의 $\dfrac{\Box}{\Box}$ 입니다.

(2) 24를 3씩 묶으면 □ 묶음이 되므로 15는 24의 $\dfrac{\Box}{\Box}$ 입니다.

4 한라봉 35개를 7개씩 상자에 나누어 담았습니다. 한라봉 21개는 전체의 얼마인지 분수로 나타내세요.

( )

평가 주제	분수만큼은 얼마인지 알아보기
평가 목표	• 전체에 대한 분수만큼은 얼마인지 알 수 있습니다. • 길이에서 전체에 대한 분수만큼은 얼마인지 알 수 있습니다.

1　그림을 보고 □ 안에 알맞은 수를 써넣으세요.

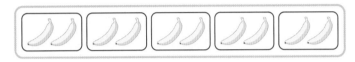

$$10의 \frac{3}{5}은 \boxed{} 입니다.$$

2　분수만큼 풍선을 파란색과 빨간색으로 색칠하세요.

파란색: $27의 \frac{1}{3}$

빨간색: $27의 \frac{2}{9}$

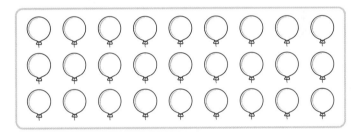

3　□ 안에 알맞은 수를 써넣으세요.

(1) $20의 \frac{3}{4}은 \boxed{} 입니다.$　　　　(2) $35의 \frac{4}{7}는 \boxed{} 입니다.$

4　그림을 보고 □ 안에 알맞은 수를 써넣으세요.

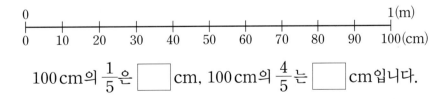

$$100\,cm의 \frac{1}{5}은 \boxed{} cm, \quad 100\,cm의 \frac{4}{5}는 \boxed{} cm입니다.$$

5　길이가 $32\,cm$인 철사의 $\frac{3}{8}$을 사용했습니다. 사용한 철사의 길이와 남은 철사의 길이를 각각 구하세요.

사용한 철사 (　　　　　　　　　), 남은 철사 (　　　　　　　　　)

평가 주제	여러 가지 분수 알아보기
평가 목표	• 진분수, 가분수, 대분수를 알 수 있습니다. • 대분수를 가분수로, 가분수를 대분수로 나타낼 수 있습니다.

1 진분수는 '진', 가분수는 '가', 대분수는 '대'를 쓰세요.

$\dfrac{7}{5}$ $\dfrac{3}{4}$ $\dfrac{6}{6}$ $1\dfrac{2}{3}$ $\dfrac{9}{11}$ $2\dfrac{6}{7}$

(   )   (   )   (   )   (   )   (   )   (   )

2 그림을 보고 대분수를 가분수로 나타내세요.

$3\dfrac{1}{4}=\boxed{}$

3 가분수를 수직선에 ↓로 나타내고, 대분수로 나타내세요.

$\dfrac{17}{6}$

$\dfrac{17}{6}=\boxed{}$

4 대분수는 가분수로, 가분수는 대분수로 나타내세요.

(1) $3\dfrac{4}{5}$ (2) $\dfrac{20}{9}$

5 수 카드 3장 중 2장을 한 번씩만 사용하여 만들 수 있는 가분수를 모두 쓰세요.

(   )

평가 주제	분모가 같은 분수의 크기 비교하기
평가 목표	분모가 같은 분수의 크기를 비교할 수 있습니다.

1 분수의 크기를 비교하여 ◯ 안에 >, =, <를 알맞게 써넣으세요.

(1) $\dfrac{11}{7}$ ◯ $\dfrac{10}{7}$ (2) $2\dfrac{4}{5}$ ◯ $3\dfrac{2}{5}$

(3) $\dfrac{27}{8}$ ◯ $3\dfrac{5}{8}$ (4) $1\dfrac{7}{11}$ ◯ $\dfrac{17}{11}$

2 $2\dfrac{4}{9}$보다 더 큰 분수를 모두 찾아 쓰세요.

$$1\dfrac{1}{9} \qquad \dfrac{20}{9} \qquad 3\dfrac{1}{9} \qquad \dfrac{8}{9} \qquad \dfrac{19}{9} \qquad 2\dfrac{5}{9}$$

(   )

3 같은 크기의 컵으로 사과주스는 $\dfrac{11}{4}$ 컵, 포도주스는 $3\dfrac{1}{4}$ 컵 있습니다. 사과주스와 포도주스 중 더 많은 주스는 어느 것일까요?

(   )

4 분수의 크기를 비교하여 큰 분수부터 차례대로 기호를 쓰세요.

$$㉠\ 3\dfrac{1}{5} \qquad ㉡\ \dfrac{17}{5} \qquad ㉢\ 2\dfrac{3}{5}$$

(   )

5 ☐ 안에 들어갈 수 있는 자연수를 모두 쓰세요.

$$\dfrac{17}{12} > 1\dfrac{\square}{12}$$

(   )

1

꽃병에 물을 가득 채운 후 어항에 모두 옮겨 담았습니다. 꽃병과 어항 중 들이가 더 많은 것을 쓰세요.

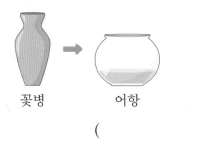

꽃병   어항

(   )

2

그릇 ㉮와 ㉯에 물을 가득 채운 후 모양과 크기가 같은 컵에 모두 옮겨 담았습니다. ☐ 안에 알맞은 기호나 수를 써넣으세요.

☐ 에 물이 컵 ☐ 개만큼 더 많이 들어갑니다.

3

주어진 들이를 쓰고, 읽어 보세요.

6 L 20 mL

쓰기 --------------------------------

읽기 (   )

4

계산을 하세요.

$$\begin{array}{r} 1\,L\ \ 250\,mL \\ +\ 3\,L\ \ 450\,mL \\ \hline \end{array}$$

5 서술형

색연필과 크레파스 중 어느 것이 더 무거운지 비교할 수 있는지 쓰고, 그 이유를 쓰세요.

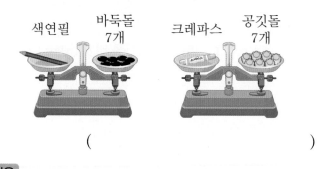

색연필   바둑돌 7개   크레파스   공깃돌 7개

(   )

이유 _____

_____

6

가방의 무게가 얼마인지 ☐ 안에 알맞은 수를 써넣으세요.

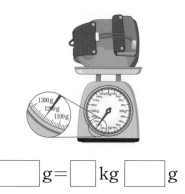

☐ g = ☐ kg ☐ g

7

들이가 가장 많은 것을 찾아 기호를 쓰세요.

㉠ 3 L 70 mL   ㉡ 3200 mL
㉢ 3180 mL   ㉣ 3 L 50 mL

(   )

8 서술형

단위를 잘못 쓴 것을 찾아 기호를 쓰고, 바르게 고치세요.

> ㉠ 자동차의 무게는 약 3 t입니다.
> ㉡ 내 신발의 무게는 약 550 g입니다.
> ㉢ 사자의 무게는 약 150 t입니다.
> ㉣ 냉장고의 무게는 약 130 kg입니다.

(　　　　　　　)

바르게 고치기

_____

_____

9

보기 에서 □ 안에 알맞은 들이를 찾아 써넣으세요.

> **보기**
> 3 mL　　30 mL　　3 L　　30 L

세제통의 들이는 약 □ 입니다.

10

들이가 5 L인 어항의 들이를 다음과 같이 어림했습니다. 어항의 들이에 더 가깝게 어림한 것에 ○표 하세요.

약 4 L 750 mL	약 5 L 200 mL
(　　)	(　　)

11

두 물통에 가득 들어 있는 물을 빈 수조에 모두 옮겨 담았습니다. 수조에 들어 있는 물은 모두 몇 L 몇 mL인지 구하세요.

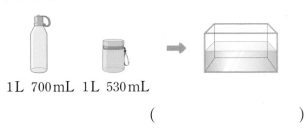

1 L 700 mL　　1 L 530 mL

(　　　　　　　)

12

저울로 당근, 오이, 감자의 무게를 비교했습니다. 무게가 무거운 것부터 차례대로 쓰세요.

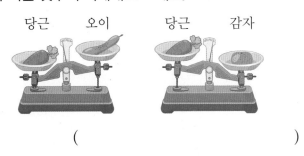

당근　　오이　　　당근　　감자

(　　　　　　　)

13

바르게 나타낸 것을 모두 찾아 기호를 쓰세요.

> ㉠ 2 kg보다 700 g 더 무거운 무게는 27 kg입니다.
> ㉡ 5030 g은 5 kg 30 g입니다.
> ㉢ 900 kg보다 100 kg 더 무거운 무게는 1 t입니다.
> ㉣ 2 t은 200 kg입니다.

(　　　　　　　)

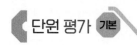
14

□ 안에 알맞은 수를 써넣으세요.

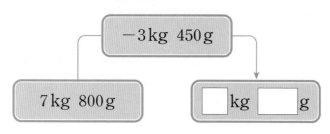

15

지우가 저울에 올라가 잰 무게는 34 kg 550 g이고, 지우가 가방을 메고 저울에 올라가 잰 무게는 36 kg 200 g입니다. 가방의 무게는 몇 kg 몇 g인지 구하세요.

( )

16

가장 가벼운 무게와 가장 무거운 무게의 합은 몇 kg 몇 g인지 구하세요.

| 3 kg 450 g | 5 kg 750 g |
| 4 kg 150 g | 3 kg 800 g |

( )

17

흰색 페인트와 초록색 페인트를 섞어 연두색 페인트 7 L 100 mL를 만들었습니다. 사용한 흰색 페인트가 3 L 750 mL일 때, 사용한 초록색 페인트는 몇 L 몇 mL인지 구하세요.

( )

18

컵 ㉮, ㉯, ㉰를 사용하여 물통에 물을 가득 채우려면 다음과 같이 각각 부어야 합니다. 들이가 많은 컵부터 차례대로 쓰세요.

컵	㉮	㉯	㉰
횟수(번)	11	15	14

( )

19 서술형

들이가 900 mL인 포도주스 3병, 들이가 1 L 150 mL인 오렌지주스 2병이 있습니다. 포도주스와 오렌지주스 중 어느 것이 몇 mL 더 많은지 해결 과정을 쓰고, 답을 구하세요.

_____

_____

( ), ( )

20

한 개의 무게가 1 kg 800 g인 멜론 2개를 담은 상자의 무게를 재었더니 4 kg 50 g이었습니다. 빈 상자의 무게는 몇 g인지 구하세요.

( )

1

물병 ㉮, ㉯, ㉰에 물을 가득 채운 후 모양과 크기가 같은 비커에 모두 옮겨 담았습니다. 들이가 많은 것부터 차례대로 쓰세요.

(   )

2

물의 양이 얼마인지 눈금을 읽고 □ 안에 알맞은 수를 써넣으세요.

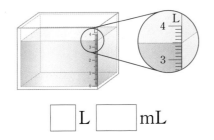

□ L   □ mL

3

계산을 하세요.

4 L 300 mL ＋ 8 L 240 mL

4

저울과 바둑돌을 사용하여 수첩과 필통의 무게를 비교했습니다. □ 안에 알맞은 말이나 수를 써넣으세요.

수첩   25개   필통   34개

□ 이 □ 보다 바둑돌 □ 개만큼 더 무겁습니다.

5 서술형

들이가 많은 물건부터 차례대로 쓰려고 합니다. 해결 과정을 쓰고, 답을 구하세요.

대야	양동이	어항
4 L 90 mL	5 L 300 mL	4150 mL

(   )

6

들이가 500 mL인 우유갑을 보고 음료수병의 들이를 어림하세요.

우유갑   음료수병

(   )

7

mL와 L 중 □ 안에 알맞은 단위가 L인 것을 모두 고르세요. (   )

① 요구르트병의 들이는 150□입니다.
② 기름병의 들이는 2□입니다.
③ 김치통의 들이는 10□입니다.
④ 양치컵의 들이는 250□입니다.
⑤ 물병의 들이는 750□입니다.

8

☐ 안에 알맞은 수를 써넣으세요.

$$
\begin{array}{r}
8 \ \text{L} \quad 400 \ \text{mL} \\
- \ \boxed{} \ \text{L} \quad 600 \ \text{mL} \\
\hline
3 \ \text{L} \ \boxed{} \ \text{mL}
\end{array}
$$

[9-10] 희영이네 가족과 세준이네 가족이 하루 동안 마신 우유의 양입니다. 물음에 답하세요.

	오전	오후
희영이네 가족	740 mL	1400 mL
세준이네 가족	980 mL	850 mL

9

희영이네 가족과 세준이네 가족이 오전에 마신 우유는 모두 몇 L 몇 mL인지 구하세요.

(   )

10

희영이네 가족과 세준이네 가족 중 어느 가족이 하루 동안 우유를 몇 mL 더 많이 마셨는지 구하세요.

(   ), (   )

11

저울로 사인펜, 연필, 지우개의 무게를 비교했습니다. 한 개의 무게가 가장 가벼운 것은 어느 것인지 쓰세요.

사인펜 3자루 · 연필 4자루 · 연필 4자루 · 지우개 1개

(   )

12

무게가 다른 것에 ◯표 하세요.

6 kg보다 30 g 더 무거운 무게	( )
6300 g	( )
6 kg 30 g	( )

13

알맞은 무게를 찾아 이으세요.

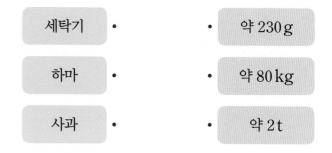

세탁기 · · 약 230 g

하마 · · 약 80 kg

사과 · · 약 2 t

14

트럭의 무게는 약 1 t이고, 식탁의 무게는 약 10 kg입니다. 트럭의 무게는 식탁의 무게의 약 몇 배인지 구하세요.

(   )

15

두 무게의 차는 몇 kg 몇 g인지 구하세요.

| 2 kg 750 g | 6 kg 340 g |

(　　　　　)

16

무게가 더 무거운 것의 기호를 쓰세요.

> ㉠ 7840 g + 5 kg 350 g
> ㉡ 15 kg 200 g − 1600 g

(　　　　　)

17 서술형

주전자와 냄비에 물을 가득 채우려면 컵 ㉮와 ㉯에 물을 가득 채워 다음과 같이 각각 부어야 합니다. 잘못 설명한 것을 찾아 기호를 쓰고, 바르게 고치세요.

컵	주전자	냄비
㉮	4번	12번
㉯	2번	6번

> ㉠ ㉮와 ㉯ 중 들이가 더 많은 컵은 ㉯입니다.
> ㉡ 냄비의 들이는 주전자 들이의 3배입니다.
> ㉢ ㉮의 들이는 ㉯의 들이의 2배입니다.

(　　　　　)

바르게 고치기

_____

18

들이가 1 L 600 mL인 통에 물을 가득 채워 들이가 8 L인 빈 항아리에 2번 부었습니다. 항아리를 가득 채우려면 물을 몇 L 몇 mL 더 부어야 할까요?

(　　　　　)

19

무게가 다음과 같은 단호박의 무게를 영수는 약 2 kg 100 g으로, 현진이는 약 1 kg 400 g으로 어림했습니다. 단호박의 실제 무게에 더 가깝게 어림한 사람의 이름을 쓰세요.

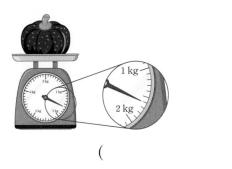

(　　　　　)

20 서술형

잡곡이 가득 들어 있는 병의 무게를 재었더니 3 kg 150 g이었고, 잡곡을 반만큼 사용한 후 병의 무게를 재었더니 1 kg 900 g이었습니다. 빈 병의 무게는 몇 g인지 해결 과정을 쓰고, 답을 구하세요.

_____

_____

(　　　　　)

평가 주제	들이 비교하기, 들이의 단위 알아보기, 들이 어림하고 재어 보기
평가 목표	• 들이를 비교하고 들이의 단위를 알 수 있습니다. • 들이를 어림하고 재어 볼 수 있습니다.

1 우유갑에 물을 가득 채운 후 물병에 모두 옮겨 담았습니다. 들이가 더 많은 것을 쓰세요.

우유갑

물병

(   )

2 어항에 물을 가득 채우려면 컵 ㉮, ㉯, ㉰에 물을 가득 채워 다음과 같이 각각 부어야 합니다. ㉮, ㉯, ㉰ 중 들이가 가장 적은 컵을 찾아 쓰세요.

컵	㉮	㉯	㉰
횟수(번)	12	9	16

(   )

3 2L의 물이 들어 있는 양동이에 500 mL의 물을 더 부었습니다. 양동이에 들어 있는 물은 모두 몇 L 몇 mL인지 구하세요.

(   )

4 ☐ 안에 알맞은 수를 써넣으세요.

(1) $5 L = $ ☐ mL (2) $4070 mL = $ ☐ L ☐ mL

(3) $8000 mL = $ ☐ L (4) $1 L 5 mL = $ ☐ mL

5 보기 에서 알맞은 단위를 찾아 ☐ 안에 써넣으세요.

보기
mL   L

(1) 약병의 들이는 약 50 ☐ 입니다.

(2) 욕조의 들이는 약 400 ☐ 입니다.

평가 주제	들이의 덧셈과 뺄셈하기
평가 목표	들이의 덧셈과 뺄셈을 할 수 있습니다.

1 □ 안에 알맞은 수를 써넣으세요.

(1) $2\,L\ 300\,mL + 3\,L\ 600\,mL = \boxed{}\,L\ \boxed{}\,mL$

(2) $4\,L\ 450\,mL + 6350\,mL = \boxed{}\,L\ \boxed{}\,mL$

(3) $6\,L\ 740\,mL - 4\,L\ 350\,mL = \boxed{}\,L\ \boxed{}\,mL$

(4) $11\,L\ 800\,mL - 7220\,mL = \boxed{}\,L\ \boxed{}\,mL$

2 □ 안에 알맞은 수를 써넣으세요.

(1)
```
      □
    5 L  460 mL
 +  1 L  820 mL
 ─────────────
   □ L  □ mL
```

(2)
```
   □    □
    9 L  530 mL
 -  3 L  720 mL
 ─────────────
   □ L  □ mL
```

3 세정이는 물을 어제는 $1\,L\ 650\,mL$ 마셨고 오늘은 어제보다 $400\,mL$ 더 많이 마셨습니다. 세정이가 오늘 마신 물은 몇 L 몇 mL인지 구하세요.

(　　　　　　　　　　　)

4 기름통에 기름이 $4\,L\ 500\,mL$ 있었는데 $2\,L\ 670\,mL$만큼 사용했습니다. 남은 기름은 몇 L 몇 mL인지 구하세요.

(　　　　　　　　　　　)

5 들이가 가장 많은 것과 들이가 가장 적은 것의 합과 차는 각각 몇 L 몇 mL인지 구하세요.

$5320\,mL$	$5\,L\ 850\,mL$	$3950\,mL$

합 (　　　　　　　　　　)

차 (　　　　　　　　　　)

평가 주제	무게 비교하기, 무게의 단위 알아보기, 무게 어림하고 재어 보기
평가 목표	• 무게를 비교하고 무게의 단위를 알 수 있습니다. • 무게를 어림하고 재어 볼 수 있습니다.

1 크레파스, 지우개, 풀 중 한 개의 무게가 무거운 것부터 차례대로 쓰세요.

크레파스   지우개   풀   지우개
4개   2개   1개   3개

(   )

2 무게가 얼마인지 저울의 눈금을 읽고 ☐ 안에 알맞은 수를 써넣으세요.

(1)

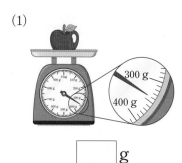

300 g
400 g

☐ g

(2)

1200 g
1100 g   1 kg 900

☐ g = ☐ kg ☐ g

3 ☐ 안에 알맞은 수를 써넣으세요.

(1) 3205 g = ☐ kg ☐ g   (2) 1 kg 200 g = ☐ g

4 보기 에서 알맞은 단위를 찾아 ☐ 안에 써넣으세요.

보기
g   kg   t

(1) 배 한 상자의 무게는 약 5 ☐ 입니다.

(2) 비행기 한 대의 무게는 약 300 ☐ 입니다.

(3) 감자 한 개의 무게는 약 150 ☐ 입니다.

| 평가 주제 | 무게의 덧셈과 뺄셈하기 |
| 평가 목표 | 무게의 덧셈과 뺄셈을 할 수 있습니다. |

1 □ 안에 알맞은 수를 써넣으세요.

(1) $1\,kg\ 520\,g + 3\,kg\ 280\,g = \boxed{}\,kg\ \boxed{}\,g$

(2) $5\,kg\ 80\,g + 2400\,g = \boxed{}\,kg\ \boxed{}\,g$

(3) $8\,kg\ 610\,g - 4\,kg\ 330\,g = \boxed{}\,kg\ \boxed{}\,g$

(4) $10\,kg\ 700\,g - 6050\,g = \boxed{}\,kg\ \boxed{}\,g$

2 □ 안에 알맞은 수를 써넣으세요.

(1)
```
        4  kg   380  g
    +   3  kg   840  g
    ─────────────────────
      □  kg  □  g
```

(2)
```
        7  kg   200  g
    -   4  kg   510  g
    ─────────────────────
      □  kg  □  g
```

3 동생의 몸무게는 $19\,kg\ 750\,g$이고, 진아의 몸무게는 동생보다 $14\,kg\ 650\,g$ 더 무겁습니다. 진아의 몸무게는 몇 kg 몇 g인지 구하세요.

(   )

4 사과와 배를 한 상자에 담아 무게를 재어 보니 $9\,kg$이었습니다. 사과의 무게가 $3\,kg\ 450\,g$이고, 배의 무게가 $4\,kg\ 700\,g$일 때 빈 상자의 무게는 몇 g인지 구하세요.

(   )

5 무거운 것부터 차례대로 □ 안에 1, 2, 3을 써넣으세요.

$2800\,g + 4\,kg\ 200\,g$	$9\,kg\ 100\,g - 1600\,g$	$7400\,g + 1400\,g$
□	□	□

[1-4] 준서네 학교 3학년 학생들 중에서 휴대 전화를 가지고 있는 학생 수를 조사하여 그림그래프로 나타냈습니다. 물음에 답하세요.

반별 휴대 전화를 가지고 있는 학생 수

반	학생 수
1반	☺☺☺☺☺☺☺
2반	☺☺☺☺☺☺☺
3반	☺☺☺
4반	☺☺☺☺☺

☺ 10명
☺ 1명

1

☺과 ☺은 각각 몇 명을 나타내는지 쓰세요.

☺ (   )
☺ (   )

2

3반에서 휴대 전화를 가지고 있는 학생은 몇 명인지 쓰세요.

(   )

3

휴대 전화를 가지고 있는 학생 수가 가장 적은 곳은 몇 반이고, 몇 명인지 쓰세요.

(   ), (   )

4

2반에서 휴대 전화를 가지고 있는 학생은 1반에서 휴대 전화를 가지고 있는 학생보다 몇 명 더 많은지 구하세요.

(   )

[5-7] 준서네 반 학생들이 좋아하는 과일을 조사했습니다. 물음에 답하세요.

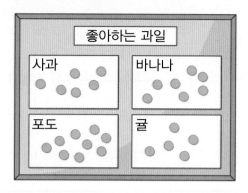
좋아하는 과일

5

조사한 자료를 보고 표로 나타내세요.

좋아하는 과일별 학생 수

과일	사과	바나나	포도	귤	합계
학생 수(명)					

6

5의 표를 보고 그림그래프로 나타내세요.

좋아하는 과일별 학생 수

과일	학생 수
사과	
바나나	
포도	
귤	

◎ 5명
○ 1명

7

좋아하는 학생 수가 많은 과일부터 순서대로 쓰세요.

(   )

[8-11] 마을별 고구마 수확량을 조사하여 그림그래프로 나타냈습니다. 물음에 답하세요.

마을별 고구마 수확량

마을	고구마 수확량
가	🍠🍠🍠🍠
나	🍠🍠🍠🍠🍠🍠🍠🍠🍠
다	🍠🍠🍠🍠
라	🍠🍠🍠🍠🍠

🍠 100 kg
🍠 10 kg

8

가 마을의 고구마 수확량은 몇 kg인지 쓰세요.

(　　　　　　)

9

고구마 수확량이 240 kg인 곳은 어느 마을인지 쓰세요.

(　　　　　　)

10 서술형

가 마을은 나 마을보다 고구마를 몇 kg 더 많이 수확했는지 구하려고 합니다. 해결 과정을 쓰고, 답을 구하세요.

_____

_____

_____

(　　　　　　)

11

고구마를 가장 많이 수확한 곳은 어느 마을인지 쓰세요.

(　　　　　　)

[12-14] 성찬이네 반에서 모둠별로 모은 빈 병의 수를 조사하여 표로 나타냈습니다. 물음에 답하세요.

모둠별 모은 빈 병의 수

모둠	가	나	다	라	합계
빈 병의 수(병)	23	15	32	20	90

12

표를 보고 그림그래프로 나타내려고 합니다. 그림을 몇 가지로 나타내는 것이 좋을지 쓰세요.

(　　　　　　)

13

표를 보고 그림그래프로 나타내세요.

모둠별 모은 빈 병의 수

모둠	빈 병의 수
가	
나	
다	
라	

△ 10병
▲ 1병

14 서술형

빈 병을 가장 많이 모은 모둠과 가장 적게 모은 모둠의 빈 병의 수의 차를 구하려고 합니다. 해결 과정을 쓰고, 답을 구하세요.

_____

_____

_____

(　　　　　　)

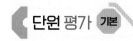

[15-17] 체육 대회에서 남학생과 여학생이 얻은 점수를 조사하여 표로 나타냈습니다. 물음에 답하세요.

체육 대회에서 경기별 얻은 점수

경기	발야구	줄넘기	달리기	피구	합계
남학생이 얻은 점수(점)	300	100	120	150	
여학생이 얻은 점수(점)		150	80	250	730

15

여학생이 발야구에서 얻은 점수는 몇 점인지 구하세요.

( )

16

남학생이 여학생보다 더 높은 점수를 얻은 경기를 모두 쓰세요.

( )

17

위 표를 보고 바르게 설명한 사람의 이름을 쓰세요.

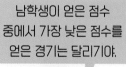

체육대회에서 얻은 점수의 합계는 여학생이 더 높아.

남학생이 얻은 점수 중에서 가장 낮은 점수를 얻은 경기는 달리기야.

수민   강우

( )

[18-20] 수지네 학교 3학년 학생들이 좋아하는 채소별 학생 수를 조사하여 그림그래프로 나타냈습니다. 물음에 답하세요.

좋아하는 채소별 학생 수

채소	학생 수
호박	
당근	
오이	
피망	

 10명
 1명

18

호박을 좋아하는 학생은 당근을 좋아하는 학생보다 7명 더 많습니다. 호박을 좋아하는 학생은 몇 명인지 구하세요.

( )

19

가장 적은 학생들이 좋아하는 채소는 무엇인지 쓰세요.

( )

20 서술형

학교 텃밭에 채소를 한 종류만 심는다면 어떤 채소를 심는 것이 좋을지 쓰고, 그 이유를 쓰세요.

( )

이유 _____

_____

[1- 4] 어느 아파트에 살고 있는 동별 학생 수를 조사하여 표로 나타냈습니다. 물음에 답하세요.

동별 학생 수

동	101동	102동	103동	104동	합계
여학생 수(명)	14	13	11	13	51
남학생 수(명)	14	12	16	11	53

1

104동에 살고 있는 여학생은 몇 명인지 쓰세요.

(　　　　)

2

아파트에 살고 있는 남학생은 모두 몇 명인지 쓰세요.

(　　　　)

3

101동에 살고 있는 여학생은 102동에 살고 있는 남학생보다 몇 명 더 많은지 구하세요.

(　　　　)

4 서술형

103동에 살고 있는 학생은 모두 몇 명인지 해결 과정을 쓰고, 답을 구하세요.

_____

_____

_____

(　　　　)

[5- 8] 마을별 강아지를 기르는 가구 수를 조사하여 그림그래프로 나타냈습니다. 물음에 답하세요.

마을별 강아지를 기르는 가구 수

마을	가구 수
가	🏠🏠🏠🏡🏡
나	🏠🏡🏡🏡🏡🏡🏡
다	🏠🏠🏡🏡🏡🏡🏡🏡
라	🏡🏡🏡

🏠 10가구
🏡 1가구

5

강아지를 기르는 가구가 16가구인 곳은 어느 마을인지 쓰세요.

(　　　　)

6

가 마을은 다 마을보다 강아지를 기르는 가구가 몇 가구 더 많은지 구하세요.

(　　　　)

7

라 마을보다 강아지를 기르는 가구 수가 더 적은 마을을 모두 쓰세요.

(　　　　)

8

강아지를 기르는 가구 수가 두 번째로 많은 곳은 어느 마을이고, 몇 가구인지 쓰세요.

(　　　　), (　　　　)

[9-12] 준서네 학교 3학년 학생들이 일주일 동안 모은 헌 종이의 무게를 조사하여 표로 나타냈습니다. 물음에 답하세요.

반별 모은 헌 종이의 무게

반	1반	2반	3반	4반	합계
무게(kg)	34	27	42		133

9

4반에서 모은 헌 종이의 무게는 몇 kg인지 구하세요.

( )

10

표를 보고 그림그래프로 나타내세요.

반별 모은 헌 종이의 무게

반	헌 종이의 무게
1반	
2반	
3반	
4반	

■ 10 kg
■ 1 kg

11

모은 헌 종이의 무게가 1반보다 가벼운 반을 모두 쓰세요.

( )

12

모은 헌 종이의 무게가 가장 무거운 반과 가장 가벼운 반의 헌 종이의 무게의 차는 몇 kg인지 구하세요.

( )

13

어느 마트에서 지난해 팔린 전자 제품을 조사하여 표로 나타냈습니다. 표를 보고 그림그래프로 나타내세요.

전자 제품별 판매량

전자 제품	가습기	정수기	청소기	세탁기	합계
판매량(대)	110	90	320		780

전자 제품별 판매량

전자 제품	판매량
가습기	
정수기	
청소기	
세탁기	

◉ 100대
● 10대

[14-15] 지혜네 반 학급 문고에 있는 종류별 책의 수를 조사하여 그림그래프로 나타냈습니다. 동화책은 위인전보다 6권 더 적을 때 물음에 답하세요.

학급 문고에 있는 종류별 책의 수

종류	책의 수
동화책	
위인전	책 책 책 책 책
과학책	책 책 책 책
역사책	책 책 책 책 책

책 10권
책 1권

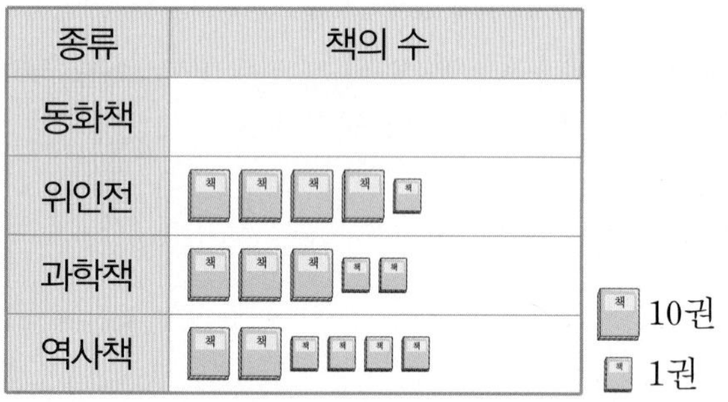

14

위 그림그래프를 완성하세요.

15

학급 문고에 있는 과학책과 역사책은 모두 몇 권인지 구하세요.

( )

16

동네 마트에서 일주일 동안 팔린 과일을 조사하여 그림그래프로 나타냈습니다. 내가 마트 주인이라면 다음 주에는 어떤 과일을 더 많이 준비하는 것이 좋을지 쓰세요.

과일별 판매량

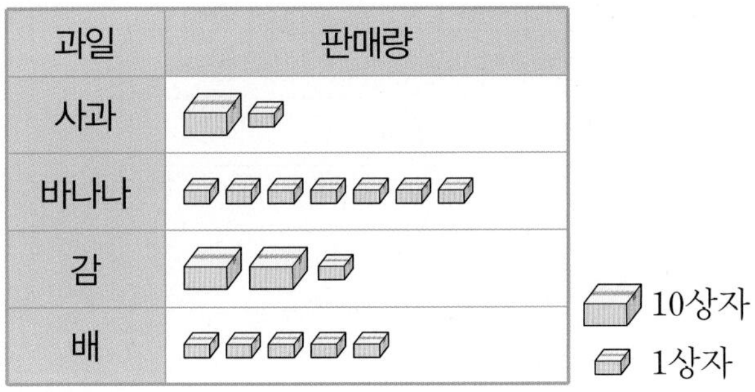

과일	판매량
사과	
바나나	
감	
배	

🗆 10상자
🗀 1상자

(   )

17 서술형

수민이네 학교 3학년 학생들의 혈액형을 조사하여 그림그래프로 나타냈습니다. O형인 학생이 AB형인 학생보다 8명 더 많다면 수민이네 학교 3학년 학생은 모두 몇 명인지 해결 과정을 쓰고, 답을 구하세요.

혈액형별 학생 수

혈액형	학생 수
A형	
B형	
AB형	
O형	

☺ 10명
☺ 1명

_____

_____

_____

(   )

[18-20] 소은이와 친구들이 수집한 우표의 수를 조사하여 그림그래프로 나타냈습니다. 물음에 답하세요.

수집한 우표의 수

이름	우표의 수
소은	
지혜	
수민	
준서	

■ 10장
◼ 5장
□ 1장

18

4명이 수집한 우표가 모두 100장일 때 지혜와 준서가 수집한 우표는 모두 몇 장인지 구하세요.

(   )

19 서술형

지혜가 수집한 우표는 준서가 수집한 우표보다 10장 더 많습니다. 지혜가 수집한 우표는 몇 장인지 해결 과정을 쓰고, 답을 구하세요.

_____

_____

_____

(   )

20

위 그림그래프를 완성하세요.

평가 주제	표를 보고 내용 알아보기
평가 목표	표에 나타난 여러 가지 통계적 사실을 알 수 있습니다.

[1~2] 준서네 반 학생들이 좋아하는 과목을 조사하여 표로 나타냈습니다. 물음에 답하세요.

좋아하는 과목별 학생 수

과목	국어	수학	사회	과학	합계
학생 수(명)	7	5	4	8	

1 준서네 반 학생은 모두 몇 명인지 구하세요.

( )

2 좋아하는 학생 수가 많은 과목부터 순서대로 쓰세요.

( )

[3~5] 지혜네 반과 태우네 반 학생들이 좋아하는 아이스크림 맛을 조사하여 표로 나타냈습니다. 물음에 답하세요.

좋아하는 아이스크림 맛별 학생 수

맛	바닐라	딸기	초콜릿	녹차	합계
지혜네 반 학생 수(명)	7	9	6	4	26
태우네 반 학생 수(명)	5	4	11	7	27

3 지혜네 반 학생들이 가장 좋아하는 아이스크림 맛은 어느 맛 아이스크림인지 쓰세요.

( )

4 지혜네 반 학생은 태우네 반 학생보다 바닐라 맛 아이스크림을 몇 명 더 많이 좋아하는지 구하세요.

( )

5 가장 많은 학생들이 좋아하는 아이스크림 맛은 어느 맛 아이스크림인지 쓰세요.

( )

평가 주제	그림그래프 알아보기
평가 목표	그림그래프의 구성 요소와 특성을 이해할 수 있습니다.

[1~3] 찬호네 마을의 과수원별 귤나무 수를 조사하여 그림그래프로 나타냈습니다. 물음에 답하세요.

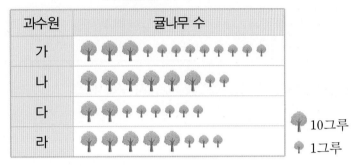

1 귤나무가 가장 많은 과수원은 어느 과수원이고, 몇 그루인지 쓰세요.

(   ), (   )

2 귤나무가 가장 적은 과수원은 어느 과수원이고, 몇 그루인지 쓰세요.

(   ), (   )

3 가 과수원과 라 과수원에 있는 귤나무는 모두 몇 그루인지 구하세요.

(   )

4 농장별 감자 수확량을 조사하여 그림그래프로 나타냈습니다. 농장별 감자 수확량을 구하세요.

농장별 감자 수확량

농장	감자 수확량
사랑	◎◎◎◎◎◎○○○●●●●●
희망	◎◎◎◎○○○○○●●
행복	◎◎◎◎◎◎◎◎○●●●●

◎ 100상자
○ 10상자
● 1상자

사랑 농장 (   ), 희망 농장 (   ), 행복 농장 (   )

평가 주제	그림그래프로 나타내기
평가 목표	표를 보고 그림그래프로 나타낼 수 있습니다.

[1~4] 어느 지역의 목장별 우유 생산량을 조사하여 표로 나타냈습니다. 물음에 답하세요.

목장별 우유 생산량

목장	초록	싱싱	햇살	미소	합계
생산량(kg)	180	290		270	1100

1 햇살 목장의 우유 생산량은 몇 kg인지 구하세요.

(   )

2 표를 보고 ■는 100 kg, ■는 10 kg으로 하여 그림그래프로 나타내세요.

목장별 우유 생산량

목장	생산량
초록	
싱싱	
햇살	
미소	

■ 100 kg
■ 10 kg

3 표를 보고 ■는 100 kg, □는 50 kg, ■는 10 kg으로 하여 그림그래프로 나타내세요.

목장별 우유 생산량

목장	생산량
초록	
싱싱	
햇살	
미소	

■ 100 kg
□ 50 kg
■ 10 kg

4 3의 그림그래프로 나타내었을 때 2의 그림그래프보다 편리한 점을 한 가지 쓰세요.

편리한 점 _____

평가 주제	자료를 조사하여 그림그래프로 나타내기
평가 목표	조사한 자료를 표와 그림그래프로 나타낼 수 있습니다.

[1~4] 수민이네 학교 3학년 학생들이 현장 체험 학습으로 가고 싶은 장소를 조사했습니다. 물음에 답하세요.

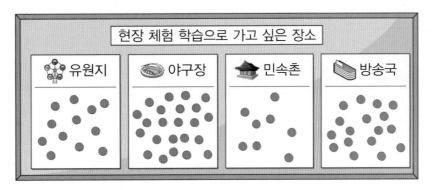

1 조사한 자료를 보고 표로 나타내세요.

현장 체험 학습으로 가고 싶은 장소별 학생 수

장소	유원지	야구장	민속촌	방송국	합계
학생 수(명)					

2 1의 표를 보고 그림그래프로 나타내세요.

현장 체험 학습으로 가고 싶은 장소별 학생 수

장소	학생 수
유원지	
야구장	
민속촌	
방송국	

☺ 10명
☺ 1명

3 현장 체험 학습으로 방송국을 가고 싶은 학생은 몇 명인지 쓰세요.

(   )

4 가장 많은 학생들이 현장 체험 학습으로 가고 싶은 장소를 쓰세요.

(   )

1

계산을 하세요.

```
    2 5 3
  ×     3
```

2

빈칸에 알맞은 수를 써넣으세요.

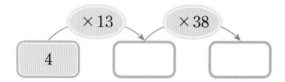

3

계산에서 잘못된 곳을 찾아 바르게 계산하세요.

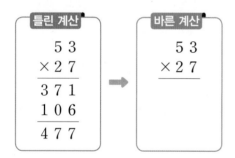

4

진아는 문구점에서 60원짜리 색종이 90장을 샀습니다. 진아가 6000원을 냈다면 받아야 할 거스름돈은 얼마인지 구하세요.

(   )

5

□ 안에 알맞은 수를 써넣으세요.

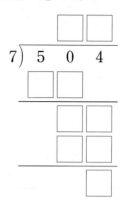

6

몫의 크기를 비교하여 ○ 안에 >, = ,<를 알맞게 써넣으세요.

60÷5   ○   91÷7

7 서술형

어떤 수를 3으로 나누어야 할 것을 잘못하여 3을 곱하였더니 378이 되었습니다. 바르게 계산하면 얼마인지 해결 과정을 쓰고, 답을 구하세요.

_____

_____

_____

(   )

8

크기가 같은 원끼리 이으세요.

지름이 18cm인 원	•	•	반지름이 11cm인 원
지름이 24cm인 원	•	•	반지름이 9cm인 원
지름이 22cm인 원	•	•	반지름이 12cm인 원

9

컴퍼스를 이용하여 다음과 같은 원을 그리려고 합니다. 컴퍼스를 몇 cm만큼 벌려야 하는지 구하세요.

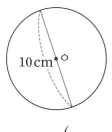

10 cm

(　　　　　　　　)

10

규칙에 따라 원을 1개 더 그리세요.

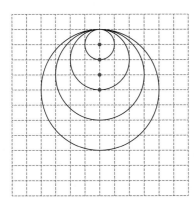

11

분모가 7인 가분수를 3개 쓰세요.

(　　　　　　　　)

12 서술형

수민이는 색종이 40장 중에서 $\frac{3}{8}$ 을 사용했습니다. 수민이가 사용한 색종이는 몇 장인지 해결 과정을 쓰고, 답을 구하세요.

_____

_____

_____

(　　　　　　　　)

13

수 카드 3장을 한 번씩만 사용하여 가장 큰 대분수를 만들고, 만든 대분수를 가분수로 나타내세요.

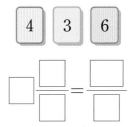

4　3　6

$$\square\,\frac{\square}{\square} = \frac{\square}{\square}$$

14

들이의 단위를 알맞게 사용한 사람의 이름을 쓰세요.

내 컵의 들이는
약 150 L야.

옥조의 들이는
약 200 L야.

수민　　　　　　　준서

(　　　　　　)

15

들이 단위 사이의 관계를 잘못 나타낸 것을 찾아 기호를 쓰세요.

> ㉠ 1650 mL = 1 L 650 mL
> ㉡ 4 L 500 mL = 4500 mL
> ㉢ 8020 mL = 8 L 200 mL

(　　　　　　)

16 서술형

고구마를 민서는 1 kg 550 g 캤고, 지혜는 2 kg 250 g 캤습니다. 두 사람이 캔 고구마의 무게는 모두 몇 g인지 해결 과정을 쓰고, 답을 구하세요.

_____

_____

_____

(　　　　　　)

[17-20] 준서네 학교 화단에 있는 종류별 꽃의 수를 조사하여 표로 나타냈습니다. 물음에 답하세요.

종류별 꽃의 수

종류	백일홍	봉선화	나팔꽃	금잔화	합계
꽃의 수(송이)	160		230	400	1100

17

봉선화는 몇 송이 있는지 구하세요.

(　　　　　　)

18

표를 보고 그림그래프로 나타내세요.

종류별 꽃의 수

종류	꽃의 수
백일홍	
봉선화	
나팔꽃	
금잔화	

❀ 100송이
✲ 10송이

19

가장 많이 있는 꽃은 무엇인지 쓰세요.

(　　　　　　)

20

봉선화는 나팔꽃보다 몇 송이 더 많이 있는지 구하세요.

(　　　　　　)

동아출판

초능력 쌤과
연산력을 키우자

무료 스마트 러닝

바른 계산, 빠른 연산!

초능력
수학 연산

+ 연산 특화 교재

구구단(1~2학년)

초능력
수학연산 구구단
초등 1~2학년

New
시계·달력(1~2학년)

초능력
수학연산 시계·달력
초등 1~2학년

분수(4~5학년)

초능력
수학연산 분수
초등 4~5학년

2쪽·10분
하루 2쪽 10분으로
교과 연계 연산 학습 완성

연산력 강화
칸 노트 연산법으로
빠르고 정확한 계산 습관 형성

무료 강의
연산 원리 동영상 강의 제공
(무료 스마트러닝)

평가북

초등학교   학년   반   번   이름

백점

수학 3·2

모바일
빠른 정답

친절한 해설북

- 한눈에 보이는 **정확한 답**
- 한번에 이해되는 **자세한 풀이**

동아출판

차례

백점 수학 빠른 정답

QR코드를 찍으면 **정답과 해설**을
쉽고 빠르게 확인할 수 있습니다.

❶ 곱셈

1 (1) 8　(2) 20　(3) 600　(4) 628
2 (1) 2, 16　(2) 400, 800　(3) 816
3 (1)

	1	3	4
×			2
			8
		6	0
	2	0	0
	2	6	8

(2)

	2	1	9
×			3
		2	7
		3	0
	6	0	0
	6	5	7

(3)

	4	2	7
×			2
		1	4
		4	0
	8	0	0
	8	5	4

1 일 모형 8개는 8을, 십 모형 2개는 20을, 백 모형 6개는 600을 나타내므로 수 모형은 모두 628을 나타냅니다. ➡ $314 \times 2 = 628$

2 일 모형 16개는 16을, 백 모형 8개는 800을 나타내므로 수 모형은 모두 816을 나타냅니다.
➡ $408 \times 2 = 816$

3 곱해지는 수의 각 자리 수를 곱하는 수와 곱한 후 모두 더합니다.

1 (1) 8　(2) 120　(3) 200　(4) 328
2 (1) 2, 140　(2) 500, 1000　(3) 1140
3 (1)

	2	6	3
×			3
			9
	1	8	0
	6	0	0
	7	8	9

(2)

	1	8	2
×			4
			8
	3	2	0
	4	0	0
	7	2	8

(3)

	5	4	1	
×				3
				3
		1	2	0
	1	5	0	0
	1	6	2	3

1 일 모형 8개는 8을, 십 모형 12개는 120을, 백 모형 2개는 200을 나타내므로 수 모형은 모두 328을 나타냅니다. ➡ $164 \times 2 = 328$

2 십 모형 14개는 140을, 백 모형 10개는 1000을 나타내므로 수 모형은 모두 1140을 나타냅니다.
➡ $570 \times 2 = 1140$

1 (1) 150, 1500　(2) 300, 1500
2 (1) 94, 940　(2) 470, 940
3 (1)

	3	0
×	2	0
6	0	0

(2)

		6	0
×		9	0
5	4	0	0

(3)

	2	1
×	4	0
8	4	0

(4)

		4	2
×		3	0
1	2	6	0

1 (1) 30과 5를 먼저 곱한 후 10을 곱합니다.
　 (2) 30과 10을 먼저 곱한 후 5를 곱합니다.

2 (1) 47과 2를 먼저 곱한 후 10을 곱합니다.
　 (2) 47과 10을 먼저 곱한 후 2를 곱합니다.

3 (2) 60×90은 $6 \times 9 = 54$ 뒤에 0을 2개 붙인 것과 같습니다.
　 (4) 42×30은 $42 \times 3 = 126$ 뒤에 0을 1개 붙인 것과 같습니다.

1 (1) 10, 50　(2) 2, 10　(3) 60
2 (1) 10, 70　(2) 4, 28　(3) 98
3 (1)

			6
×		1	3
		1	8
	6	0	
	7	8	

(2)

			9
×		2	1
			9
	1	8	0
	1	8	9

(3)

			7
×		3	6
		4	2
	2	1	0
	2	5	2

1 주황색 모눈의 수: $5 \times 10 = 50$(칸),
　 연두색 모눈의 수: $5 \times 2 = 10$(칸)
　 ➡ $5 \times 12 = 50 + 10 = 60$

2 주황색 모눈의 수: $7 \times 10 = 70$(칸),
　 연두색 모눈의 수: $7 \times 4 = 28$(칸)
　 ➡ $7 \times 14 = 70 + 28 = 98$

3 (1) $6 \times 3 = 18$, $6 \times 10 = 60$
    ➡ $6 \times 13 = 18 + 60 = 78$
(3) $7 \times 6 = 42$, $7 \times 30 = 210$
    ➡ $7 \times 36 = 42 + 210 = 252$

10쪽　개념 학습 ⑤

1 (1) 260, 26, 286　(2) 180, 36, 216
2 (1)

	4	3
×	2	1
	4	3
8	6	0
9	0	3

(2)

	2	4
×	3	2
	4	8
7	2	0
7	6	8

(3)

	3	5
×	1	2
	7	0
3	5	0
4	2	0

---

1 (1) 수 모형이 26씩 10묶음과 26씩 1묶음이 있습니다.
　　$26 \times 10 = 260$, $26 \times 1 = 26$
　　➡ $26 \times 11 = 260 + 26 = 286$
(2) 수 모형이 18씩 10묶음과 18씩 2묶음이 있습니다.
　　$18 \times 10 = 180$, $18 \times 2 = 36$
　　➡ $18 \times 12 = 180 + 36 = 216$

2 (1) $43 \times 1 = 43$, $43 \times 20 = 860$
　　➡ $43 \times 21 = 43 + 860 = 903$
(2) $24 \times 2 = 48$, $24 \times 30 = 720$
　　➡ $24 \times 32 = 48 + 720 = 768$
(3) $35 \times 2 = 70$, $35 \times 10 = 350$
　　➡ $35 \times 12 = 70 + 350 = 420$

11쪽　개념 학습 ⑥

1 (1) 20, 600　(2) 6, 120　(3) 3, 90　(4) 6, 18
(5) 600, 120, 90, 18, 828　(6) 828
2 (1)

		4	3
	×	6	5
	2	1	5
2	5	8	0
2	7	9	5

(2)

		3	9
	×	5	4
	1	5	6
1	9	5	0
2	1	0	6

(3)

		7	2
	×	3	4
	2	8	8
2	1	6	0
2	4	4	8

---

1 분홍색, 하늘색, 연두색, 주황색 모눈의 수를 각각 구해 모두 더합니다.
➡ $36 \times 23 = 600 + 120 + 90 + 18 = 828$

2 (1) $43 \times 5 = 215$, $43 \times 60 = 2580$
　　➡ $43 \times 65 = 215 + 2580 = 2795$
(2) $39 \times 4 = 156$, $39 \times 50 = 1950$
　　➡ $39 \times 54 = 156 + 1950 = 2106$
(3) $72 \times 4 = 288$, $72 \times 30 = 2160$
　　➡ $72 \times 34 = 288 + 2160 = 2448$

12쪽~13쪽　문제 학습 ①

1 (왼쪽에서부터) 800, 40, 2 / 842
2 (1) 609　(2) 272　(3) 662　(4) 860
3 381
4 ✕ (선 연결)
5 404, 808
6 >
7 다혜
8 214×2
9 2, 426 / 426장
10 ㉢
11 345 km
12 228번
13 830개

---

1 421×2를 400×2, 20×2, 1×2로 나누어 계산한 후 모두 더합니다.

2 (3)

	3	3	1
×			2
	6	6	2

(4)

		2	
	2	1	5
×			4
	8	6	0

3

		2	
	1	2	7
×			3
	3	8	1

4 $226 \times 3 = 678$, $115 \times 4 = 460$, $428 \times 2 = 856$

5 $101 \times 4 = 404$, $404 \times 2 = 808$

6 $223 \times 3 = 669$, $312 \times 2 = 624$
➡ $669 > 624$

7 다혜: $119 \times 4 = 476$

8 $214 \times 2 = 428$, $123 \times 3 = 369$, $102 \times 4 = 408$
➡ $428 > 408 > 369$이므로 곱이 가장 큰 것은 214×2입니다.

9 (전체 색종이 수)

＝(한 묶음에 있는 색종이 수)×(묶음 수)

＝213×2＝426(장)

10 ㉠ 345×2＝690　　㉡ 225×3＝675

㉢ 415×2＝830

➡ 곱이 800보다 큰 것은 ㉢입니다.

11 은지네 집에서 이모 댁까지의 거리는 115 km의 3배

이므로 115×3＝345 (km)입니다.

12 (지혜가 줄넘기를 한 횟수)＝109＋5＝114(번)

(민수가 줄넘기를 한 횟수)＝114×2＝228(번)

13 (연아네 학교의 3학년 전체 학생 수)

＝206＋209＝415(명)

(학생들에게 나누어 준 자의 수)

＝415×2＝830(개)

참고 (남학생 수)×2와 (여학생 수)×2를 각각 구한 후 두 수를

더해 구할 수도 있습니다.

14쪽~15쪽　문제 학습 ❷

1 200

2 (1) 489　(2) 1124　(3) 813　(4) 1800

3 2168　　　　**4** (　)(○)

5 >　　　　　**6** 1116

7 ㉡　　　　　**8** 3, 549 / 549개

9 720 m　　　**10** 8

11 2100　　　　**12** 5, 7, 9 / 1158

13 닭

1 □ 안의 수 2는 십의 자리 계산 5×4＝20에서 2를

백의 자리로 올림한 수이므로 실제로 나타내는 수는

200입니다.

2 (3)
```
      2
    2 7 1
  ×     3
  ─────────
    8 1 3
```
(4)
```
      2
    4 5 0
  ×     4
  ─────────
  1 8 0 0
```

3
```
    1
    5 4 2
  ×     4
  ─────────
  2 1 6 8
```

4 182×4＝728, 341×3＝1023

➡ 잘못 계산한 것은 341×3＝923입니다.

---

5 211×8＝1688, 326×5＝1630

➡ 1688＞1630

6 372＞234＞5＞3이므로 가장 큰 수는 372, 가장

작은 수는 3입니다. ➡ 372×3＝1116

7 ㉠ 330×5＝1650　　㉡ 752×2＝1504

㉢ 601×3＝1803

➡ 1504＜1650＜1803이므로 곱이 가장 작은 것

은 ㉡입니다.

8 (전체 방울토마토 수)

＝(한 상자에 들어 있는 방울토마토 수)×(상자 수)

＝183×3＝549(개)

9 (전체 이동한 거리)

＝(윤호네 집에서 선아네 집까지의 거리)×2

＝360×2＝720 (m)

10 □×6의 일의 자리 수가 8이므로 3×6＝18,

8×6＝48에서 □＝3 또는 □＝8입니다.

□＝3일 때 243×6＝1458(×)

□＝8일 때 248×6＝1488(○)

11 작은 눈금 한 칸의 크기는 10이므로 화살표가 가리

키는 수는 420입니다. ➡ 420×5＝2100

12 계산 결과가 가장 작으려면 곱해지는 수에 3장의 수

카드로 가장 작은 세 자리 수를 만들어 넣으면 됩니다.

➡ 579×2＝1158

13 (닭의 전체 다리 수)＝296×2＝592(개)

(돼지의 전체 다리 수)＝154×4＝616(개)

➡ 592＜616이므로 전체 다리 수가 더 적은 것은

닭입니다.

16쪽~17쪽　문제 학습 ❸

1 (위에서부터) 2240, 10

2 ㉠

3 (1) 900　(2) 840　(3) 2000　(4) 680

4 2100, 4200, 6300　**5** (　)(○)

6 ㉡　　　　　　　**7** 20

8 32×60, 49×30　**9** 1800개

10 ㉡　　　　　　　**11** 3520

12 1280개　　　　　**13** 호두, 60개

1 곱하는 수가 10배가 되면 곱도 10배가 됩니다.

2 $60 \times 50 = 3000$이므로 3은 ㉠에 쓰고 ㉡, ㉢, ㉣에는 각각 0을 써야 합니다.

3 (3)
$$\begin{array}{r} 5\ 0 \\ \times\ 4\ 0 \\ \hline 2\ 0\ 0\ 0 \end{array}$$
(4)
$$\begin{array}{r} 3\ 4 \\ \times\ 2\ 0 \\ \hline 6\ 8\ 0 \end{array}$$

4 $70 \times 30 = 2100$, $70 \times 60 = 4200$, $70 \times 90 = 6300$

5 $42 \times 50 = 2100$, $75 \times 30 = 2250$
➡ $2100 < 2250$

6 ㉠ $20 \times 60 = 1200$ ㉡ $40 \times 40 = 1600$
㉢ $30 \times 40 = 1200$
➡ □ 안에 알맞은 수가 나머지와 다른 하나는 ㉡입니다.

7 $42 \times 2 = 84$이므로 $42 \times 20 = 840$입니다.
➡ □ 안에 알맞은 수는 20입니다.

8 $32 \times 60 = 1920$, $56 \times 70 = 3920$,
$62 \times 40 = 2480$, $49 \times 30 = 1470$,
$83 \times 50 = 4150$

9 (전체 참외 수)
$=$(한 상자에 담은 참외 수) $\times$ (상자 수)
$= 30 \times 60 = 1800$(개)

10 ㉠ $19 \times 30 = 570$ ➡ 1개
㉡ $50 \times 80 = 4000$ ➡ 3개
㉢ $65 \times 20 = 1300$ ➡ 2개
따라서 □ 안에 들어갈 0의 개수가 가장 많은 것은 ㉡입니다.

11 • $70 \times 40 = 2800$이므로 ㉠에 알맞은 수는 2800입니다.
• $36 \times 20 = 720$이므로 ㉡에 알맞은 수는 720입니다.
➡ ㉠ + ㉡ $= 2800 + 720 = 3520$

12 (한 상자에 들어 있는 초콜릿 수)
$= 8 \times 8 = 64$(개)
(20상자에 들어 있는 초콜릿 수)
$= 64 \times 20 = 1280$(개)

13 (호두의 수) $= 20 \times 30 = 600$(개)
(땅콩의 수) $= 27 \times 20 = 540$(개)
➡ $600 > 540$이므로 호두가 땅콩보다
$600 - 540 = 60$(개) 더 많습니다.

1
$$\begin{array}{r} 4 \\ 9 \\ \times\ 7\ 5 \\ \hline 6\ 7\ 5 \end{array}$$
2 ( ) (○)

3 (1) 117 (2) 378   **4** ㉡

5 268, 402, 469   **6**
$$\begin{array}{r} 3 \\ 4 \\ \times\ 2\ 9 \\ \hline 1\ 1\ 6 \end{array}$$

7
$$\begin{array}{r} 4 \\ \times\ 1\ 4 \\ \hline 1\ 6 \\ 4\ 0 \\ \hline 5\ 6 \end{array} \Big/ \begin{array}{r} 1 \\ 4 \\ \times\ 1\ 4 \\ \hline 5\ 6 \end{array}$$
8 ㉠, ㉢, ㉡

9 344개   **10** 454
11 5   **12** 2, 5
13 488쪽

1 일의 자리 계산 $9 \times 5 = 45$에서 4를 십의 자리로 올림하여 계산합니다.

2
$$\begin{array}{r} 3 \\ \times\ 7\ 6 \\ \hline 1\ 8\ \leftarrow 3 \times 6 \\ 2\ 1\ 0\ \leftarrow 3 \times 70 \\ \hline 2\ 2\ 8 \end{array}$$

3 (2)
$$\begin{array}{r} 2 \\ 7 \\ \times\ 5\ 4 \\ \hline 3\ 7\ 8 \end{array}$$

4 ㉠ 8×51은 8×1과 8×50의 합과 같습니다.

5 $4 \times 67 = 268$, $6 \times 67 = 402$, $7 \times 67 = 469$

6 일의 자리 계산에서 올림한 수 3을 십의 자리 계산에 더하지 않아서 잘못 계산하였습니다.

7 방법1 4×4와 4×10을 각각 계산한 후 두 곱을 더합니다.
방법2 일의 자리 계산에서 올림한 수를 십의 자리 위에 작게 쓰고 계산합니다.

8 ㉠ $5 \times 56 = 280$ ㉡ $6 \times 31 = 186$
㉢ $8 \times 29 = 232$
➡ $280 > 232 > 186$이므로 곱이 큰 것부터 차례대로 기호를 쓰면 ㉠, ㉢, ㉡입니다.

9 (필요한 사탕 수)
　　＝(한 명에게 나누어 주는 사탕 수)×(친구 수)
　　＝8×43＝344(개)

10 6×44＝264, 5×38＝190
　　➡ 264＋190＝454

11 ▲×9에서 일의 자리 수가 5이므로 5×19＝95에서
　　▲에 알맞은 수는 5입니다.

12 ·㉠×7에서 일의 자리 수가 4이므로 2×7＝14에서
　　㉠에 알맞은 수는 2입니다.
　　·2×㉡과 일의 자리 계산에서 올림한 수 1을 더한
　　값이 11이 되어야 하므로 2×㉡＝10에서 ㉡에 알
　　맞은 수는 5입니다.

13 3월은 31일, 4월은 30일까지 있으므로 3월과 4월의
　　날수는 모두 31＋30＝61(일)입니다.
　　➡ 수혁이는 모두 8×61＝488(쪽) 풀 수 있습니다.

20쪽~21쪽　문제 학습 ❺

1 (위에서부터) 4, 8, 4 / 7, 2, 0, 60 / 7, 6, 8	
2 (1) 264　(2) 966	**3**　384
4 ✕(선 연결)	**5**　태우
6 (○)( )	**7**　㉡, ㉢, ㉠
8　166	**9**　288개
10 51×12, 28×21	**11**　271
12 546명	**13** 468개

1 12에 4와 60을 각각 곱한 후 더합니다.

2
```
(2)    4 2
     ×  2 3
     ─────
       1 2 6
       8 4
     ─────
       9 6 6
```

3 32×12＝384

4 37×21＝777, 33×22＝726

5 ·수지: 14×21＝294
　　·태우: 31×23＝713
　　➡ 바르게 계산한 사람은 태우입니다.

---

6 38×12＝456, 21×25＝525
　　➡ 456＜525

7 ㉠ 41×23＝943　　㉡ 22×32＝704
　　㉢ 12×64＝768
　　➡ 704＜768＜943이므로 곱이 작은 것부터 차례
　　대로 기호를 쓰면 ㉡, ㉢, ㉠입니다.

8 15×31＝465, 23×13＝299
　　➡ 465－299＝166

9 하루는 24시간이므로 하루 동안 만들 수 있는 장난
　　감은 모두 12×24＝288(개)입니다.

10 51×12＝612, 32×23＝736, 11×64＝704,
　　28×21＝588
　　➡ 곱이 700보다 작은 것은 51×12, 28×21입니다.

11 18×15＝270
　　➡ 270＜□이므로 □ 안에 들어갈 수 있는 가장 작
　　은 세 자리 수는 271입니다.

12 버스 1대에 탄 사람들은 45－3＝42(명)입니다.
　　➡ 버스에 탄 사람들은 모두 42×13＝546(명)입
　　니다.

13 좌석이 3개씩 13줄 있으므로 한 량의 객실에 있는 좌
　　석은 3×13＝39(개)입니다.
　　➡ 객실이 12량이므로 좌석은 모두
　　　39×12＝468(개)입니다.

22쪽~23쪽　문제 학습 ❻

1 (위에서부터) 8, 1, 3 / 1, 6, 2, 0, 60 / 1, 7, 0, 1	
2 (1) 1802　(2) 1755	**3**　882
4　2000	**5**　＜
6	**7**　3071

```
         9 5
       × 6 3
       ─────
         2 8 5
       5 7 0
       ─────
       5 9 8 5
```

8　①	**9**　700 포기
10　㉡, ㉢	**11**　27
12 756개	**13** 9, 4, 7 / 6298

1 27에 3과 60을 각각 곱한 후 더합니다.

2 ⑵
```
      6 5
   ×  2 7
   -------
      4 5 5
    1 3 0
   -------
    1 7 5 5
```

3 $14 \times 63 = 882$

4 4와 5는 십의 자리 수이므로 두 수는 각각 40과 50을 나타냅니다.
➡ □ 안의 두 수의 곱은 실제로 $40 \times 50 = 2000$을 나타냅니다.

5 $29 \times 43 = 1247$, $63 \times 26 = 1638$
➡ $1247 < 1638$

6 63에서 6은 십의 자리 수이므로 60을 나타냅니다. 곱하는 수의 십의 자리를 곱할 때 95×6을 계산한 후 자리에 맞추어 쓰지 않아서 잘못 계산하였습니다.

7 $37 < 51 < 68 < 83$이므로 가장 작은 수는 37이고, 가장 큰 수는 83입니다. ➡ $37 \times 83 = 3071$

8 ① $44 \times 19 = 836$ ② $13 \times 74 = 962$
③ $24 \times 36 = 864$ ④ $67 \times 13 = 871$
⑤ $39 \times 26 = 1014$
➡ $836 < 864 < 871 < 962 < 1014$이므로 곱이 가장 작은 것은 ①입니다.

9 (전체 방울토마토 모종 수) $= 28 \times 25 = 700$(포기)

10 ㉠ $25 \times 84 = 2100$ ㉡ $33 \times 64 = 2112$
㉢ $57 \times 42 = 2394$ ㉣ $97 \times 18 = 1746$
➡ 곱이 2100보다 큰 것은 ㉡, ㉢입니다.

11 $58 \times 26 = 1508$, $58 \times 27 = 1566$이므로 □ 안에 들어갈 수 있는 가장 작은 두 자리 수는 27입니다.
참고 58을 60으로 어림하면 $60 \times 30 = 1800$이므로 □ 안에 들어갈 수 있는 수를 30보다 작은 수로 예상하고 확인합니다.

12 (남은 바구니 수) $= 35 - 8 = 27$(바구니)
➡ (남은 자두 수) $= 28 \times 27 = 756$(개)

13 계산 결과가 가장 큰 곱셈을 만들려면 십의 자리에 가장 큰 수인 9를 사용해야 합니다.
➡ $94 \times 67 = 6298$, $97 \times 64 = 6208$이므로 계산 결과가 가장 큰 곱셈은 94×67이고, 계산 결과는 6298입니다.

24쪽 **응용 학습 ①**

| 1단계 | 232 | **1·1** | 456 |
| 2단계 | 696 | **1·2** | 980 |

1단계 100이 2개, 10이 3개, 1이 2개인 수는 232입니다.
2단계 $232 \times 3 = 696$

1·1 • 1이 8개인 수는 8입니다.
• 10이 5개, 1이 7개인 수는 57입니다.
➡ $8 \times 57 = 456$

1·2 • 준서: 10이 2개, 1이 15개인 수는 35입니다.
• 지혜: 25보다 3 큰 수는 28입니다.
➡ (두 수의 곱) $= 35 \times 28 = 980$

25쪽 **응용 학습 ②**

| 1단계 | 48 | **2·1** | 7254 |
| 2단계 | 960 | **2·2** | 281 |

1단계 어떤 수를 □라 하면 □+20=68,
□$=68-20=48$입니다.
2단계 바르게 계산하면 $48 \times 20 = 960$입니다.

2·1 어떤 수를 □라 하면 □-78=15,
□$=15+78=93$입니다.
➡ 바르게 계산하면 $93 \times 78 = 7254$입니다.

2·2 □+48=55이므로 □$=55-48=7$입니다.
(바르게 계산한 값) $= 7 \times 48 = 336$
➡ (바르게 계산한 값) - (잘못 계산한 값)
$= 336 - 55 = 281$

26쪽 **응용 학습 ③**

| 1단계 | 4250원 | **3·1** | 2400원 |
| 2단계 | 750원 | **3·2** | 840원 |

1단계 (초콜릿 5개의 값)=(초콜릿 한 개의 값)×5
$=850×5=4250$(원)

2단계 (받아야 할 거스름돈)=$5000-4250=750$(원)

3·1 (요구르트 80개의 값)=(요구르트 한 개의 값)×80
$=95×80=7600$(원)
➡ (받아야 할 거스름돈)
$=10000-7600=2400$(원)

3·2 (우표 7장의 값)=$380×7=2660$(원)
(편지 봉투 10장의 값)=$50×10=500$(원)
(내야 할 돈)=$2660+500=3160$(원)
➡ (받아야 할 거스름돈)=$4000-3160=840$(원)

27쪽 **응용 학습 ④**

1단계 375 cm		**4·1** 1040 cm	
2단계 750 cm		**4·2** 98 cm	

1단계 화단의 세 변의 길이가 모두 같으므로 화단 1군데의 세 변의 길이의 합은 $125×3=375$ (cm)입니다.

2단계 (화단 2군데의 모든 변의 길이의 합)
$=375×2=750$ (cm)

4·1 손수건의 네 변의 길이가 모두 같으므로 손수건 1장의 네 변의 길이의 합은 $13×4=52$ (cm)입니다.
➡ (손수건 20장의 모든 변의 길이의 합)
$=52×20=1040$ (cm)

4·2 삼각형의 세 변의 길이가 모두 같으므로 삼각형의 세 변의 길이의 합은 $234×3=702$ (cm)입니다.
$1 m=100 cm$이므로 $8 m=800 cm$입니다.
➡ (남은 철사의 길이)=$800-702=98$ (cm)

28쪽 **응용 학습 ⑤**

1단계 315개		**5·1** 1760개	
2단계 600개		**5·2** 3	
3단계 915개			

1단계 (수진이가 먹은 땅콩 수)=$21×15=315$(개)

2단계 (규현이가 먹은 땅콩 수)=$30×20=600$(개)

3단계 (두 사람이 먹은 땅콩 수)=$315+600=915$(개)

5·1 (상자에 담은 참외 수)=$24×50=1200$(개)
(상자에 담은 귤 수)=$140×4=560$(개)
➡ (상자에 담은 참외와 귤 수)
$=1200+560=1760$(개)

5·2 (은수가 걸은 거리)=$820×5=4100$ (m)
(수지가 걸은 거리)=$6320-4100=2220$ (m)
➡ $740×㉠=2220$에서 $740×3=2220$이므로 ㉠에 알맞은 수는 3입니다.

29쪽 **응용 학습 ⑥**

1단계 486		**6·1** 2800	
2단계 459		**6·2** 2730	
3단계 27			

1단계 $6▲57$=(6보다 3 큰 수)×(57보다 3 작은 수)
$=9×54=486$

2단계 $14▲30$=(14보다 3 큰 수)×(30보다 3 작은 수)
$=17×27=459$

3단계 $6▲57=486$이고, $14▲30=459$이므로
$486-459=27$입니다.

6·1 $65★2$=(65의 2배인 수)×(2보다 5 큰 수)
$=130×7=910$
$21★40$=(21의 2배인 수)×(40보다 5 큰 수)
$=42×45=1890$
➡ $910+1890=2800$

6·2 보기 에서 정한 약속은 ■ 앞의 수에서 ■ 뒤의 수를 뺀 값에 ■ 뒤의 수를 곱하는 것입니다.
$16■13 ➡ 16-13=3, 3×13=39$
$19■14 ➡ 19-14=5, 5×14=70$
따라서 $16■13$과 $19■14$의 곱은
$39×70=2730$입니다.

30쪽 **교과서 통합 핵심 개념**

1 6 / 1, 0	**2** 100 / 480, 10
3 80, 104	**4** 1170 / 1, 1, 7, 0

1 (위에서부터) 10, 980, 10

2
```
        1
    2 2 4
  ×     3
  ─────────
    6 7 2
```

3 693

4 $264 \times 4 = 1056$ / 1056

5 3200, 7440

6

7 73×18

8
```
      8 6
  ×   3 4
  ─────────
    3 4 4
  2 5 8
  ─────────
  2 9 2 4
```

9 1278

10 ㉣

11 2920일

12 675

13 234

14 ㉢

15 208

16 336번

17 2

18 960권

19 5050원

20 7, 3, 6 / 3358

1 곱하는 수가 10배가 되면 곱도 10배가 됩니다.

2 일의 자리 계산 $4 \times 3 = 12$에서 1을 십의 자리로 올림하여 계산합니다.

4 264를 4번 더한 것을 곱셈식으로 나타내면 $264 \times 4 = 1056$입니다.

5 $40 \times 80 = 3200$, $93 \times 80 = 7440$

6 $3 \times 48 = 144$, $5 \times 27 = 135$, $8 \times 16 = 128$

7 $73 \times 18 = 1314$, $35 \times 36 = 1260$
→ $1314 > 1260$

8 34에서 3은 십의 자리 수이므로 30을 나타냅니다. 곱하는 수의 십의 자리를 곱할 때 86×3을 계산한 후 자리에 맞추어 쓰지 않아서 잘못 계산하였습니다.

9 $213 > 194 > 6 > 3$이므로 가장 큰 수는 213, 두 번째로 작은 수는 6입니다.
→ $213 \times 6 = 1278$

10 ❶ ㉠ $12 \times 60 = 720$ ㉡ $24 \times 30 = 720$
㉢ $18 \times 40 = 720$ ㉣ $80 \times 90 = 7200$
❷ 따라서 곱이 나머지와 다른 하나는 ㉣입니다.

채점 기준	❶ 주어진 곱셈의 곱을 각각 구한 경우	4점	5점
	❷ 곱이 나머지와 다른 하나를 찾아 기호를 쓴 경우	1점	

11 (8년의 날수) = (1년의 날수) × 8
$= 365 \times 8 = 2920$(일)

12 $35 \times 12 = 420$, $17 \times 15 = 255$
→ $420 + 255 = 675$

13 • 1이 6개인 수는 6입니다.
• 10이 3개, 1이 9개인 수는 39입니다.
→ $6 \times 39 = 234$

14 ㉠ $36 \times 47 = 1692$ ㉡ $41 \times 40 = 1640$
㉢ $65 \times 22 = 1430$ ㉣ $37 \times 43 = 1591$
→ 곱이 1500보다 작은 것은 ㉢입니다.

15 어떤 수를 □라 하면 □ + 26 = 34,
□ = 34 - 26 = 8입니다.
→ 바르게 계산하면 $8 \times 26 = 208$입니다.

16 ❶ 일주일은 7일이므로 2주일은 $7 \times 2 = 14$(일)입니다.
❷ 윗몸 일으키기를 하루에 24번씩 했으므로 2주일 동안 한 윗몸 일으키기는 모두 $24 \times 14 = 336$(번)입니다.

채점 기준	❶ 2주일은 며칠인지 구한 경우	2점	5점
	❷ 준수가 2주일 동안 한 윗몸 일으키기는 모두 몇 번인지 구한 경우	3점	

17 • 일의 자리 계산: $6 \times 4 = 24$에서 2를 십의 자리로 올림했습니다.
• 백의 자리 계산: $3 \times 4 = 12$이고 곱의 백의 자리 수가 3이므로 십의 자리 계산에서 1을 올림했습니다.
• 십의 자리 계산: □ × 4에 2를 더해서 10이 되었으므로 □ × 4 = 8이고,
$2 \times 4 = 8$에서 □ = 2입니다.

18 ❶ (전체 학급 수) = 6 + 6 + 5 + 4 + 5 + 4 = 30(반)
❷ (필요한 수첩 수) = $32 \times 30 = 960$(권)

채점 기준	❶ 전체 학급 수를 구한 경우	2점	5점
	❷ 수첩은 모두 몇 권 필요한지 구한 경우	3점	

19 (지우개 9개의 값) = (지우개 한 개의 값) × 9
$= 550 \times 9 = 4950$(원)
→ (받아야 할 거스름돈)
$= 10000 - 4950 = 5050$(원)

20 계산 결과가 가장 큰 곱셈을 만들려면 십의 자리에 가장 큰 수인 7을 사용해야 합니다.
→ $76 \times 43 = 3268$, $73 \times 46 = 3358$이므로 계산 결과가 가장 큰 곱셈은 73×46이고, 계산 결과는 3358입니다.

② 나눗셈

개념 학습 ①

1 (1) 2 (2) 20 **2** (1) 3, 5 (2) 35
3 (1) 예
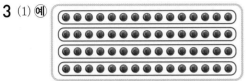
(2) 15
(3) 15

1 십 모형 6개를 똑같이 3묶음으로 나누면 한 묶음에 십 모형이 2개씩 있습니다. ➡ 60÷3=20

2 십 모형 7개 중에서 1개를 일 모형 10개로 바꾸어 똑같이 2묶음으로 나누면 한 묶음에 십 모형이 3개, 일 모형이 5개씩 있습니다. ➡ 70÷2=35

3 (1) 한 묶음에 있는 구슬 수가 같도록 똑같이 4묶음으로 묶습니다.
(2) 한 묶음에 있는 구슬 수를 세어 보면 15개입니다.

개념 학습 ②

1 (1) 2, 3 (2) 23 **2** (1) 1, 4 (2) 14
3 (위에서부터) (1) 1, 1 / 10 / 4, 1
(2) 4, 3 / 40 / 6, 3 (3) 1, 3 / 7 / 10 / 2, 1, 3

1 십 모형 6개와 일 모형 9개를 똑같이 3묶음으로 나누면 한 묶음에 십 모형이 2개, 일 모형이 3개씩 있습니다. ➡ 69÷3=23

2 십 모형 5개 중에서 1개를 일 모형 10개로 바꾸어 똑같이 4묶음으로 나누면 한 묶음에 십 모형이 1개, 일 모형이 4개씩 있습니다. ➡ 56÷4=14

3 (1) 40÷4=10, 4÷4=1 ➡ 44÷4=10+1=11
(2) 80÷2=40, 6÷2=3 ➡ 86÷2=40+3=43
(3) 70÷7=10, 21÷7=3
➡ 91÷7=10+3=13

개념 학습 ③

1 (1) 6, 1 (2) 9, 4 (3) 11, 2 (4) 10, 3
2 (위에서부터) (1) 6 / 4, 2, 6 / 5
(2) 8 / 3, 2, 8 / 1 (3) 1, 1 / 8, 10 / 9 / 8, 1 / 1

1 (나누어지는 수)÷(나누는 수)=(몫)…(나머지)

2 (1) 47÷7=6…5이므로 몫은 6, 나머지는 5입니다.
(2) 33÷4=8…1이므로 몫은 8, 나머지는 1입니다.
(3) 89÷8=11…1이므로 몫은 11, 나머지는 1입니다.

개념 학습 ④

1 (위에서부터) (1) 6 / 4, 20 / 1, 2, 6
(2) 8 / 6, 20 / 2, 6 / 2, 4, 8
(3) 3 / 5, 10 / 1, 9 / 1, 5, 3 / 4
2 (1) 12, 3 / 12, 3 (2) 19, 2 / 4, 2

1 (1) 53÷2=26…1이므로 몫은 26, 나머지는 1입니다.
(2) 86÷3=28…2이므로 몫은 28, 나머지는 2입니다.
(3) 69÷5=13…4이므로 몫은 13, 나머지는 4입니다.

2 나누는 수와 몫의 곱에 나머지를 더하여 나누어지는 수가 되는지 확인합니다.

개념 학습 ⑤

1 (위에서부터) (1) 6, 2 / 4, 2 / 1, 4 / 1, 4 / 62
(2) 5, 3 / 2, 1 / 2, 0 / 1, 2 / 1, 2 / 153
2 (1) 64 / 5, 320 (2) 128 / 128, 768

1 (1) 434÷7=$\underset{몫}{62}$
(2) 612÷4=$\underset{몫}{153}$

2 나머지가 없으므로 나누는 수와 몫의 곱이 나누어지는 수가 되는지 확인합니다.

개념 학습 ⑥

1 (위에서부터) (1) 3, 4 / 2, 7 / 4, 2 / 3, 6 / 34, 6
(2) 5, 9 / 2, 9 / 2, 5 / 4, 8 / 4, 5 / 159, 3
2 (1) 83, 3 / 83, 3 (2) 215, 2 / 3, 2

1 (1) 312÷9=$\underset{몫}{34}$…$\underset{나머지}{6}$
(2) 798÷5=$\underset{몫}{159}$…$\underset{나머지}{3}$

2 나누는 수와 몫의 곱에 나머지를 더하여 나누어지는 수가 되는지 확인합니다.

42쪽~43쪽 문제 학습 ❶

1	1, 10	**2**	(1) 30 (2) 14
3	15	**4**	
5	( )(○)( )	**6**	<
7	30	**8**	㉢, ㉠, ㉡
9	60÷4＝15 / 15 cm		
10	10자루	**11**	10
12	15줄	**13**	14개

1 나누는 수가 같을 때 나누어지는 수가 10배가 되면 몫도 10배가 됩니다.

2 (1) 6÷2＝3이므로 60÷2＝30입니다.
(2) 50÷5＝⑩, 20÷5＝④이므로
70÷5＝⑩＋④＝14입니다.

3 30÷2＝15

4 90÷2＝45, 40÷4＝10, 50÷2＝25

5 40÷2＝20, 70÷2＝35, 60÷3＝20
➡ 몫이 다른 것은 70÷2입니다.

6 80÷5＝16, 90÷5＝18
➡ 16＜18
참고 나누는 수가 같을 때 나누어지는 수가 클수록 몫도 큽니다.

7 90＞30＞6＞3이므로 가장 큰 수는 90, 가장 작은 수는 3입니다.
➡ 90÷3＝30

8 ㉠ 60÷5＝12 ㉡ 20÷2＝10 ㉢ 80÷4＝20
➡ 20＞12＞10이므로 몫이 큰 것부터 차례대로 기호를 쓰면 ㉢, ㉠, ㉡입니다.

9 정사각형은 네 변의 길이가 모두 같으므로 한 변의 길이는 60÷4＝15(cm)입니다.

10 (한 명이 가지게 되는 연필 수)
＝(전체 연필 수)÷(사람 수)
＝70÷7＝10(자루)

11 • 준서: 80÷2＝⑩
• 수민: ⑩÷4＝10

12 (전체 학생 수)＝44＋46＝90(명)
➡ (줄 수)＝90÷6＝15(줄)

13 (전체 구슬 수)＝10×7＝70(개)
➡ (한 모둠이 가지게 되는 구슬 수)
＝70÷5＝14(개)

44쪽~45쪽 문제 학습 ❷

1	(왼쪽에서부터) 10, 6 / 16		
2	(1) 11 (2) 12	**3**	15
4		**5**	48, 16
6	56÷2	**7**	③
8	3	**9**	46÷2＝23 / 23개
10	24, 12	**11**	13개, 17개
12	11마리		
13	ⓔ 사탕 91개를 한 명에게 7개씩 나누어 주려고 합니다. 사탕을 몇 명에게 나누어 줄 수 있는지 구하세요. / ⓔ 13명		

1 40÷4＝⑩, 24÷4＝⑥
➡ 64÷4＝⑩＋⑥＝16

2 (1)
```
    1 1
6 ) 6 6
    6
    ─
    6
    6
    ─
    0
```
(2)
```
    1 2
7 ) 8 4
    7
    ─
    1 4
    1 4
    ─
    0
```

3 75÷5＝15

4 • 78÷6＝13   • 96÷8＝12
• 36÷3＝12   • 26÷2＝13
• 72÷4＝18   • 36÷2＝18

5
```
    4 8
2 ) 9 6
    8
    ─
    1 6
    1 6
    ─
    0
```
```
    1 6
3 ) 4 8
    3
    ─
    1 8
    1 8
    ─
    0
```

6 56÷2＝28, 93÷3＝31
➡ 28＜31이므로 몫이 더 작은 것은 56÷2입니다.

7 ① $56÷4=14$ ② $28÷2=14$ ③ $45÷3=15$
④ $98÷7=14$ ⑤ $84÷6=14$
➡ 몫이 나머지 넷과 다른 하나는 ③입니다.

8 $84÷4=21$, $54÷3=18$
➡ $21-18=3$

9 (한 상자에 담아야 하는 토마토 수)
=(전체 토마토 수)÷(상자 수)
=$46÷2=23$(개)

10 · $72÷3=24$
➡ ▲에 알맞은 수는 24입니다.
· $24÷2=12$
➡ ★에 알맞은 수는 12입니다.

11 · 초콜릿: $39÷3=13$(개)
· 젤리: $51÷3=17$(개)

12 한 쌍은 2개이므로 메뚜기 한 마리의 다리는
$2×3=6$(개)입니다.
➡ (메뚜기 수)
=$66÷6=11$(마리)

13 나누어지는 수는 91, 나누는 수는 7로 하여 상황에
맞는 문제를 만들고, 답을 구합니다.

46쪽~47쪽 **문제 학습** ③

1 8, 1	**2** 몫, 나머지
3 7, 3	**4** (○)(○)( )
5 (그림)	**6** ⑤
7 $58÷9$	**8** 5
9 ㉢	**10** $32÷5=6…2$ / 6, 2
11 9, 4	**12** 동수
13 11일	

1 수 모형을 똑같이 3묶음으로 나누면 한 묶음에 일 모
형이 8개씩 있고, 일 모형이 1개 남습니다.
➡ $25÷3=8…1$

2 (나누어지는 수)÷(나누는 수)=(몫)…(나머지)

3
```
        7  ← 몫
   6 ) 4 5
       4 2
        3  ← 나머지
```

4
```
      1 1          3 4          1 1
   4 ) 4 4      2 ) 6 8      5 ) 5 6
       4            6            5
       4            8            6
       4            8            5
       0            0            1
```

5 · $22÷4=5…2$ · $49÷9=5…4$
· $34÷3=11…1$ · $55÷6=9…1$
· $74÷7=10…4$ · $47÷5=9…2$

6 어떤 수를 9로 나누었을 때 나머지는 9보다 작은 수
가 되어야 합니다.

7 $69÷7=9…6$, $58÷9=6…4$
➡ $6>4$이므로 나머지가 더 작은 것은 $58÷9$입
니다.

8 $56÷9=6…2$, $48÷5=9…3$
➡ $2+3=5$

9 ㉠ $47÷7=6…5$
㉡ $59÷5=11…4$
㉢ $66÷8=8…2$
➡ 나머지가 4보다 작은 것은 ㉢입니다.

10 $32÷5=6…2$
➡ 5상자에 똑같이 나누어 담으면 한 상자에 6개씩
담을 수 있고, 2개가 남습니다.

11 10이 5개, 1이 8개인 수는 58입니다.
➡ $58÷6=9…4$이므로 몫은 9, 나머지는 4입니다.

12 $47÷4=11…3$
· 민호: ㉠에 알맞은 수는 11이므로 10보다 큽니다.
· 가영: 47은 4로 나누어떨어지지 않습니다.
· 동수: 나머지는 3이므로 2보다 큽니다.
➡ 바르게 설명한 사람은 동수입니다.

13 $85÷8=10…5$
➡ 하루에 8쪽씩 10일 동안 풀고 남은 5쪽도 풀어야
하므로 수학 문제집 전체를 풀려면 적어도
$10+1=11$(일)이 걸립니다.

48쪽~49쪽 문제 학습 ④

1 15, 1 **2** 14 / 1, 57

3
$$5 \overline{\smash)83}$$
$$\underline{5}$$
$$33$$
$$\underline{30}$$
$$3$$
/ 16, 3

4 (선 잇기)

5 81 **6** 17

7
$$2 \overline{\smash)91}$$
$$\underline{8}$$
$$11$$
$$\underline{10}$$
$$1$$

8 ㉠, ㉡, ㉣, ㉢

9 $80 \div 3 = 26 \cdots 2$ / 26, 2

10 18명, 3권 **11** 18, 2

12 11봉지 **13** 24, 1

---

1 수 모형을 똑같이 2묶음으로 나누면 한 묶음에 십 모형이 1개, 일 모형이 5개씩 있고, 일 모형이 1개 남습니다.
➡ $31 \div 2 = 15 \cdots 1$

2 나누는 수와 몫의 곱에 나머지를 더한 값이 나누어지는 수가 되는지 확인합니다.

3 $83 \div 5 = 16 \cdots 3$이므로
몫은 16, 나머지는 3입니다.

4 • $47 \div 3 = 15 \cdots 2$
➡ $3 \times 15 = 45$, $45 + 2 = 47$
• $70 \div 6 = 11 \cdots 4$
➡ $6 \times 11 = 66$, $66 + 4 = 70$
• $62 \div 5 = 12 \cdots 2$
➡ $5 \times 12 = 60$, $60 + 2 = 62$

5 $85 \div 7 = 12 \cdots 1$,
$81 \div 7 = 11 \cdots 4$,
$93 \div 7 = 13 \cdots 2$
➡ 7로 나누었을 때 나머지가 4인 수는 81입니다.

6 $92 \div 6 = 15 \cdots 2$이므로 ■ $=15$, ♥ $=2$입니다.
➡ ■ $+$ ♥ $= 15 + 2 = 17$

7 나머지는 나누는 수인 2보다 작아야 하는데 나머지가 3으로 2보다 크기 때문에 잘못 계산했습니다.

---

8 ㉠ $83 \div 7 = 11 \cdots 6$
㉡ $76 \div 6 = 12 \cdots 4$
㉢ $59 \div 2 = 29 \cdots 1$
㉣ $78 \div 5 = 15 \cdots 3$
➡ $6 > 4 > 3 > 1$이므로 나머지가 큰 것부터 차례대로 기호를 쓰면 ㉠, ㉡, ㉣, ㉢입니다.

9 $\underset{\text{나누는 수}}{3} \times \underset{\text{몫}}{26} = 78$ ➡ $78 + \underset{\text{나머지}}{2} = \underset{\text{나누어지는 수}}{80}$

10 $75 \div 4 = 18 \cdots 3$
➡ 공책을 18명에게 나누어 줄 수 있고, 3권이 남습니다.

11 • 1이 5개인 수는 5입니다.
• 10이 8개, 1이 12개인 수는 92입니다.
➡ $92 \div 5 = 18 \cdots 2$이므로 몫은 18, 나머지는 2입니다.

12 $94 \div 8 = 11 \cdots 6$
➡ 11봉지에 담아 팔 수 있고, 남은 고구마 6개는 팔 수 없으므로 팔 수 있는 봉지는 11봉지입니다.

13 $9 > 7 > 4$이므로 만들 수 있는 가장 큰 두 자리 수는 97입니다.
➡ $97 \div 4 = 24 \cdots 1$이므로 몫은 24, 나머지는 1입니다.

50쪽~51쪽 문제 학습 ⑤

1 (위에서부터) 5, 4 / 4, 0 / 3 / 3, 2 / 0

2 (1) 44 (2) 136 **3** 소영

4 (선 잇기) **5** 213, 71

6 $>$ **7** 62

8 ㉡, ㉢, ㉠ **9** 42개

10 20명 **11** 157

12 17개 **13** 112그루

---

1 백의 자리에서 4를 8로 나눌 수 없으므로 십의 자리에서 43을 8로 나누고, 남은 3과 일의 자리 수 2를 더한 32를 8로 나눕니다.

2 (1)
```
      4 4
  8 ) 3 5 2
      3 2
      3 2
      3 2
        0
```
(2)
```
      1 3 6
  5 ) 6 8 0
      5
      1 8
      1 5
        3 0
        3 0
          0
```

3 $260 \div 4 = 65$, $306 \div 3 = 102$이므로 나눗셈을 바르게 한 사람은 소영입니다.

4 • $210 \div 5 = 42$　　• $196 \div 4 = 49$
　　• $188 \div 4 = 47$　　• $252 \div 6 = 42$
　　• $343 \div 7 = 49$　　• $376 \div 8 = 47$

5 $426 \div 2 = 213$, $213 \div 3 = 71$

6 $432 \div 6 = 72$, $585 \div 9 = 65$
　➡ $72 > 65$

7 $480 > 310 > 8 > 5$이므로 두 번째로 큰 수는 310, 가장 작은 수는 5입니다.
　➡ $310 \div 5 = 62$

8 ㉠ $510 \div 6 = 85$　　㉡ $224 \div 4 = 56$
　㉢ $612 \div 9 = 68$
　➡ $56 < 68 < 85$이므로 몫이 작은 것부터 차례대로 기호를 쓰면 ㉡, ㉢, ㉠입니다.

9 (만들 수 있는 모양 수)
　$= 252 \div 6 = 42$(개)

10 (전체 딱지 수)$= 5 \times 28 = 140$(장)
　➡ $140 \div 7 = 20$이므로 20명에게 나누어 줄 수 있습니다.

11 • $98 \div 5 = 19 \cdots 3$이므로 ●에 알맞은 수는 3입니다.
　• $462 \div 3 = 154$이므로 ▲에 알맞은 수는 154입니다.
　➡ ● + ▲ $= 3 + 154 = 157$

12 (한 상자에 담은 귤 수)$= 680 \div 8 = 85$(개)
　➡ (한 봉지에 담은 귤 수)$= 85 \div 5 = 17$(개)

13 (길 한쪽의 간격 수)$= 220 \div 4 = 55$(군데)
　(길 한쪽에 심은 나무 수)
　$=$ (길 한쪽의 간격 수)$+ 1$
　$= 55 + 1 = 56$(그루)
　➡ 산책로에 심은 나무는 모두 $56 \times 2 = 112$(그루)입니다.

52쪽~53쪽　문제 학습 ❻

1 (위에서부터) 6, 7 / 4, 2 / 5 / 4, 9 / 2
2 (1) $28 \cdots 4$　(2) $163 \cdots 2$
3 18, 2 / 18 / 2
4 (위에서부터) 174, 1 / 49, 6
5 $628 \div 5$
6
```
        2 0 8
  4 ) 8 3 4
      8
        3 4
        3 2
          2
```
7 (　)(　)
　(○)(　)
8 20명
9 ㉢
10 2개
11 440
12 38, 5
13 41도막, 2 cm

1 백의 자리에서 4를 7로 나눌 수 없으므로 십의 자리에서 47을 7로 나누고, 남은 5와 일의 자리 수 1을 더한 51을 7로 나눕니다.

2 (1)
```
      2 8
  6 ) 1 7 2
      1 2
        5 2
        4 8
          4
```
(2)
```
      1 6 3
  4 ) 6 5 4
      4
      2 5
      2 4
        1 4
        1 2
          2
```

3 나눗셈을 한 후 나누는 수와 몫의 곱에 나머지를 더한 값이 나누어지는 수가 되는지 확인합니다.

4 $349 \div 2 = 174 \cdots 1$, $349 \div 7 = 49 \cdots 6$

5 $454 \div 8 = 56 \cdots 6$, $628 \div 5 = 125 \cdots 3$
　➡ 나머지가 3인 나눗셈은 $628 \div 5$입니다.

6 십의 자리에서 3을 4로 나눌 수 없으므로 3을 내려 쓰고, 일의 자리에서 34를 4로 나누어 주어야 합니다.

7 $364 \div 6 = 60 \cdots 4$, $534 \div 4 = 133 \cdots 2$,
　$440 \div 7 = 62 \cdots 6$, $523 \div 3 = 174 \cdots 1$
　➡ $6 > 4 > 2 > 1$이므로 나머지가 가장 큰 것은 $440 \div 7$입니다.

8 $145 \div 7 = 20 \cdots 5$
　➡ 모눈종이를 20명까지 나누어 줄 수 있습니다.

9 $294 \div 9 = 32 \cdots 6$

㉠ 몫은 32이므로 30보다 큽니다.

㉡ $294 \div 9 = 32 \cdots 6$이므로 나누어떨어지지 않습니다.

㉢ 나머지는 6이므로 5보다 큽니다.

➡ 잘못 설명한 것은 ㉢입니다.

10 (전체 사탕 수)$= 20 \times 10 = 200$(개)

$200 \div 6 = 33 \cdots 2$

➡ 사탕은 2개가 남습니다.

11 ・㉠$\div 5 = 88 \cdots 3$에서 $5 \times 88 = 440$,

$440 + 3 = 443$이므로 ㉠$= 443$입니다.

・$168 \div$㉡$= 56$에서 ㉡$\times 56 = 168$,

$3 \times 56 = 168$이므로 ㉡$= 3$입니다.

➡ ㉠$-$㉡$= 443 - 3 = 440$

12 $3 < 4 < 7 < 9$이므로 만들 수 있는 가장 작은 세 자리 수는 347입니다.

➡ $347 \div 9 = 38 \cdots 5$이므로 몫은 38, 나머지는 5입니다.

13 $6 \times 34 = 204$, $204 + 3 = 207$이므로 색 테이프의 길이는 $207 \, cm$입니다.

➡ $207 \div 5 = 41 \cdots 2$이므로 한 도막이 $5 \, cm$가 되도록 자르면 41도막이 되고, $2 \, cm$가 남습니다.

54쪽	응용 학습 ❶	
1단계 9		1·1 3개
2단계 4개		1·2 ㉢

1단계 9로 나누었을 때 나머지가 될 수 있는 수는 9보다 작은 수입니다.

2단계 나머지가 될 수 있는 수는 2, 7, 8, 5로 모두 4개입니다.

1·1 6으로 나누었을 때 나머지가 될 수 있는 수는 6보다 작은 수입니다.

➡ 나머지가 될 수 없는 수는 8, 6, 12로 모두 3개입니다.

1·2 나머지가 3이 되려면 나누는 수가 3보다 커야 합니다.

➡ 나머지가 3이 될 수 없는 나눗셈은 나누는 수가 2인 ㉢입니다.

55쪽	응용 학습 ❷	
1단계 $\square \div 4 = 26 \cdots 2$		2·1 94
2단계 106		2·2 50, 2

1단계 어떤 수를 $\square$라 하면 $\square \div 4 = 26 \cdots 2$입니다.

2단계 $4 \times 26 = 104$, $104 + 2 = 106$이므로 어떤 수는 106입니다.

2·1 어떤 수를 $\square$라 하면 $\square \div 3 = 31 \cdots 1$입니다.

$3 \times 31 = 93$, $93 + 1 = 94$이므로 어떤 수는 94입니다.

2·2 어떤 수를 $\square$라 하면 $\square \div 8 = 37 \cdots 6$입니다.

$8 \times 37 = 296$, $296 + 6 = 302$이므로 어떤 수는 302입니다.

➡ $302 \div 6 = 50 \cdots 2$이므로 몫은 50, 나머지는 2입니다.

56쪽	응용 학습 ❸	
1단계 2권		3·1 4개
2단계 3권		3·2 6개

1단계 $47 \div 5 = 9 \cdots 2$이므로 한 명에게 수첩을 9권씩 나누어 주고, 2권이 남습니다.

2단계 5명에게 남김없이 똑같이 나누어 주려면 수첩은 적어도 $5 - 2 = 3$(권) 더 필요합니다.

3·1 $164 \div 8 = 20 \cdots 4$이므로 한 상자에 사과를 20개씩 나누어 담고, 4개가 남습니다.

➡ 8상자에 남김없이 똑같이 나누어 담으려면 사과는 적어도 $8 - 4 = 4$(개) 더 따야 합니다.

3·2 (전체 지우개 수)$= 6 \times 32 = 192$(개)

$192 \div 9 = 21 \cdots 3$이므로 한 명에게 지우개를 21개씩 나누어 주고, 3개가 남습니다.

➡ 9명에게 남김없이 똑같이 나누어 주려면 지우개는 적어도 $9 - 3 = 6$(개) 더 필요합니다.

57쪽	응용 학습 ❹	
1단계 작은, 큰		4·1 21, 3
2단계 2, 5, 9		4·2 22
3단계 2, 7		

1단계 (몇십몇)은 가장 작게 만들고, (몇)은 가장 크게 만들어야 합니다.

2단계 2<5<9이므로 나누어지는 수는 25, 나누는 수는 9가 되어야 합니다.

3단계 25÷9=2…7이므로 몫은 2, 나머지는 7입니다.

4·1 (몇십몇)은 가장 크게 만들고, (몇)은 가장 작게 만들어야 합니다.

8>7>4이므로 나누어지는 수는 87, 나누는 수는 4가 되어야 합니다.

➡ 87÷4=21…3이므로 몫은 21, 나머지는 3입니다.

4·2 (세 자리 수)는 가장 작게 만들고, (한 자리 수)는 가장 크게 만들어야 합니다.

1<3<4<8<9이므로 나누어지는 수는 134, 나누는 수는 9가 되어야 합니다.

➡ 134÷9=14…8이므로 몫과 나머지의 합은 14+8=22입니다.

58쪽	응용 학습 ❺

1단계 1, 2, 3	**5·1** 293
2단계 1	**5·2** 147
3단계 85	

1단계 나누는 수가 4이므로 ♣가 될 수 있는 수는 1, 2, 3입니다.

2단계 나머지가 작을수록 나누어지는 수도 작으므로 ♣에 알맞은 수는 1입니다.

3단계 □÷4=21…1에서 4×21=84, 84+1=85이므로 □=85입니다.

➡ □ 안에 들어갈 수 있는 두 자리 수 중에서 가장 작은 수는 85입니다.

5·1 나누는 수가 6이므로 ●가 될 수 있는 수는 1, 2, 3, 4, 5입니다.

나머지가 클수록 나누어지는 수도 크므로 ●에 알맞은 수는 5입니다.

□÷6=48…5에서 6×48=288, 288+5=293이므로 □=293입니다.

➡ □ 안에 들어갈 수 있는 세 자리 수 중에서 가장 큰 수는 293입니다.

5·2 나누는 수가 3이므로 ㉡이 될 수 있는 수는 1, 2입니다.

㉡=1일 때 ㉠÷3=24…1에서
3×24=72, 72+1=73이므로 ㉠=73입니다.
㉡=2일 때 ㉠÷3=24…2에서
3×24=72, 72+2=74이므로 ㉠=74입니다.
따라서 ㉠이 될 수 있는 모든 두 자리 수의 합은 73+74=147입니다.

59쪽	응용 학습 ❻

1단계 192 cm	**6·1** 20 cm
2단계 48 cm	**6·2** 45 cm
3단계 16 cm	

1단계 1 m=100 cm이므로 2 m=200 cm입니다.
➡ (삼각형 4개를 만드는 데 사용한 철사의 길이)
=200−8=192 (cm)

2단계 (삼각형 1개를 만드는 데 사용한 철사의 길이)
=192÷4=48 (cm)

3단계 (삼각형의 한 변의 길이)=48÷3=16 (cm)

6·1 1 m=100 cm이므로 5 m=500 cm입니다.
(정사각형 6개를 만드는 데 사용한 철사의 길이)
=500−20=480 (cm)
(정사각형 1개를 만드는 데 사용한 철사의 길이)
=480÷6=80 (cm)
➡ (정사각형의 한 변의 길이)=80÷4=20 (cm)

6·2 (작은 정사각형의 한 변의 길이)
=60÷4=15 (cm)
주황선으로 표시한 부분의 길이는 작은 정사각형 한 변의 길이의 12배이므로 15×12=180 (cm)입니다.
➡ (오른쪽 큰 정사각형의 한 변의 길이)
=180÷4=45 (cm)

60쪽	교과서 통합 핵심 개념

1 1   **2** 2, 2
3 3, 3, 3
4 57, 228 / 150, 450 / 2

BOOK ❶ 개념북

2 단원

1 10

2 (위에서부터) 1, 3 / 1, 5 / 1, 5

3
$$8\overline{)53}$$
$$\underline{48}$$
$$5$$
/ 6, 5

4 성빈

5 (선으로 연결)

6 42, 14

7 >

8 4개

9 80

10 11

11 ㉢, ㉠, ㉡

12 21개

13 7자루

14 373

15 15개

16 236

17 14일

18 284

19 2개

20 1

---

1 십 모형 4개를 똑같이 4묶음으로 나누면 한 묶음에 십 모형이 1개씩 있습니다. ➡ $40 \div 4 = 10$

3 $53 \div 8 = 6 \cdots 5$이므로 몫은 6, 나머지는 5입니다.

4 $95 \div 3 = 31 \cdots 2$, $66 \div 5 = 13 \cdots 1$이므로 나눗셈을 잘못 계산한 사람은 성빈입니다.

5
· $126 \div 3 = 42$ · $312 \div 6 = 52$
· $208 \div 4 = 52$ · $210 \div 5 = 42$
· $110 \div 2 = 55$ · $385 \div 7 = 55$

6 $84 \div 2 = 42$, $42 \div 3 = 14$

7 $650 \div 4 = 162 \cdots 2$, $713 \div 5 = 142 \cdots 3$
➡ $162 > 142$

8 ❶ 4로 나누었을 때 나머지는 4보다 작아야 합니다.
❷ 따라서 나머지가 될 수 없는 수는 4, 5, 6, 7로 모두 4개입니다.

채점 기준	❶ 나누는 수와 나머지의 관계를 쓴 경우	2점	
	❷ 나머지가 될 수 없는 수는 모두 몇 개인지 구한 경우	3점	5점

9 $560 > 308 > 7 > 4$이므로 가장 큰 수는 560, 두 번째로 작은 수는 7입니다. ➡ $560 \div 7 = 80$

10 $59 \div 4 = 14 \cdots 3$이므로 ㉠=14, ㉡=3입니다.
➡ ㉠-㉡=$14 - 3 = 11$

11 ㉠ $456 \div 3 = 152$ ㉡ $910 \div 7 = 130$
㉢ $332 \div 2 = 166$
➡ $166 > 152 > 130$이므로 몫이 큰 것부터 차례대로 기호를 쓰면 ㉢, ㉠, ㉡입니다.

12 (한 상자에 담아야 하는 복숭아 수)=$63 \div 3 = 21$(개)

13 $79 \div 9 = 8 \cdots 7$
➡ 동생에게 준 연필은 7자루입니다.

14 어떤 수를 □라 하면 □÷8=46…5입니다.
$8 \times 46 = 368$, $368 + 5 = 373$에서 □=373이므로 어떤 수는 373입니다.

15 (전체 감의 수)=$5 \times 12 = 60$(개)
➡ (한 명이 가져야 하는 감의 수)=$60 \div 4 = 15$(개)

16 · $282 \div \blacklozenge = 47$에서 $\blacklozenge \times 47 = 282$, $6 \times 47 = 282$이므로 $\blacklozenge = 6$입니다.
· $\blacktriangle \div 9 = 25 \cdots 5$에서 $9 \times 25 = 225$, $225 + 5 = 230$이므로 $\blacktriangle = 230$입니다.
➡ $\blacklozenge + \blacktriangle = 6 + 230 = 236$

17 ❶ 93쪽짜리 동화책을 하루에 7쪽씩 읽으면 $93 \div 7 = 13 \cdots 2$이므로 7쪽씩 13일 동안 읽고, 2쪽이 남습니다.
❷ 남은 2쪽도 읽어야 하므로 동화책 전체를 읽으려면 적어도 $13 + 1 = 14$(일)이 걸립니다.

채점 기준	❶ 나눗셈식으로 나타내고 몫과 나머지를 각각 구한 경우	3점	
	❷ 동화책 전체를 읽으려면 적어도 며칠이 걸리는지 구한 경우	2점	5점

18 ❶ 나누는 수가 5이므로 ★이 될 수 있는 수는 1, 2, 3, 4입니다. 나머지가 클수록 나누어지는 수도 크므로 ★에 알맞은 수는 4입니다.
❷ □÷5=56…4에서 $5 \times 56 = 280$, $280 + 4 = 284$입니다.
➡ □=284

채점 기준	❶ ★에 알맞은 수를 구한 경우	2점	
	❷ □ 안에 들어갈 수 있는 세 자리 수 중에서 가장 큰 수를 구한 경우	3점	5점

19 50보다 크고 60보다 작은 수 중에서 4로 나누었을 때 나머지가 2인 수를 찾습니다.
$51 \div 4 = 12 \cdots 3$, $52 \div 4 = 13$, $53 \div 4 = 13 \cdots 1$,
$54 \div 4 = 13 \cdots 2$, $55 \div 4 = 13 \cdots 3$, $56 \div 4 = 14$,
$57 \div 4 = 14 \cdots 1$, $58 \div 4 = 14 \cdots 2$, $59 \div 4 = 14 \cdots 3$
➡ 나머지가 2인 수는 54, 58로 2개입니다.

20 9로 나누었을 때 가장 큰 나머지는 8입니다.
나머지가 있는 나눗셈이므로 7□÷9의 몫은 7 또는 8이 될 수 있습니다.
· 몫이 7인 경우: 7□÷9=7…8
➡ $9 \times 7 = 63$, $63 + 8 = 71$(○)
· 몫이 8인 경우: 7□÷9=8…8
➡ $9 \times 8 = 72$, $72 + 8 = 80$(×)
따라서 □ 안에 알맞은 수는 1입니다.

❸ 원

66쪽 개념 학습 ❶

1 ⑴ 중심 ⑵ 반지름 ⑶ 같습니다 ⑷ 작은
2 ⑴ 반지름 ⑵ 원의 중심 ⑶ 지름

1 ⑶ 한 원에서 반지름의 길이는 모두 같습니다.
⑷ 누름 못과 연필을 넣은 구멍 사이의 거리가 가까울수록 반지름은 짧아지므로 더 작은 원을 그릴 수 있습니다.

2 ⑴ 원의 중심과 원 위의 한 점을 이은 선분은 반지름입니다.
⑵ 원 위의 모든 점에서 같은 거리에 있는 점은 원의 중심입니다.
⑶ 원 위의 두 점을 이은 선분이 원의 중심을 지날 때의 선분은 지름입니다.

67쪽 개념 학습 ❷

1 ⑴ 지름 ⑵ 둘   2 ⑴ ③ ⑵ ③
3 ⑴ 2 / 5, 2, 10 ⑵ 2 / 12, 2, 6

1 ⑴ 선분 ㄱㄴ은 원의 중심을 지나도록 원 위의 두 점을 이은 선분이므로 원의 지름입니다.
⑵ 원의 지름은 원을 똑같이 둘로 나눕니다.

2 ⑵ 원 안에 그을 수 있는 가장 긴 선분이 원의 지름이므로 원의 지름을 나타내는 선분은 ③입니다.

3 ⑴ 원의 지름의 길이는 반지름의 길이의 2배입니다.
⑵ 원의 반지름의 길이는 지름의 길이의 반입니다.

68쪽 개념 학습 ❸

1 ⑴ 중심 ⑵ 2 ⑶ 침 ⑷ 4
2 ⑴ (   ) (○) ⑵ (○) (   ) ⑶ (○) (   )

1 ⑷ 원의 지름의 길이는 반지름의 길이의 2배이므로 지름은 $2 \times 2 = 4$ (cm)입니다.

2 ⑴ 컴퍼스를 원의 반지름인 4 cm만큼 벌려야 합니다.
⑵ 컴퍼스를 원의 반지름인 5 cm만큼 벌려야 합니다.
⑶ 컴퍼스를 원의 반지름인 $2 \div 2 = 1$ (cm)만큼 벌려야 합니다.

69쪽 개념 학습 ❹

1 ⑴ 2 ⑵ 2
2 ⑴ 점 ㄴ ⑵ 점 ㄹ

1 ⑴ 반지름을 다르게 하여 그린 것입니다.
⑵ 원의 중심을 다르게 하여 그린 것입니다.

2 ⑴ 컴퍼스의 침을 꽂아야 할 곳은 원의 중심입니다.
➡ 원의 중심이 아닌 점은 점 ㄴ입니다.
⑵ 컴퍼스의 침을 꽂아야 할 곳은 원의 중심입니다.
➡ 원의 중심이 아닌 점은 점 ㄹ입니다.

70쪽~71쪽 문제 학습 ❶

1 (위에서부터) 지름, 반지름, 원의 중심
2 중심, 같습니다   3 점 ㄷ
4 현정   5 예

6 4 cm   7 4 cm
8 (위에서부터) 선분 ㅇㄴ 또는 선분 ㄴㅇ, 선분 ㅇㄷ 또는 선분 ㄷㅇ / 2, 2
9 같습니다   10 ㄹ
11 예   12 22 cm

1 점 ㅇ은 원의 중심이고, 원의 중심과 원 위의 한 점을 이은 선분을 원의 반지름, 원의 중심을 지나도록 원 위의 두 점을 이은 선분을 원의 지름이라고 합니다.

2 누름 못이 꽂혔던 점에서 원 위의 한 점까지의 길이는 반지름으로 한 원에서 반지름의 길이는 모두 같습니다.

3 원의 중심은 원의 가장 가운데에 있는 점이므로 점 ㄷ입니다.

4 한 원에서 원의 중심은 1개이므로 잘못 설명한 사람은 현정입니다.

5 위치나 방향에 관계없이 원의 중심과 원 위의 한 점을 잇는 선분을 3개 긋습니다.

6 선분 ㄱㄴ과 선분 ㄷㄹ은 원의 지름이고 한 원에서 지름의 길이는 모두 같습니다.
➡ 선분 ㄱㄴ이 4 cm이므로 선분 ㄷㄹ도 4 cm입니다.

7 원의 반지름은 원의 중심과 원 위의 한 점을 이은 선분이므로 4 cm입니다.

8 반지름은 원의 중심과 원 위의 한 점을 이은 선분이므로 반지름을 나타내는 선분은 선분 ㅇㄱ, 선분 ㅇㄴ, 선분 ㅇㄷ입니다.
반지름의 길이는 모두 2 cm입니다.

9 한 원에서 반지름은 무수히 많이 그을 수 있고, 그은 반지름의 길이는 모두 같습니다.

10 띠 종이의 구멍이 누름 못에서 멀어질수록 더 큰 원을 그릴 수 있으므로 ㉢보다 더 멀리 있는 ㉣에 연필을 꽂아야 합니다.

11 한 원에서 원의 중심은 1개이고, 반지름과 지름은 무수히 많이 그을 수 있습니다.

12 원 가의 지름은 10 cm, 원 나의 지름은 12 cm입니다.
➡ (두 원 가와 나의 지름의 합)
　＝10＋12＝22 (cm)

72쪽~73쪽　문제 학습 ②

1　원의 중심　　　　2　선우
3　(위에서부터) 4, 2
4　㉠　　　　　　　　　／ 3 cm

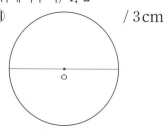

5　6 cm, 12 cm
6　㉠ 원의 지름은 원 안에 그을 수 있는 가장 긴 선분입니다.
7　15 cm, 30 cm　　8　2
9　2 cm　　　　　　10　18 cm
11　72 cm

---

1 원을 똑같이 둘로 나누는 선분은 원의 지름이고, 두 지름이 만나는 점은 원의 중심입니다.

2 접어서 생긴 선분은 원의 지름이므로 잘못 설명한 사람은 선우입니다.

3 선분의 길이를 재어 보면 원의 지름은 4 cm, 원의 반지름은 2 cm입니다.

4 원 안에 그을 수 있는 가장 긴 선분은 원의 지름입니다.
➡ 원의 중심을 지나도록 원 위의 두 점을 이은 선분을 긋고, 그 길이를 잽니다.
(참고) 원의 지름은 모두 원의 중심에서 만납니다.

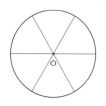

5 한 원에서 지름의 길이는 반지름의 길이의 2배입니다.
원의 반지름이 6 cm이므로 지름은 6×2＝12 (cm) 입니다.

6 원 위의 두 점을 이은 선분이 여러 개 그어져 있는 것을 보고 알 수 있는 원의 지름의 성질을 씁니다.

7 모눈 한 칸의 길이는 5 cm입니다.
바퀴의 안쪽 반지름은 모눈 3칸만큼입니다.
➡ 5×3＝15 (cm)
바퀴의 안쪽 지름은 모눈 6칸만큼입니다.
➡ 5×6＝30 (cm)

8 외발자전거 바퀴의 안쪽 지름은 30 cm, 안쪽 반지름은 15 cm입니다.
30＝15×2이므로 외발자전거 바퀴의 안쪽 지름은 안쪽 반지름의 2배입니다.

9 (큰 원의 반지름)＝14÷2
　　　　　　　　＝7 (cm)
➡ (두 원의 반지름의 차)
　＝7－5＝2 (cm)

10 (원의 반지름)＝12÷2
　　　　　　　＝6 (cm)
➡ 선분 ㄱㄴ의 길이는 원의 반지름의 길이의 3배이므로 6×3＝18 (cm)입니다.

11 정사각형 모양 상자의 한 변의 길이는 접시의 지름의 길이와 같으므로 $9 \times 2 = 18$ (cm)입니다.
➡ (상자의 네 변의 길이의 합) $= 18 \times 4 = 72$ (cm)

74쪽~75쪽 문제 학습 ③

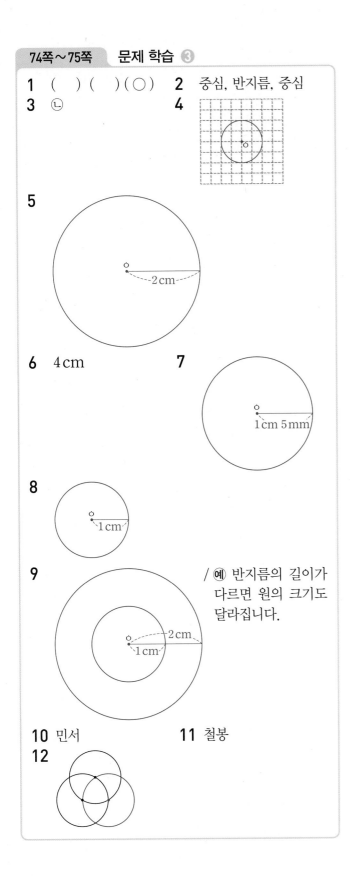

1 ( )( )(○)
2 중심, 반지름, 중심
3 ㉡
4
5
6 4 cm
7
8
9 / 예 반지름의 길이가 다르면 원의 크기도 달라집니다.
10 민서
11 철봉
12

1 컴퍼스의 침을 자의 눈금 0에 맞추고 3 cm만큼 벌린 것을 찾습니다.

2 컴퍼스를 벌린 길이는 원의 반지름이고, 컴퍼스의 침을 꽂는 곳은 원의 중심입니다.

3 원의 중심인 점을 찾으면 ㉡입니다.

4 컴퍼스를 모눈 2칸만큼 벌린 다음 컴퍼스의 침을 점 ㅇ에 꽂고, 원을 그립니다.
주의 컴퍼스로 원을 그릴 때는 컴퍼스의 침 부분이 움직이지 않도록 고정하여 그립니다.

5 자를 이용하여 컴퍼스를 2 cm만큼 벌린 다음 컴퍼스의 침을 점 ㅇ에 꽂고, 원을 그립니다.

6 원의 지름은 8 cm이므로 원의 반지름은 $8 \div 2 = 4$ (cm)입니다.
➡ 컴퍼스를 원의 반지름인 4 cm만큼 벌려야 합니다.

7 주어진 선분의 길이를 재어 보면 1 cm 5 mm이므로 컴퍼스를 1 cm 5 mm만큼 벌려서 원을 그립니다.

8 탬버린의 반지름의 길이를 재어 보면 1 cm입니다.
➡ 컴퍼스를 1 cm만큼 벌려서 원을 그립니다.

9 반지름의 길이가 변함에 따라 무엇이 달라지는지 찾아 씁니다.

10 민서가 그린 원의 반지름은 $14 \div 2 = 7$ (cm), 은성이가 그린 원의 반지름은 6 cm입니다.
➡ 반지름의 길이를 비교하면 7 cm > 6 cm > 4 cm이므로 가장 큰 원을 그린 사람은 민서입니다.

11
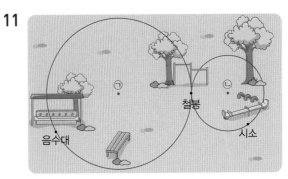

㉠을 원의 중심으로 하고 반지름이 2 cm인 원과 ㉡을 원의 중심으로 하고 반지름이 1 cm인 원을 각각 그립니다.
➡ 두 원이 만나는 곳은 철봉입니다.

12 두 원이 만나는 점 중에서 한 점을 원의 중심으로 하여 반지름의 길이가 같은 원을 그립니다.

76쪽~77쪽 문제 학습 ④

1 ㉡

2

3 5군데

4 같고, 3

5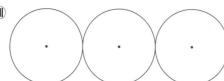

6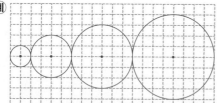

7 ( ) ( ) (○)

8

9 / 예 반지름이 모눈 2칸인 원을 1개 그린 후 원의 안쪽에 반지름이 모눈 1칸인 원의 일부분을 2개 그립니다.

10 예 원의 중심은 오른쪽으로 모눈 2칸씩 이동하고, 반지름이 모눈 2칸, 1칸으로 반복되는 규칙입니다.

11 예

12 예

/ 예 원의 중심은 오른쪽으로 모눈 3칸, 5칸, 7칸으로 2칸씩 늘려 가며 이동하고, 반지름이 모눈 1칸, 2칸, 3칸, 4칸으로 1칸씩 늘어나는 규칙입니다.

1 ㉡ 반지름은 모눈 1칸씩 늘어납니다.

3 ➡ 그려야 할 모양에서 원의 중심이 5개이므로 컴퍼스의 침을 꽂아야 할 곳은 모두 5군데입니다.

4 반지름과 원의 중심이 각각 어떻게 변하는지 살펴 규칙을 찾습니다.

5 한 변이 모눈 6칸인 정사각형을 먼저 그린 후 정사각형 안에 반지름이 모눈 3칸인 원 1개, 정사각형의 각 꼭짓점을 원의 중심으로 하고 반지름이 모눈 3칸인 원의 일부분을 4개 그립니다.

6 • 원의 중심은 오른쪽으로 모눈 1칸씩 이동하므로 첫 번째 원의 중심에서 오른쪽으로 모눈 3칸만큼 이동한 곳입니다.
• 반지름은 모눈 1칸, 2칸, 3칸으로 1칸씩 늘어나므로 모눈 4칸입니다.

7

왼쪽과 가운데 모양은 반지름과 원의 중심을 모두 다르게 하여 그린 것입니다.

8 원의 중심은 반지름만큼 오른쪽으로 모눈 4칸, 3칸 이동하고, 반지름이 모눈 4칸, 3칸, 2칸으로 1칸씩 줄어드는 규칙입니다.
➡ 원의 중심은 세 번째 원의 중심에서 오른쪽으로 모눈 2칸만큼 이동하고, 반지름은 모눈 1칸이 되도록 원을 그립니다.

9 그려야 하는 원의 개수와 컴퍼스의 침을 꽂아야 할 곳을 찾아 주어진 모양과 똑같이 그립니다.

10 원의 중심과 반지름이 각각 어떻게 변하는지 살펴 규칙을 찾아 씁니다.

11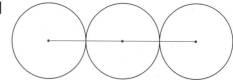

길이가 4 cm인 선분을 긋고, 선분의 한쪽 끝 점을 원의 중심으로 하는 반지름이 1 cm인 원을 그립니다. 그린 원과 선분이 만나는 곳에서 선분을 따라 1 cm 떨어진 곳을 원의 중심으로 하는 반지름이 1 cm인 원을 그린 후 같은 방법으로 원을 1개 더 그립니다.

12 자신이 정한 규칙에 따라 원을 이용하여 모양을 그린 후 정한 규칙을 씁니다.

78쪽 응용 학습 ❶

1단계 7 cm, 6 cm	1·1 지름이 15 cm인 원
2단계 ㉢	1·2 4 cm

1단계 ㉠ (원의 반지름)=14÷2=7 (cm)
　　　㉢ (원의 반지름)=12÷2=6 (cm)

2단계 반지름의 길이를 비교하면
　　6 cm<7 cm<8 cm<9 cm이므로 크기가 가장 작은 원은 ㉢입니다.

1·1 (반지름이 5 cm인 원의 지름)=5×2=10 (cm)
　　(반지름이 6 cm인 원의 지름)=6×2=12 (cm)
➡ 지름의 길이를 비교하면
　15 cm>13 cm>12 cm>10 cm이므로 크기가 가장 큰 원은 지름이 15 cm인 원입니다.

1·2 (지름이 22 cm인 원의 반지름)=22÷2=11 (cm)
　　(지름이 26 cm인 원의 반지름)=26÷2=13 (cm)
➡ 반지름의 길이를 비교하면 15 cm>13 cm>12 cm>11 cm이므로 가장 큰 원과 가장 작은 원의 반지름의 차는 15−11=4 (cm)입니다.

79쪽 응용 학습 ❷

1단계 4 cm	2·1 16 cm
2단계 2 cm	2·2 12 cm

1단계 (큰 원의 반지름)=8÷2=4 (cm)

2단계 (작은 원의 지름)=(큰 원의 반지름)=4 cm
➡ (선분 ㄱㄴ)=(작은 원의 반지름)
　　　　　　=4÷2=2 (cm)

2·1 (가장 큰 원의 반지름)=2+3+3=8 (cm)
➡ (가장 큰 원의 지름)=8×2=16 (cm)

2·2 (선분 ㄱㄴ)+(선분 ㄱㄷ)=20−8=12 (cm)
　(원의 반지름)=(선분 ㄱㄴ)=(선분 ㄱㄷ)
　　　　　　=12÷2=6 (cm)
➡ (원의 지름)=6×2=12 (cm)

80쪽 응용 학습 ❸

1단계 5군데	3·1 나
2단계 3군데	3·2 ㉠, ㉢, ㉡
3단계 시은	

1단계 **2단계**
5군데　　　　　　　3군데

3단계 5>3이므로 컴퍼스의 침을 꽂아야 할 곳이 더 많은 사람은 시은입니다.

3·1 가　　　　　나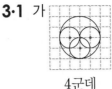
4군데　　　　　3군데
➡ 4>3이므로 컴퍼스의 침을 꽂아야 할 곳이 더 적은 것은 나입니다.

3·2 ㉠ 　㉡ 　㉢
4군데　　　2군데　　　3군데
➡ 4>3>2이므로 컴퍼스의 침을 가장 많이 꽂아야 하는 것부터 차례대로 기호를 쓰면 ㉠, ㉢, ㉡입니다.

81쪽 응용 학습 ❹

1단계 12 cm	4·1 33 cm
2단계 4배	4·2 84 cm
3단계 48 cm	

1단계 (원의 반지름)=24÷2=12 (cm)

2단계 크기가 같은 원을 그렸으므로 반지름의 길이는 모두 같습니다.
　선분 ㄱㄷ의 길이는 반지름 4개의 길이와 같습니다.

3단계 (선분 ㄱㄷ)=12×4=48 (cm)

4·1 (선분 ㄱㄴ)=6+8=14 (cm),
　(선분 ㄴㄷ)=8+11=19 (cm)
➡ (선분 ㄱㄷ)=(선분 ㄱㄴ)+(선분 ㄴㄷ)
　　　　　　=14+19=33 (cm)

4·2 (통조림 1개의 지름)=(상자의 세로)=14 cm
　(상자의 가로)=(통조림 2개의 지름의 합)
　　　　　　=14+14=28 (cm)
➡ (상자의 네 변의 길이의 합)
　　　=28+14+28+14=84 (cm)

82쪽 **교과서 통합** 핵심 개념

1 반지름, 지름	**2** 2, 2, 14 / 2, 2, 6
3 중심, 반지름	**4** 3

83쪽~85쪽 단원 평가

1 점 ㄴ **2** ㉢, ㉠
3 6
4 선분 ㄱㄹ 또는 선분 ㄹㄱ
5 ㉖   **6** 18 cm
7 ㉖

8 ⑤ **9** 7 cm
10 3군데 **11** 10 cm
12   **13** 규리
14 8 cm

15 **16** 12 cm, 4 cm
    17 32 cm

18 ㉖ 원의 중심은 오른쪽으로 모눈 2칸, 4칸, 6칸으로 2칸씩 늘려 가며 이동하고, 반지름이 모눈 1칸, 2칸, 3칸, 4칸으로 1칸씩 늘어나는 규칙입니다.
19 15 cm **20** 22 cm

3 한 원에서 지름의 길이는 모두 같습니다.

4 원을 똑같이 둘로 나누는 선분은 원의 지름입니다.

6 (원의 지름)=9×2=18 (cm)

8 띠 종이의 구멍이 누름 못에서 멀어질수록 더 큰 원을 그릴 수 있으므로 누름 못으로부터 거리가 가장 먼 곳인 ⑤에 연필을 꽂아야 합니다.

9 원의 지름은 14 cm이므로 원의 반지름은 14÷2=7 (cm)입니다.
➡ 컴퍼스를 원의 반지름인 7 cm만큼 벌려야 합니다.

10   ➡ 그려야 할 모양에서 원의 중심이 3개이므로 컴퍼스의 침을 꽂아야 할 곳은 모두 3군데입니다.

11 ❶ 원의 지름은 정사각형의 한 변의 길이와 같으므로 20 cm입니다.
❷ 원의 반지름의 길이는 지름의 길이의 반이므로
(원의 반지름)=20÷2=10 (cm)입니다.

채점 기준	❶ 원의 지름은 몇 cm인지 구한 경우	2점	5점
	❷ 원의 반지름은 몇 cm인지 구한 경우	3점	

12 주어진 원의 반지름의 길이를 재어 보면 1 cm입니다.
➡ 컴퍼스를 1 cm만큼 벌려서 원을 그립니다.

13 ❶ 지훈이가 그린 원의 지름은 5×2=10 (cm)입니다.
❷ 따라서 지름의 길이를 비교하면 14 cm>12 cm>10 cm이므로 크기가 가장 큰 원을 그린 사람은 규리입니다.

채점 기준	❶ 지훈이가 그린 원의 지름의 길이를 구한 경우	3점	5점
	❷ 크기가 가장 큰 원을 그린 사람은 누구인지 이름을 쓴 경우	2점	

14 (선분 ㄱㄴ)=(작은 원의 반지름)+(큰 원의 반지름)
=3+5=8 (cm)

15

한 변이 모눈 6칸인 정사각형을 먼저 그린 후 정사각형의 각 변의 가운데를 원의 중심으로 하고 반지름이 모눈 3칸인 원의 일부분을 4개, 정사각형의 한 변에 맞닿도록 반지름이 모눈 1칸인 원을 2개 그립니다.

16 직사각형의 가로는 반지름의 길이의 6배이므로 2×6=12 (cm)이고, 직사각형의 세로는 반지름의 길이의 2배이므로 2×2=4 (cm)입니다.

17 직사각형의 네 변의 길이의 합은 12+4+12+4=32 (cm)입니다.

18 | 채점 기준 | '원의 중심'과 '반지름'을 넣어 규칙을 쓴 경우 | 5점 |
|---|---|---|

19 (중간 원의 반지름)=20÷2=10 (cm)
(가장 작은 원의 반지름)
=10÷2=5 (cm)
➡ (선분 ㄱㄷ)=10+5=15 (cm)

20 • (선분 ㄷㄹ)=(선분 ㄱㄹ)=7 cm
• (선분 ㄱㄴ)+(선분 ㄴㄷ)
=36-7-7=22 (cm)
• (큰 원의 반지름)=(선분 ㄱㄴ)=(선분 ㄴㄷ)
=22÷2=11 (cm)
➡ (큰 원의 지름)=11×2=22 (cm)

④ 분수

개념 학습 ①

1 (1) 1, 1 (2) 3, 3 (3) 5, 5

2 (1) 1 (2) $\dfrac{2}{3}$ (3) 1 (4) $\dfrac{4}{7}$

1 (1) 사과 18개를 똑같이 6묶음으로 나누면 1묶음에 3 개이고, 사과 3개는 6묶음 중의 1묶음이므로 3은 18의 $\dfrac{1}{6}$입니다.

(2) 사과가 1묶음에 3개이므로 사과 9개는 3묶음이 고, 사과 9개는 6묶음 중의 3묶음이므로 9는 18 의 $\dfrac{3}{6}$입니다.

(3) 사과가 1묶음에 3개이므로 사과 15개는 5묶음이 고, 사과 15개는 6묶음 중의 5묶음이므로 15는 18의 $\dfrac{5}{6}$입니다.

2 (1) 색칠한 부분은 3묶음 중의 1묶음입니다. ➡ $\dfrac{1}{3}$

(2) 색칠한 부분은 3묶음 중의 2묶음입니다. ➡ $\dfrac{2}{3}$

(3) 색칠한 부분은 7묶음 중의 1묶음입니다. ➡ $\dfrac{1}{7}$

(4) 색칠한 부분은 7묶음 중의 4묶음입니다. ➡ $\dfrac{4}{7}$

개념 학습 ②

1 (1) 5 (2) 9

2 (1) 0 1 2 3 4 5 6 7 8 9(cm) / 3

(2) 0 1 2 3 4 5 6 7 8 9 10(cm) / 8

1 (1) 도토리 10개를 똑같이 2묶음으로 나누면 1묶음에 5개이므로 10의 $\dfrac{1}{2}$은 5입니다.

(2) 밤 15개를 똑같이 5묶음으로 나누면 1묶음에 3개 이므로 15의 $\dfrac{3}{5}$은 $3 \times 3 = 9$입니다.

2 (1) 9 cm를 똑같이 3부분으로 나누면 1부분은 3 cm 이므로 9 cm의 $\dfrac{1}{3}$은 3 cm입니다.

(2) 10 cm를 똑같이 5부분으로 나누면 1부분은 2 cm 이므로 10 cm의 $\dfrac{4}{5}$는 $2 \times 4 = 8$ (cm)입니다.

개념 학습 ③

1 (1) $\dfrac{2}{9}$, $\dfrac{7}{10}$ (2) $\dfrac{9}{7}$, $\dfrac{8}{8}$, $\dfrac{15}{14}$ (3) $4\dfrac{1}{6}$, $2\dfrac{6}{9}$

2 (1) 7, $\dfrac{7}{2}$ (2) 1, $1\dfrac{2}{4}$

1 (1) 분자가 분모보다 작은 분수를 모두 찾습니다.

(2) 분자가 분모와 같거나 분모보다 큰 분수를 모두 찾습니다.

2 (1) 대분수를 가분수로 나타낼 때는 단위분수의 개수 를 분자에 씁니다.

$3\dfrac{1}{2}$은 $\dfrac{1}{2}$이 7개이므로 가분수 $\dfrac{7}{2}$로 나타낼 수 있 습니다.

(2) 가분수에서 자연수로 나타낼 수 있는 부분은 자연 수로 쓰고 나머지를 진분수로 써서 대분수로 나타 냅니다.

$\dfrac{6}{4}$에서 $\dfrac{4}{4} = 1$로 쓰고 $\dfrac{1}{4}$이 2개 남으므로

$\dfrac{6}{4} = 1\dfrac{2}{4}$입니다.

개념 학습 ④

1 (1) < (2) > (3) <

2 (1) $\dfrac{1}{4}$ / >

0 1 2

$\dfrac{1}{4}$

0 1 2

(2) $\dfrac{1}{3}$ / <

0 1 2 3

$\dfrac{1}{3}$

0 1 2 3

1 (1) $\dfrac{6}{5}$은 $\dfrac{1}{5}$이 6개이고, $\dfrac{8}{5}$은 $\dfrac{1}{5}$이 8개이므로

$\dfrac{6}{5} < \dfrac{8}{5}$입니다.

(2) 자연수의 크기를 비교하면 2 > 1이므로

$2\frac{3}{7} > 1\frac{5}{7}$입니다.

(3) 자연수가 같으므로 진분수의 분자의 크기를 비교합니다. 2 < 5이므로 $1\frac{2}{6} < 1\frac{5}{6}$입니다.

2 (1) $\frac{6}{4}$은 0에서 작은 눈금 6칸만큼 간 곳입니다.

$1\frac{1}{4}$은 1과 $\frac{1}{4}$이므로 1에서 작은 눈금 1칸만큼 더 간 곳입니다.

➡ $\frac{6}{4} > 1\frac{1}{4}$

(2) $1\frac{2}{3}$는 1과 $\frac{2}{3}$이므로 1에서 작은 눈금 2칸만큼 더 간 곳입니다.

$\frac{7}{3}$은 0에서 작은 눈금 7칸만큼 간 곳입니다.

➡ $1\frac{2}{3} < \frac{7}{3}$

92쪽~93쪽 문제 학습 ❶

1 4 / $\frac{3}{4}$ 2 3 / $\frac{2}{3}$

3 예  / $\frac{1}{7}$, $\frac{5}{7}$

4 $\frac{1}{2}$ 5 (선 연결)

6 (1) $\frac{4}{6}$ (2) $\frac{2}{3}$ 7 10, 4 / 5, 2

8 (1) $\frac{6}{9}$ (2) $\frac{1}{8}$ 9 재민

10 $\frac{3}{7}$ 11 $\frac{2}{6}$

1 4씩 묶었으므로 12는 전체 4묶음 중의 3묶음입니다. 따라서 12는 16의 $\frac{3}{4}$입니다.

2 토마토 24개를 8개씩 묶으면 3묶음이 되고 토마토 16개는 전체 3묶음 중의 2묶음입니다. 따라서 16은 24의 $\frac{2}{3}$입니다.

3 떡 14개를 2개씩 묶으면 7묶음이 됩니다.
• 떡 2개는 7묶음 중의 1묶음이므로 2는 14의 $\frac{1}{7}$입니다.
• 떡 10개는 7묶음 중의 5묶음이므로 10은 14의 $\frac{5}{7}$입니다.

4 빨간색 구슬은 전체 2묶음 중의 1묶음이므로 전체의 $\frac{1}{2}$입니다.

5 • 색칠한 부분은 전체 8묶음 중의 5묶음이므로 전체의 $\frac{5}{8}$입니다.
• 색칠한 부분은 전체 4묶음 중의 3묶음이므로 전체의 $\frac{3}{4}$입니다.
• 색칠한 부분은 전체 2묶음 중의 1묶음이므로 전체의 $\frac{1}{2}$입니다.

6 (1) 18을 3씩 묶으면 6묶음이 됩니다.
12는 전체 6묶음 중의 4묶음이므로 18의 $\frac{4}{6}$입니다.
(2) 18을 6씩 묶으면 3묶음이 됩니다.
12는 전체 3묶음 중의 2묶음이므로 18의 $\frac{2}{3}$입니다.

7 • 지혜: 20을 2씩 묶으면 10묶음이 되고 8은 전체 10묶음 중의 4묶음이므로 20의 $\frac{4}{10}$입니다.
• 태우: 20을 4씩 묶으면 5묶음이 되고 8은 전체 5묶음 중의 2묶음이므로 20의 $\frac{2}{5}$입니다.

8 (1) 27을 3씩 묶으면 9묶음이 됩니다. 18은 전체 9묶음 중의 6묶음이므로 27의 $\frac{6}{9}$입니다.
(2) 16을 2씩 묶으면 8묶음이 됩니다. 2는 전체 8묶음 중의 1묶음이므로 16의 $\frac{1}{8}$입니다.

9 • 현준: 노란색 꽃은 전체 5묶음 중의 2묶음이므로 전체의 $\frac{2}{5}$입니다.
• 재민: 빨간색 꽃은 전체 5묶음 중의 3묶음이므로 전체의 $\frac{3}{5}$입니다.

10 딱지 28개를 한 상자에 4개씩 나누어 담으면 7상자가 됩니다.
친구에게 준 딱지는 전체 7상자 중의 3상자이므로 전체의 $\dfrac{3}{7}$입니다.

11 36을 6씩 묶으면 6묶음이 되고 12는 전체 6묶음 중의 2묶음이므로 36의 $\dfrac{2}{6}$입니다.
따라서 토마토 12개는 전체의 $\dfrac{2}{6}$입니다.

94쪽~95쪽 문제 학습 ❷

1 (1) 5 (2) 10 **2** (1) 5 (2) 15
3 4
4 〈예〉

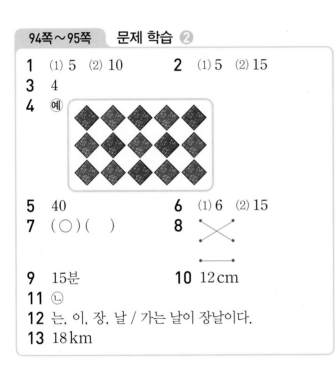

5 40 **6** (1) 6 (2) 15
7 (○) (   ) **8**
9 15분 **10** 12 cm
11 ㉡
12 는, 이, 장, 날 / 가는 날이 장날이다.
13 18 km

1 (1) 20을 똑같이 4묶음으로 나눈 것 중의 1묶음이므로 5입니다.
(2) 20을 똑같이 4묶음으로 나눈 것 중의 2묶음이므로 10입니다.

2 (1) 25 cm를 똑같이 5부분으로 나눈 것 중의 1부분이므로 5 cm입니다.
(2) 25 cm를 똑같이 5부분으로 나눈 것 중의 3부분이므로 15 cm입니다.

3 $\dfrac{\triangle}{\blacksquare}$는 $\dfrac{1}{\blacksquare}$의 $\blacktriangle$배입니다.
◆의 $\dfrac{1}{7}$이 2이므로 ◆의 $\dfrac{2}{7}$는 2×2=4입니다.

4 15의 $\dfrac{1}{5}$이 3이므로 $\dfrac{2}{5}$는 3×2=6이고,
$\dfrac{3}{5}$은 3×3=9입니다.
따라서 빨간색으로 6개, 파란색으로 9개 색칠하여 무늬를 꾸밉니다.

5 1 m는 100 cm입니다.
100 cm를 똑같이 10부분으로 나눈 것 중의 1부분은 10 cm이고 4부분은 40 cm입니다.
따라서 $\dfrac{4}{10}$ m는 40 cm입니다.

6 (1) 16의 $\dfrac{1}{8}$은 2이므로 16의 $\dfrac{3}{8}$은 2×3=6입니다.
(2) 27의 $\dfrac{1}{9}$은 3이므로 27의 $\dfrac{5}{9}$는 3×5=15입니다.

7 • 35 m의 $\dfrac{1}{5}$은 7 m이므로 35 m의 $\dfrac{2}{5}$는 14 m입니다.
• 24 m의 $\dfrac{1}{3}$은 8 m이므로 24 m의 $\dfrac{2}{3}$는 16 m입니다.
➡ 14<16이므로 길이가 더 짧은 것은 35 m의 $\dfrac{2}{5}$입니다.

8 • 21의 $\dfrac{1}{3}$이 7이므로 21의 $\dfrac{2}{3}$는 7×2=14입니다.
• 30의 $\dfrac{1}{5}$이 6이므로 30의 $\dfrac{3}{5}$은 6×3=18입니다.
• 28의 $\dfrac{1}{7}$이 4이므로 28의 $\dfrac{5}{7}$는 4×5=20입니다.

9 1시간은 60분입니다.
60분을 똑같이 4로 나눈 것 중의 1은 15분입니다.

10 태극 문양의 지름의 길이는 태극기의 가로 길이인 36 cm의 $\dfrac{1}{3}$입니다. 36 cm를 똑같이 3부분으로 나눈 것 중의 1부분은 12 cm이므로 태극 문양의 지름의 길이는 12 cm입니다.

11 ㉠ 24의 $\dfrac{1}{8}$은 3이므로 24의 $\dfrac{3}{8}$은 9입니다.
㉡ 21의 $\dfrac{1}{7}$은 3이므로 21의 $\dfrac{4}{7}$는 12입니다.
㉢ 18의 $\dfrac{1}{9}$은 2이므로 18의 $\dfrac{5}{9}$는 10입니다.
➡ 12>10>9이므로 가장 큰 수를 찾아 기호를 쓰면 ㉡입니다.

BOOK ❶ 개념북

4 단원

12 ・12 cm의 $\frac{3}{6}$은 6 cm ➡ 이

・12 cm의 $\frac{2}{3}$는 8 cm ➡ 장

・12 cm의 $\frac{1}{4}$은 3 cm ➡ 는

・12 cm의 $\frac{3}{4}$은 9 cm ➡ 날

13 54 km의 $\frac{1}{6}$이 9 km이므로 54 km의 $\frac{4}{6}$는

9×4=36 (km)입니다.

따라서 놀이공원까지 54−36=18 (km) 더 가야 합니다.

96쪽~97쪽 문제 학습 ③

1 $\frac{8}{6}$ **2** $\frac{2}{8}$, $\frac{5}{8}$, $\frac{6}{8}$

3 $2\frac{1}{4}$

4 ⊙$\frac{5}{11}$ △$\frac{9}{6}$ △$\frac{10}{8}$ ⊙$\frac{6}{13}$ △$\frac{7}{7}$ ⊙$\frac{2}{10}$

5 (1) 2 (2) 8 (3) 1 (4) 3

6 1, 2   **7** (1) $\frac{20}{8}$ (2) $3\frac{1}{5}$

8 준서   **9** 6개

10 2, 3, 4, 5   **11** ㉡

12 $\frac{26}{3}$ **13** $3\frac{3}{5}$

14 $\frac{5}{2}$, $\frac{6}{2}$, $\frac{6}{5}$

---

1 $\frac{1}{6}$이 8개인 분수이므로 $\frac{8}{6}$입니다.

2 수직선에서 작은 눈금 한 칸은 $\frac{1}{8}$을 나타냅니다.

3 색칠한 부분은 2와 전체를 똑같이 4로 나눈 것 중의 1입니다.

2와 $\frac{1}{4}$은 $2\frac{1}{4}$이라고 씁니다.

4 진분수는 분자가 분모보다 작은 분수이므로

$\frac{5}{11}$, $\frac{6}{13}$, $\frac{2}{10}$에 ○표 합니다.

가분수는 분자가 분모와 같거나 분모보다 큰 분수이므로 $\frac{9}{6}$, $\frac{10}{8}$, $\frac{7}{7}$에 △표 합니다.

5 (1) 1은 분모와 분자가 같은 분수로 나타낼 수 있습니다.

(2) $\frac{1}{4}$이 8개이면 2와 같으므로 2=$\frac{8}{4}$입니다.

(3) 분모와 분자가 같으므로 $\frac{5}{5}$=1입니다.

(4) $\frac{1}{6}$이 18개이면 3과 같으므로 $\frac{18}{6}$=3입니다.

6 대분수는 자연수와 진분수로 이루어진 분수입니다. 분모가 3이므로 □ 안에 들어갈 수 있는 수는 3보다 작은 수인 1, 2입니다.

7 (1) 2=$\frac{16}{8}$이므로 $\frac{16}{8}$과 $\frac{4}{8}$는 $\frac{1}{8}$이 16+4=20(개)입니다.

➡ $2\frac{4}{8}$=$\frac{20}{8}$

(2) $\frac{15}{5}$=3이므로 3과 $\frac{1}{5}$입니다. ➡ $\frac{16}{5}$=$3\frac{1}{5}$

8 ・강우: 진분수는 분자가 분모보다 작은 분수이므로 1보다 작습니다.

・수지: 가분수는 분자가 분모와 같거나 분모보다 큰 분수이므로 1과 같거나 1보다 큽니다.

・준서: 1은 분모와 분자가 같은 분수로 나타낼 수 있습니다.

따라서 잘못 설명한 사람은 준서입니다.

9 진분수는 분자가 분모보다 작은 분수입니다.

분모가 7인 진분수는 $\frac{1}{7}$, $\frac{2}{7}$, $\frac{3}{7}$, $\frac{4}{7}$, $\frac{5}{7}$, $\frac{6}{7}$으로 6개입니다.

(참고) 분모가 ■인 진분수는 (■−1)개입니다.

10 가분수는 분자가 분모와 같거나 분모보다 큰 분수이므로 □ 안에는 분자인 5와 같거나 5보다 작은 수가 들어갈 수 있습니다.

따라서 □ 안에 들어갈 수 있는 자연수 중에서 1보다 큰 수는 2, 3, 4, 5입니다.

11 ㉠ 2=$\frac{18}{9}$이므로 $\frac{18}{9}$과 $\frac{6}{9}$은 $\frac{1}{9}$이 18+6=24(개)입니다. ➡ $2\frac{6}{9}$=$\frac{24}{9}$

㉡ 4=$\frac{24}{6}$이므로 $\frac{24}{6}$와 $\frac{5}{6}$는 $\frac{1}{6}$이 24+5=29(개)입니다. ➡ $4\frac{5}{6}$=$\frac{29}{6}$

따라서 대분수를 가분수로 잘못 나타낸 것은 ㉡입니다.

12 · $\frac{26}{3}$에서 $\frac{24}{3}=8$이므로 8과 $\frac{2}{3}$입니다. ➡ $8\frac{2}{3}$

· $\frac{15}{2}$에서 $\frac{14}{2}=7$이므로 7과 $\frac{1}{2}$입니다. ➡ $7\frac{1}{2}$

· $\frac{30}{7}$에서 $\frac{28}{7}=4$이므로 4와 $\frac{2}{7}$입니다. ➡ $4\frac{2}{7}$

· $\frac{32}{9}$에서 $\frac{27}{9}=3$이므로 3과 $\frac{5}{9}$입니다. ➡ $3\frac{5}{9}$

자연수 부분이 가장 큰 가분수는 $\frac{26}{3}$입니다.

13 합이 8인 두 자연수는 (1, 7), (2, 6), (3, 5), (4, 4)입니다. 그중에서 차가 2인 두 수는 (3, 5)입니다. 따라서 진분수는 $\frac{3}{5}$이고 자연수가 3이므로 조건을 모두 만족하는 대분수는 $3\frac{3}{5}$입니다.

14 가분수는 분자가 분모와 같거나 분모보다 커야 합니다. 6>5>2이므로 분모가 2일 때 분자가 될 수 있는 수는 5, 6이고, 분모가 5일 때 분자가 될 수 있는 수는 6입니다.

따라서 만들 수 있는 가분수는 $\frac{5}{2}$, $\frac{6}{2}$, $\frac{6}{5}$입니다.

98쪽~99쪽 문제 학습 ④

1 (1) > (2) < (3) < (4) >

2 (위에서부터) $\frac{15}{7}$, $\frac{15}{7}$, $1\frac{6}{7}$

3 숙제 **4** 소방서

5 $\frac{23}{8}$ **6** 오이지

7 민우 **8** $1\frac{3}{4}$, $\frac{8}{4}$

9 3개 **10** 1

11 4, 5, 6 **12** 24

---

1 (1) 분자의 크기를 비교합니다.

15>13이므로 $\frac{15}{9}>\frac{13}{9}$입니다.

(2) 자연수의 크기를 비교합니다.

5<7이므로 $5\frac{7}{8}<7\frac{1}{8}$입니다.

(3) 자연수가 같으므로 분자의 크기를 비교합니다.

3<6이므로 $4\frac{3}{11}<4\frac{6}{11}$입니다.

---

(4) $1\frac{7}{10}=\frac{17}{10}$입니다. $\frac{21}{10}$과 $\frac{17}{10}$의 분자의 크기를 비교하면 21>17이므로 $\frac{21}{10}>1\frac{7}{10}\left(=\frac{17}{10}\right)$입니다.

2 · $\frac{12}{7}$, $\frac{15}{7}$의 분자의 크기를 비교합니다.

12<15이므로 $\frac{12}{7}<\frac{15}{7}$입니다.

· $1\frac{4}{7}$, $1\frac{6}{7}$의 분자의 크기를 비교합니다.

4<6이므로 $1\frac{4}{7}<1\frac{6}{7}$입니다.

· $1\frac{6}{7}=\frac{13}{7}$이므로 $\frac{15}{7}$, $\frac{13}{7}$의 분자의 크기를 비교합니다.

15>13이므로 $\frac{15}{7}>1\frac{6}{7}\left(=\frac{13}{7}\right)$입니다.

3 $\frac{13}{5}$, $\frac{9}{5}$의 분자의 크기를 비교하면 13>9이므로 $\frac{13}{5}>\frac{9}{5}$입니다. 따라서 숙제를 더 오래 했습니다.

4 $\frac{23}{6}=3\frac{5}{6}$입니다. $4\frac{1}{6}$, $3\frac{5}{6}$의 자연수의 크기를 비교하면 4>3이므로 $4\frac{1}{6}>3\frac{5}{6}$입니다.

따라서 민준이네 집에서 더 가까운 곳은 소방서입니다.

5 가분수를 대분수로 나타내고 세 분수의 크기를 비교합니다.

$\frac{23}{8}=2\frac{7}{8}$이므로 $2\frac{3}{8}$, $2\frac{7}{8}$, $2\frac{6}{8}$의 분자의 크기를 비교하면 $2\frac{7}{8}\left(=\frac{23}{8}\right)>2\frac{6}{8}>2\frac{3}{8}$입니다.

따라서 가장 큰 분수는 $\frac{23}{8}$입니다.

6 $\frac{19}{3}=6\frac{1}{3}$입니다.

$6\frac{1}{3}\left(=\frac{19}{3}\right)>5\frac{2}{3}>5\frac{1}{3}$이므로 큰 분수가 나타내는 글자부터 차례대로 쓰면 '오이지'가 만들어집니다.

7 현호는 리본을 $\frac{31}{7}$ m$=4\frac{3}{7}$ m 사용했습니다.

세 사람이 사용한 리본의 길이를 비교하면

$6\frac{2}{7}>4\frac{3}{7}\left(=\frac{31}{7}\right)>4\frac{2}{7}$이므로 리본을 가장 적게 사용한 사람은 민우입니다.

8 $1\frac{2}{4}=\frac{6}{4}$이므로 $\frac{6}{4}$보다 크고 $\frac{10}{4}$보다 작은 분수를 모두 찾으면 $1\frac{3}{4}\left(=\frac{7}{4}\right)$, $\frac{8}{4}$입니다.

9 $\frac{5}{4}$보다 크고 $2\frac{2}{4}=\frac{10}{4}$보다 작은 분수를 모두 찾으면 $\frac{6}{4}$, $1\frac{3}{4}\left(=\frac{7}{4}\right)$, $\frac{8}{4}$로 3개입니다.

10 $\frac{14}{8}=1\frac{6}{8}$입니다.

$1\frac{6}{8}>\square\frac{1}{8}$이므로 $\square$ 안에 알맞은 수는 1입니다.

11 $3\frac{2}{5}<\blacklozenge\frac{1}{5}$에서 $\blacklozenge$는 3보다 커야 합니다.

$\blacklozenge\frac{1}{5}<6\frac{4}{5}$에서 $\blacklozenge$는 6과 같거나 6보다 작아야 합니다.

따라서 $\blacklozenge$에 들어갈 수 있는 자연수는 4, 5, 6입니다.

12 분모가 9인 분수 중에서 $2\frac{4}{9}=\frac{22}{9}$보다 크고 $\frac{26}{9}$보다 작은 가분수를 만들려고 하므로 분자는 22보다 크고 26보다 작아야 합니다.

따라서 분자가 될 수 있는 수는 24입니다.

100쪽　**응용 학습 ❶**

1단계	12개	**1·1**	8개
2단계	10개	**1·2**	준수
3단계	18개		

1단계 40의 $\frac{1}{10}$은 4이므로 40의 $\frac{3}{10}$은 $4\times3=12$입니다. 형에게 준 사탕은 12개입니다.

2단계 40의 $\frac{1}{8}$은 5이므로 40의 $\frac{2}{8}$는 $5\times2=10$입니다. 동생에게 준 사탕은 10개입니다.

3단계 (남은 사탕의 개수)$=40-12-10=18$(개)

1·1 ・30의 $\frac{1}{6}$은 5이므로 30의 $\frac{2}{6}$는 $5\times2=10$입니다.

　　→ 소연이가 먹은 딸기: 10개

・30의 $\frac{1}{5}$은 6이므로 30의 $\frac{2}{5}$는 $6\times2=12$입니다.

　　→ 지훈이가 먹은 딸기: 12개

➡ 영은이가 먹은 딸기는 $30-10-12=8$(개)입니다.

1·2 ・24의 $\frac{3}{8}$은 9이므로 준수가 사용한 색종이는 9장입니다.

・24의 $\frac{4}{12}$는 8이므로 은서가 사용한 색종이는 8장입니다.

・지윤이가 사용한 색종이는 $24-9-8=7$(장)입니다.

➡ $9>8>7$이므로 색종이를 가장 많이 사용한 사람은 준수입니다.

101쪽　**응용 학습 ❷**

1단계	$1\frac{3}{7}$, $3\frac{6}{7}$	**2·1**	7
2단계	2, 3	**2·2**	6개
3단계	2개		

1단계 $\frac{10}{7}=1\frac{3}{7}$이고 $\frac{27}{7}=3\frac{6}{7}$입니다.

➡ $1\frac{3}{7}<\star<3\frac{6}{7}$

2단계 $1\frac{3}{7}<\star<3\frac{6}{7}$에서 $1\frac{3}{7}$은 1보다 크고 $3\frac{6}{7}$은 3보다 큽니다.

따라서 $\star$에 들어갈 수 있는 자연수는 2, 3입니다.

3단계 $\star$에 들어갈 수 있는 자연수는 2, 3으로 모두 2개입니다.

2·1 $\frac{19}{8}=2\frac{3}{8}$이므로 $2\frac{3}{8}>1\frac{\square}{8}$에서 조건을 만족하는 수를 찾습니다.

$2\frac{3}{8}$과 $1\frac{\square}{8}$의 자연수의 크기를 비교하면 $2>1$이므로 $\square$ 안에 들어갈 수 있는 자연수는 1, 2, 3, 4, 5, 6, 7입니다. 따라서 $\square$ 안에 들어갈 수 있는 자연수 중 가장 큰 수는 7입니다.

주의 대분수는 자연수와 진분수로 이루어진 분수이므로 $\square$ 안에는 분모 8보다 작은 자연수만 들어갈 수 있습니다.

2·2 $2\frac{1}{3}=\frac{7}{3}$, $4\frac{2}{3}=\frac{14}{3}$이므로 $\frac{7}{3}<\frac{\square}{3}<\frac{14}{3}$에서 $7<\square<14$입니다.

$\square$ 안에 들어갈 수 있는 자연수는 8, 9, 10, 11, 12, 13으로 모두 6개입니다.

102쪽 응용 학습 ❸

1단계 $8\dfrac{3}{6}$		**3·1** $4\dfrac{5}{9}=\dfrac{41}{9}$	
2단계 $\dfrac{51}{6}$		**3·2** $9\dfrac{6}{7}=\dfrac{69}{7}$	

1단계 가장 큰 대분수를 만들려면 자연수가 가장 커야 하므로 자연수에 8을 씁니다.
남은 수 3, 6으로 진분수를 만들면 만들 수 있는 가장 큰 대분수는 $8\dfrac{3}{6}$입니다.

2단계 $8=\dfrac{48}{6}$이므로 만든 대분수 $8\dfrac{3}{6}$을 가분수로 나타내면 $\dfrac{51}{6}$입니다.

3·1 가장 작은 대분수를 만들려면 자연수가 가장 작아야 하므로 자연수에 4를 씁니다.
남은 수 5, 9로 진분수를 만들면 만들 수 있는 가장 작은 대분수는 $4\dfrac{5}{9}$입니다.
만든 대분수 $4\dfrac{5}{9}$를 가분수로 나타내면 $\dfrac{41}{9}$입니다.

3·2 분모가 7인 가장 큰 대분수를 만들려면 자연수가 가장 커야 하므로 자연수에 9를, 분모에 7을 씁니다.
분모가 7이므로 분자에는 7보다 작은 수 중에서 가장 큰 수인 6을 씁니다.
따라서 만들 수 있는 가장 큰 대분수는 $9\dfrac{6}{7}$이고 가분수로 나타내면 $\dfrac{69}{7}$입니다.

103쪽 응용 학습 ❹

1단계 24 m		**4·1** 9 m	
2단계 16 m		**4·2** 20 m	

1단계 첫 번째 튀어 오른 공의 높이는 36 m의 $\dfrac{4}{6}$입니다.
36 m의 $\dfrac{1}{6}$은 6 m이므로 36 m의 $\dfrac{4}{6}$는 24 m입니다.

2단계 두 번째 튀어 오른 공의 높이는 24 m의 $\dfrac{4}{6}$입니다.
24 m의 $\dfrac{1}{6}$은 4 m이므로 24 m의 $\dfrac{4}{6}$는 16 m입니다.

4·1 첫 번째 튀어 오른 공의 높이는 49 m의 $\dfrac{3}{7}$입니다.
49 m의 $\dfrac{1}{7}$은 7 m이므로 49 m의 $\dfrac{3}{7}$은 21 m입니다.
두 번째 튀어 오른 공의 높이는 21 m의 $\dfrac{3}{7}$입니다.
21 m의 $\dfrac{1}{7}$은 3 m이므로 21 m의 $\dfrac{3}{7}$은 9 m입니다.
따라서 두 번째 튀어 오른 공의 높이는 9 m입니다.

4·2 공을 떨어뜨린 높이를 □라고 하면 첫 번째 튀어 오른 공의 높이가 8 m이므로 □의 $\dfrac{2}{5}$는 8 m입니다.
□의 $\dfrac{2}{5}$가 8 m이므로 □의 $\dfrac{1}{5}$은 4 m이고, □는 20 m입니다.
따라서 공을 떨어뜨린 높이는 20 m입니다.

104쪽 교과서 통합 핵심 개념

1 $\dfrac{6}{10}$, $\dfrac{3}{5}$ 　　　　**2** 3, 15

3 $\dfrac{1}{4}$, $\dfrac{5}{9}$ / $\dfrac{3}{2}$, $\dfrac{8}{8}$, $\dfrac{7}{6}$ / $1\dfrac{2}{5}$, $2\dfrac{4}{7}$, $1\dfrac{1}{10}$

4 $\dfrac{7}{4}$ / <

105쪽 ~ 107쪽 단원 평가

1 1, $\dfrac{1}{3}$		**2** $\dfrac{4}{7}$	
3 4		**4** $2\dfrac{3}{8}$	
5 <		**6** $\dfrac{5}{8}$	
7 30분		**8** $\dfrac{7}{5}$	
9 $\dfrac{10}{11}$		**10** 은솔	
11 9		**12** 연수	
13 30명		**14** $2\dfrac{3}{4}$, $3\dfrac{2}{4}$, $4\dfrac{2}{3}$	
15 $3\dfrac{2}{5}$		**16** $\dfrac{14}{6}$, $1\dfrac{3}{6}$	
17 재희		**18** 52	
19 $\dfrac{5}{2}$, $\dfrac{5}{3}$, $\dfrac{5}{4}$, $\dfrac{5}{5}$		**20** 1, 2, 3	

BOOK ❶
개념북

4
단원

2 35를 5씩 묶으면 20은 전체 7묶음 중의 4묶음이므로 35의 $\frac{4}{7}$입니다.

3 18의 $\frac{1}{9}$은 2이므로 18의 $\frac{2}{9}$는 $2 \times 2 = 4$입니다.

4 색칠한 부분은 2와 $\frac{3}{8}$만큼이므로 대분수로 나타내면 $2\frac{3}{8}$입니다.

5 $2\frac{4}{8} = \frac{20}{8}$입니다. $\frac{20}{8}$과 $\frac{21}{8}$의 분자의 크기를 비교하면 $20 < 21$이므로 $2\frac{4}{8} < \frac{21}{8}$입니다.

6 ❶ 48을 6씩 묶으면 8묶음이 됩니다.

❷ 30은 전체 8묶음 중의 5묶음이므로 48의 $\frac{5}{8}$입니다.

따라서 단팥빵 30개는 전체의 $\frac{5}{8}$입니다.

채점 기준	❶ 전체의 묶음 수를 구한 경우	2점	5점
	❷ 단팥빵 30개는 전체의 얼마인지 구한 경우	3점	

7 1시간은 60분이고 60분을 똑같이 2로 나눈 것 중의 1은 30분입니다.

8 작은 눈금 한 칸의 크기는 $\frac{1}{5}$이므로 ↓가 가리키는 수를 가분수로 나타내면 $\frac{7}{5}$입니다.

9 분모가 11인 진분수의 분자는 11보다 작아야 하므로 분모가 11인 진분수 중 가장 큰 수는 $\frac{10}{11}$입니다.

10 ❶ $\frac{31}{7}$에서 $\frac{28}{7} = 4$이므로 $\frac{31}{7} = 4\frac{3}{7}$입니다.

❷ $6\frac{2}{7}$과 $4\frac{3}{7}$의 자연수의 크기를 비교하면 $6 > 4$이므로 $6\frac{2}{7} > 4\frac{3}{7}$입니다. 따라서 과자를 더 많이 먹은 사람은 은솔입니다.

채점 기준	❶ 분수를 같은 형태로 나타낸 경우	3점	5점
	❷ 분수의 크기를 비교하여 과자를 더 많이 먹은 사람을 찾은 경우	2점	

11 • 25를 5씩 묶으면 10은 전체 5묶음 중의 2묶음이므로 25의 $\frac{2}{5}$입니다. ➡ ㉠=2

• 28을 4씩 묶으면 12는 전체 7묶음 중의 3묶음이므로 28의 $\frac{3}{7}$입니다. ➡ ㉡=7

➡ ㉠+㉡=2+7=9

12 • 정우: 30의 $\frac{1}{6}$은 5이므로 30의 $\frac{2}{6}$는 $5 \times 2 = 10$입니다.

• 민정: 27의 $\frac{1}{9}$은 3이므로 27의 $\frac{4}{9}$는 $3 \times 4 = 12$입니다.

• 연수: 21의 $\frac{1}{7}$은 3이므로 21의 $\frac{5}{7}$는 $3 \times 5 = 15$입니다.

13 1반과 2반의 전체 학생 수는 $23 + 25 = 48$(명)입니다. 48의 $\frac{1}{8}$은 6이므로 48의 $\frac{5}{8}$는 30입니다.

14 대분수는 자연수와 진분수로 이루어진 분수입니다.

• 자연수가 2일 때: $3 < 4$ ➡ $2\frac{3}{4}$

• 자연수가 3일 때: $2 < 4$ ➡ $3\frac{2}{4}$

• 자연수가 4일 때: $2 < 3$ ➡ $4\frac{2}{3}$

15 분모가 5이고 $22 - 5 = 17$이므로 분모와 분자의 합이 22인 가분수는 $\frac{17}{5}$입니다. ➡ $\frac{17}{5} = 3\frac{2}{5}$

16 $\boxed{\frac{14}{6}} > \frac{11}{6} > \frac{9}{6}\left(= 1\frac{3}{6}\right)$

17 $\frac{27}{10} > \frac{24}{10}\left(= 2\frac{4}{10}\right) > \frac{23}{10}$이므로 길이가 가장 긴 끈을 가지고 있는 사람은 재희입니다.

18 어떤 수의 $\frac{3}{4}$이 39이므로 어떤 수의 $\frac{1}{4}$은 $39 \div 3 = 13$입니다. 전체 4묶음 중의 1묶음이 13이므로 전체는 $13 \times 4 = 52$입니다. 따라서 어떤 수는 52입니다.

19 ❶ 가분수는 분자가 분모와 같거나 분모보다 큰 분수이므로 분모는 1보다 크고 5와 같거나 5보다 작아야 합니다.

❷ 따라서 분모가 1보다 크고 분자가 5인 가분수는 $\frac{5}{2}$, $\frac{5}{3}$, $\frac{5}{4}$, $\frac{5}{5}$입니다.

채점 기준	❶ 분모가 될 수 있는 조건을 쓴 경우	3점	5점
	❷ 분모가 1보다 크고 분자가 5인 가분수를 모두 구한 경우	2점	

20 $\frac{13}{9} = 1\frac{4}{9}$이므로 $1\frac{4}{9} > 1\frac{\square}{9}$입니다.

자연수가 같으므로 $4 > \square$입니다. 따라서 □ 안에 들어갈 수 있는 자연수는 1, 2, 3입니다.

⑤ 들이와 무게

110쪽 개념 학습 ①

1 꽃병
2 주전자
3 (1) ㉮ (2) ㉯

1 꽃병의 물을 물병에 모두 옮겨 담았는데 물병이 가득 차지 않았으므로 꽃병의 들이가 더 적습니다.

2 주전자에서 옮겨 담은 물의 높이가 더 높으므로 주전자의 들이가 더 많습니다.

3 물을 모두 옮겨 담은 데 사용한 컵의 수가 많은 것의 들이가 더 많습니다.

111쪽 개념 학습 ②

1 (1) $4L$ / 4 리터
(2) $500\,mL$ / 500 밀리리터
(3) $2L\,100\,mL$ / 2 리터 100 밀리리터
2 (1) L (2) mL

2 (1) 5 mL는 아주 적은 양이므로 양동이의 들이로 적절하지 않습니다.
(2) 350 L는 1 L 우유갑 350개만큼의 들이이므로 350 L는 음료수 캔의 들이로 적절하지 않습니다.

112쪽 개념 학습 ③

1 (1) 6, 900 (2) 8, 500 (3) 3, 100 (4) 2, 700
2 (1) (위에서부터) 1 / 9, 100 (2) 4, 700
(3) (위에서부터) 8, 1000 / 3, 800

1 (1) • mL 단위 계산: $500+400=900$
• L 단위 계산: $2+4=6$
(2) • mL 단위 계산: $200+300=500$
• L 단위 계산: $3+5=8$
(3) • mL 단위 계산: $700-600=100$
• L 단위 계산: $6-3=3$
(4) • mL 단위 계산: $800-100=700$
• L 단위 계산: $4-2=2$

2 (1) • mL 단위 계산: $600+500=1100$, $1100-1000=100$
• L 단위 계산: $1+4+4=9$
(2) • mL 단위 계산: $1000+200-500=700$
• L 단위 계산: $7-1-2=4$
(3) • mL 단위 계산: $1000+200-400=800$
• L 단위 계산: $9-1-5=3$

113쪽 개념 학습 ④

1 무겁습니다 **2** 가볍습니다
3 색연필 **4** 달걀

1 접시가 내려간 쪽이 더 무겁습니다.
사과가 있는 쪽의 접시가 내려갔으므로 사과가 더 무겁습니다.

2 접시가 내려간 쪽이 더 무겁습니다.
가위가 있는 쪽의 접시가 내려갔으므로 크레파스가 더 가볍습니다.

3 연필은 바둑돌 3개의 무게와 같고 색연필은 바둑돌 4개의 무게와 같습니다.
따라서 색연필이 연필보다 바둑돌 $4-3=1$(개)만큼 더 무겁습니다.

4 달걀은 바둑돌 13개의 무게와 같고 밤은 바둑돌 5개의 무게와 같습니다.
따라서 달걀이 밤보다 바둑돌 $13-5=8$(개)만큼 더 무겁습니다.

114쪽 개념 학습 ⑤

1 (1) $4\,kg$ / 4 킬로그램
(2) $6\,kg\,200\,g$ / 6 킬로그램 200 그램
(3) $3t$ / 3 톤
2 (1) g (2) kg

2 (1) 탬버린의 무게는 1 kg보다 가벼우므로 100 kg이나 100 t은 탬버린의 무게로 적절하지 않습니다.
(2) 2 g은 10원짜리 동전 2개의 무게이므로 책상의 무게로 적절하지 않습니다.
2 t은 자동차의 무게와 비슷하므로 책상의 무게로 적절하지 않습니다.

115쪽　개념 학습 ⑥

1 (1) 3, 500　(2) 6, 800　(3) 1, 200　(4) 5, 200
2 (1) (위에서부터) 1 / 5, 200　(2) 6, 500
　(3) (위에서부터) 4, 1000 / 2, 800

1 (1) • g 단위 계산: $200+300=500$
　　• kg 단위 계산: $1+2=3$
　(2) • g 단위 계산: $600+200=800$
　　• kg 단위 계산: $5+1=6$
　(3) • g 단위 계산: $700-500=200$
　　• kg 단위 계산: $4-3=1$
　(4) • g 단위 계산: $300-100=200$
　　• kg 단위 계산: $8-3=5$

2 (1) • g 단위 계산: $500+700=1200$,
　　　$1200-1000=200$
　　• kg 단위 계산: $1+1+3=5$
　(2) • g 단위 계산: $1000+200-700=500$
　　• kg 단위 계산: $9-1-2=6$
　(3) • g 단위 계산: $1000+400-600=800$
　　• kg 단위 계산: $5-1-2=2$

116쪽~117쪽　문제 학습 ❶

1 ( )(○)　　　2 꽃병
3 주전자, 항아리, 3　4 ㉯
5 2배　　　　　6 ㉯, ㉮, ㉰
7 수민　　　　　8 (1) ㉯　(2) 2배
9 2, 1, 3　　　　10 은율
11 ㉯

1 물병의 물이 수조에 다 들어가므로 수조의 들이가 더 많습니다.

2 옮겨 담은 물의 높이가 낮은 것의 들이가 더 적습니다. 따라서 들이가 더 적은 것은 꽃병입니다.

3 항아리의 들이는 컵 5개, 주전자의 들이는 컵 8개와 같으므로 주전자가 항아리보다 컵 $8-5=3$(개)만큼 물이 더 많이 들어갑니다.

4 ㉮, ㉯, ㉰의 물을 모두 옮겨 담은 컵의 수는 각각 ㉮ 3개, ㉯ 4개, ㉰ 2개입니다. 컵의 수가 많을수록 들이가 많으므로 들이가 가장 많은 것은 ㉯입니다.

5 대야의 들이는 컵 8개, 그릇의 들이는 컵 4개와 같습니다. $8÷4=2$이므로 대야의 들이는 그릇의 들이의 2배입니다.

6 옮겨 담은 물의 높이가 낮을수록 들이가 적습니다.

7 각자의 컵으로 덜어낸 횟수가 적을수록 컵의 들이가 많습니다.
들이가 더 많은 컵을 가진 사람은 더 적은 횟수로 덜어낸 수민입니다.

8 (1) 물을 가득 채우기 위해 물을 부은 횟수가 더 많은 컵의 들이가 더 적습니다.
　(2) 양동이의 들이는 ㉮ 6개, 냄비의 들이는 ㉮ 3개와 같으므로 양동이의 들이는 냄비 들이의
　　$6÷3=2$(배)입니다.

9 • 요구르트병의 물이 우유병에 다 들어가므로 우유병의 들이가 더 많습니다.
　• 물병의 물이 우유병에 넘쳤으므로 물병의 들이가 더 많습니다.
　➡ 물병(1), 우유병(2), 요구르트병(3) 순으로 들이가 많습니다.

10 ㉮, ㉯의 물을 옮겨 담은 컵이 다르므로 컵의 들이도 다를 수 있습니다. 따라서 ㉮, ㉯의 들이도 다를 수 있으므로 잘못 말한 사람은 은율입니다.

11 어항에 물을 가득 채우기 위해 물을 부은 횟수가 적을수록 컵의 들이가 많습니다. $9<11<13$이므로 들이가 가장 많은 컵은 ㉯입니다.

118쪽~119쪽　문제 학습 ❷

1 (1) 3　(2) 500　　　2 1, 350
3 (1) 8000　(2) 4060　(3) 3, 700
4 6900 mL　　　　5 L
6 냄비
7 (1) 밥그릇　(2) 세숫대야
8 어항　　　　　　9 항아리
10 예 약 2 L　　　　11 예 약 1500 mL
12 ㉡　　　　　　　13 태우
14 지수

1 (1) 수조의 눈금을 읽으면 물이 3 L 있습니다.
　(2) 비커의 눈금을 읽으면 물이 500 mL 있습니다.

2 1L보다 350mL 더 많은 1L 350mL입니다.

3 (1) 1L=1000mL ➡ 8L=8000mL

(2) 4L=4000mL ➡ 4L 60mL=4060mL

(3) 3000mL=3L ➡ 3700mL=3L 700mL

4 통에 들어 있는 기름은 6L 900mL=6900mL입니다.

5 주전자의 들이가 우유갑의 들이의 3배쯤 되어 보이므로 주전자의 들이는 약 3L입니다.

6 • 250L는 1L 우유갑 250개만큼의 들이로 아주 많은 양이므로 컵의 들이로 적절하지 않습니다.

• 10mL는 아주 적은 양이므로 양동이의 들이로 적절하지 않습니다.

따라서 들이를 바르게 어림한 물건은 냄비입니다.

7 (1) 300mL는 200mL 우유갑보다 들이가 조금 더 많은 것이므로 세숫대야의 들이로 300mL는 적절하지 않습니다.

(2) 2L는 1L 우유갑 2개만큼의 들이이므로 밥그릇의 들이로 2L는 적절하지 않습니다.

8 물병에 물이 1L 30mL=1030mL 들어 있고 1100>1030이므로 어항에 물이 더 많이 들어 있습니다.

9 양동이의 들이는 2L 400mL=2400mL입니다. 항아리, 양동이, 물뿌리개의 들이를 비교하면 2040<2140<2400이므로 들이가 가장 적은 물건은 항아리입니다.

10 물이 비커의 눈금 1L와 2L 사이에 있고 2L에 더 가까우므로 비커에 들어 있는 물은 약 2L입니다.

11 들이가 1000mL인 컵 절반은 약 500mL이므로 꽃병의 들이는 약 1500mL입니다.

12 ㉠ 세제통의 들이는 약 2L입니다.

㉡ 주사기의 들이는 약 5mL입니다.

㉢ 욕조의 들이는 약 300L입니다.

➡ 알맞은 단위가 나머지와 다른 것은 ㉡입니다.

13 500mL 우유갑으로 1번, 200mL 우유갑으로 2번 들어갈 것 같은 들이는 약 900mL입니다. 잘못 어림한 사람은 단위를 잘못 말한 태우입니다.

14 물병에 들어 있는 물의 양의 3배 정도가 물병의 들이입니다. 따라서 물의 양을 가장 가깝게 어림한 사람은 지수입니다.

1 (1) 7L 600mL (2) 5L 200mL

(3) 8L 800mL (4) 1L 700mL

2 5, 900 **3** 2L 700mL

4 (○)( ) **5** 2L 500mL

6 1L 200mL **7** 5, 100

8 2L 100mL, 1L 700mL

9 3800mL **10** 민지, 400mL

11 1L 500mL **12** ㉠, ㉢, ㉡

13 3L 400mL

2 2L 700mL+3L 200mL=5L 900mL

3 1300mL=1L 300mL입니다.

➡ 1L 400mL+1L 300mL=2L 700mL

4 2L 600mL+3L 100mL=5L 700mL

9800mL-4200mL=5600mL

5L 700mL=5700mL이고 5700>5600이므로 들이가 더 많은 것은 5L 700mL입니다.

5 작은 눈금 한 칸의 크기는 100mL이고 처음 수조에 채워져 있던 물의 양은 4L 800mL입니다.

(수조에 남아 있는 물의 양)

=4L 800mL-2L 300mL=2L 500mL

6 (물병에 들어 있는 물의 양)

=500mL+350mL+350mL

=850mL+350mL=1200mL=1L 200mL

7
$$\begin{array}{r} 1 \\ 3\text{L }600\text{mL} \\ +\ 1\text{L }500\text{mL} \\ \hline 5\text{L }100\text{mL} \end{array}$$

8 • (민지가 마신 우유의 양)

=3L 500mL-1L 400mL=2L 100mL

• (연아가 마신 우유의 양)

=2L 800mL-1L 100mL=1L 700mL

9 (두 사람이 마신 우유의 양)

=(민지가 마신 우유의 양)+(연아가 마신 우유의 양)

=2L 100mL+1L 700mL

=3L 800mL=3800mL

10 일주일 동안 민지는 2L 100mL를, 연아는 1L 700mL를 마셨습니다.

2L 100mL-1L 700mL=400mL이므로 민지가 400mL 더 많이 마셨습니다.

11 $5\,L\;400\,mL - 3\,L\;900\,mL = 1\,L\;500\,mL$

12 ㉠
$$\begin{array}{r} 3\;L \\ +\ 2\;L\ 400\ mL \\ \hline 5\;L\ 400\ mL \end{array}$$

㉡
$$\begin{array}{r} \overset{5\quad\ 1000}{\cancel{6}\;L\ 500\ mL} \\ -\ 2\;L\ 800\ mL \\ \hline 3\;L\ 700\ mL \end{array}$$

㉢
$$\begin{array}{r} \overset{1}{1}\;L\ 300\ mL \\ +\ 2\;L\ 900\ mL \\ \hline 4\;L\ 200\ mL \end{array}$$

13 • (4명이 마신 주스의 양)
   $=400\,mL + 400\,mL + 400\,mL + 400\,mL$
   $=1600\,mL = 1\,L\;600\,mL$
   • (처음에 있던 주스의 양)
   $=$(4명이 마신 주스의 양)$+$(남은 주스의 양)
   $=1\,L\;600\,mL + 1\,L\;800\,mL = 3\,L\;400\,mL$

122쪽~123쪽 문제 학습 ❹

1 당근
2 자몽, 10개
3 ⓔ 저울에 탁구공과 배드민턴공을 올려서 무게를 비교합니다.
4 치약
5 휴지, 필통, 장난감
6 2배
7 아니요
8 참외
9 배
10 크레파스, 풀, 가위
11 쌓기나무

2 자몽의 무게는 500원짜리 동전 30개와 같고 고구마의 무게는 500원짜리 동전 20개와 같습니다.
따라서 자몽이 500원짜리 동전 $30-20=10$(개)만큼 더 무겁습니다.

4 • 치약과 컵 중 치약이 더 무겁습니다.
• 컵과 안경 중 컵이 더 무겁습니다.
따라서 가장 무거운 것은 치약입니다.

5 • 필통과 휴지 중 휴지가 더 가볍습니다.
• 필통과 장난감 중 필통이 더 가볍습니다.
따라서 무게가 가벼운 것부터 차례대로 쓰면 휴지, 필통, 장난감입니다.

6 지우개의 무게는 바둑돌 3개와 같고 물감의 무게는 바둑돌 6개와 같습니다. ➡ $6 \div 3 = 2$(배)

7 500원짜리 동전 22개의 무게와 100원짜리 동전 22개의 무게가 다르므로 참외 1개와 가지 1개의 무게는 다릅니다.

8 참외의 무게는 500원짜리 동전 22개와 같고 가지의 무게는 100원짜리 동전 22개와 같습니다.
500원짜리 동전 22개가 100원짜리 동전 22개보다 더 무겁다면 참외가 가지보다 더 무겁습니다.

9 • 배 한 개와 사과 2개의 무게가 같으므로 배와 사과 중 한 개의 무게가 더 무거운 것은 배입니다.
• 사과 한 개와 감 2개의 무게가 같으므로 사과와 감 중 한 개의 무게가 더 무거운 것은 사과입니다.
따라서 한 개의 무게가 가장 무거운 것은 배입니다.

10 • 크레파스 4개와 풀 2개의 무게가 같으므로 크레파스 한 개의 무게는 풀 한 개의 무게보다 가볍습니다.
• 풀 3개와 가위 1개의 무게가 같으므로 풀 한 개의 무게는 가위 한 개의 무게보다 가볍습니다.
따라서 한 개의 무게가 가벼운 것부터 차례대로 쓰면 크레파스, 풀, 가위입니다.

11 수첩의 무게는 바둑돌 9개, 쌓기나무 3개와 같습니다. 수첩의 무게를 재는 데 사용한 개수가 적은 것이 더 무거우므로 바둑돌과 쌓기나무 중 한 개의 무게가 더 무거운 것은 쌓기나무입니다.

124쪽~125쪽 문제 학습 ❺

1 ⑴ 2 ⑵ 350
2 ⑴ 2, 600 ⑵ 1
3 ( )(○)( )
4 (선 연결)
5 ㉢
6 비누
7 ㉡
8 ⑴ g ⑵ t ⑶ kg
9 ②, ③
10 지민
11 은서
12 약 200배
13 약 100 g

1 ⑵ 작은 눈금 한 칸의 크기는 10 g입니다.

2 ⑵ 900 kg보다 100 kg 더 무거운 무게는 1000 kg이고 1 t이라 씁니다.

3 4 kg보다 50 g 더 무거운 무게는 4 kg 50 g이므로 무게가 나머지와 다른 것은 450 g입니다.

4 3 kg=3000 g임을 이용합니다.

5 1 t=1000 kg이므로 t은 무거운 무게를 나타내기에 적당합니다.

6 보통 크기의 귤 1개의 무게가 약 $100\,g$이므로 무게가 약 $200\,g$인 물건으로 알맞은 것은 비누입니다. 수박의 무게는 보통 약 $5{\sim}10\,kg$이고, 구급차의 무게는 약 $3\,t$입니다.

7 ㉠ 에어컨 1대는 약 $20\,kg$입니다.
㉢ 농구공 10개는 약 $6\,kg$입니다.
㉣ 귤 1박스는 약 $5\,kg$입니다.

8 (1) 바지의 무게는 $1\,kg$보다 가벼우므로 바지의 무게로 $500\,kg$과 $500\,t$은 적절하지 않습니다.
(2) 트럭은 $2\,kg$보다 무거우므로 트럭의 무게로 $2\,g$과 $2\,kg$은 적절하지 않습니다.
(3) $3\,g$은 매우 가벼운 무게이고 $3\,t$은 코끼리의 무게와 비슷하므로 의자의 무게로 $3\,g$과 $3\,t$은 적절하지 않습니다.

9 설탕 한 봉지의 무게는 $1\,kg$이므로 무게가 $1\,kg$보다 가벼운 것을 모두 찾습니다.

10 파 한 단의 무게는 약 $800\,g$이므로 무게의 단위를 잘못 사용한 사람은 지민입니다.

11 카메라의 실제 무게는 $1400\,g{=}1\,kg\ 400\,g$입니다. 은서는 약 $1\,kg$으로, 지효는 약 $2\,kg\ 100\,g$으로 어림했으므로 카메라의 실제 무게에 더 가깝게 어림한 사람은 은서입니다.

12 서랍의 무게는 약 $10\,kg$이고 코뿔소의 무게는 약 $2\,t{=}2000\,kg$입니다.
10의 200배는 2000이므로 코뿔소의 무게는 서랍의 무게의 약 200배입니다.

13 돋보기 한 개의 무게가 약 $600\,g$이므로 자석 한 개의 무게는 약 $300\,g$으로 어림할 수 있습니다.
자석 한 개의 무게가 약 $300\,g$이므로 양초 한 개의 무게는 약 $100\,g$으로 어림할 수 있습니다.

126쪽~127쪽 문제 학습 ⑥

1 (1) $8\,kg\ 500\,g$ (2) $3\,kg\ 300\,g$
(3) $8\,kg\ 900\,g$ (4) $4\,kg\ 300\,g$
2 5, 800 **3** $4\,kg\ 600\,g$
4 2, 700 **5** $6\,kg\ 400\,g$
6 $3\,kg$ **7** $300\,g$
8 $200\,g$ **9** $4130\,g$
10 1, 3, 2 **11** ㉢
12 $1\,kg\ 400\,g$ **13** $1\,kg\ 700\,g$

---

1 kg은 kg끼리, g은 g끼리 계산합니다.

2 $4\,kg\ 700\,g{+}1\,kg\ 100\,g{=}5\,kg\ 800\,g$

3 (두 사람이 모은 종이의 무게)
$=1\,kg\ 400\,g{+}3\,kg\ 200\,g{=}4\,kg\ 600\,g$

4
$$\begin{array}{r}\overset{3}{\cancel{4}}\,kg\ \overset{1000}{500}\,g\\-\ 1\,kg\ \ 800\,g\\\hline 2\,kg\ \ 700\,g\end{array}$$

5 $3800\,g{=}3\,kg\ 800\,g$입니다.
➡ $2\,kg\ 600\,g{+}3\,kg\ 800\,g{=}6\,kg\ 400\,g$

6
$$\begin{array}{r}\overset{1}{\ }\ \ \ \ \\1\,kg\ 200\,g\\+\ 1\,kg\ 800\,g\\\hline 3\,kg\end{array}$$

7
$$\begin{array}{r}\overset{1}{\cancel{2}}\,kg\ \overset{1000}{100}\,g\\-\ 1\,kg\ \ 800\,g\\\hline 300\,g\end{array}$$

8 (빈 바구니의 무게)
$=$(바구니와 파인애플의 무게)$-$(파인애플의 무게)
$=1\,kg\ 700\,g{-}1\,kg\ 500\,g{=}200\,g$

9 가장 무거운 무게는 $6210\,g$이고 가장 가벼운 무게는 $2\,kg\ 80\,g{=}2080\,g$입니다.
➡ $6210\,g{-}2080\,g{=}4130\,g$

10 ㉠
$$\begin{array}{r}10\,kg\ 800\,g\\-\ \ 3\,kg\ 100\,g\\\hline 7\,kg\ 700\,g\end{array}$$
㉢
$$\begin{array}{r}\overset{1}{\ }\ \ \ \ \\3\,kg\ 700\,g\\+\ 1\,kg\ 700\,g\\\hline 5\,kg\ 400\,g\end{array}$$
㉣
$$\begin{array}{r}\overset{6}{\cancel{7}}\,kg\ \overset{1000}{100}\,g\\-\ 1\,kg\ 600\,g\\\hline 5\,kg\ 500\,g\end{array}$$

11 $6900\,g{-}3300\,g{=}3600\,g{=}3\,kg\ 600\,g$입니다.
㉠
$$\begin{array}{r}\overset{1}{\ }\ \ \ \ \\1\,kg\ 900\,g\\+\ 2\,kg\ 700\,g\\\hline 4\,kg\ 600\,g\end{array}$$
㉢
$$\begin{array}{r}\overset{8}{\cancel{9}}\,kg\ \overset{1000}{100}\,g\\-\ 5\,kg\ 500\,g\\\hline 3\,kg\ 600\,g\end{array}$$

12 • (상자에 담긴 물건의 무게)
$=700\,g{+}900\,g{=}1600\,g{=}1\,kg\ 600\,g$
• (상자에 더 담을 수 있는 무게)
$=3\,kg{-}$(상자에 담긴 물건의 무게)
$=3\,kg{-}1\,kg\ 600\,g{=}1\,kg\ 400\,g$

13 • (수민이의 가방 무게)

= (지혜의 가방 무게) + 300 g

= 800 g + 300 g = 1100 g = 1 kg 100 g

• (준서의 가방 무게)

= (준서와 수민이의 가방 무게의 합)

− (수민이의 가방 무게)

= 2 kg 800 g − 1 kg 100 g = 1 kg 700 g

128쪽 응용 학습 ①

1단계	㉮	**1·1**	㉮
2단계	㉰	**1·2**	㉯
3단계	㉮		

1단계 ㉮에 가득 채운 물을 ㉯에 옮겨 담았을 때 넘치므로 ㉮의 들이가 더 많습니다.

2단계 ㉯에 가득 채운 물을 ㉰에 옮겨 담았을 때 가득 차지 않으므로 ㉰의 들이가 더 많습니다.

3단계 ㉮와 ㉯ 중 ㉮의 들이가 더 많고, ㉯와 ㉰ 중 ㉰의 들이가 더 많으므로 들이가 가장 많은 것은 ㉮입니다.

1·1 • ㉮에 가득 채운 물을 ㉯에 옮겨 담았을 때 가득 차지 않으므로 ㉮와 ㉯ 중 ㉮의 들이가 더 적습니다.

• ㉯에 가득 채운 물을 ㉰에 옮겨 담았을 때 가득 차지 않으므로 ㉯와 ㉰ 중 ㉯의 들이가 더 적습니다.

따라서 ㉮, ㉯, ㉰ 중 들이가 가장 적은 것은 ㉮입니다.

1·2 ㉮의 들이는 ㉰ 들이의 반보다 더 많고, ㉯의 들이는 ㉰ 들이의 반보다 적습니다.

따라서 ㉮와 ㉯ 중 들이가 더 적은 것은 ㉯입니다.

129쪽 응용 학습 ②

1단계 예 물병에 물을 가득 채운 후 수조에 2번 붓습니다.

2단계 예 어항에 가득 채운 물을 물병이 가득 찰 때까지 옮겨 담고 남은 물을 수조에 붓습니다.

2·1 예 ㉰에 물을 가득 채운 후 수조에 1번 붓고, ㉯에 물을 가득 채운 후 수조에 1번 붓습니다. 그리고 ㉮에 물을 가득 채운 후 수조에 2번 붓습니다.

2·2 예 들이가 5 L인 어항에 물을 가득 채운 후 들이가 2 L인 어항에 2번 옮겨 담고 남은 물을 수조에 붓습니다.

1단계 500 mL + 500 mL = 1000 mL = 1 L이므로 물병에 물을 가득 채운 후 수조에 2번 부으면 1 L가 됩니다.

2단계 1 L 500 mL − 500 mL = 1 L이므로 어항에 가득 채운 물을 물병이 가득 찰 때까지 옮겨 담고 남은 물을 수조에 부으면 1 L가 됩니다.

2·1 1 L + 500 mL + 300 mL + 300 mL

= 2 L 100 mL입니다.

따라서 ㉰와 ㉯에 물을 가득 채운 후 수조에 각각 1번씩 붓고, ㉮에 물을 가득 채운 후 수조에 2번 부으면 2 L 100 mL가 됩니다.

2·2 5 L − 2 L − 2 L = 1 L입니다.

따라서 들이가 5 L인 어항에 물을 가득 채운 후 들이가 2 L인 어항에 2번 옮겨 담고 남은 물을 수조에 부으면 1 L가 됩니다.

130쪽 응용 학습 ③

1단계	80 g	**3·1**	600 g
2단계	240 g	**3·2**	150 g
3단계	240 g		

1단계 (빗 한 개의 무게) = (비누 한 개의 무게) ÷ 2

= 160 ÷ 2 = 80 (g)

2단계 (빗 3개의 무게) = (빗 한 개의 무게) × 3

= 80 × 3 = 240 (g)

3단계 (치약 한 개의 무게) = (빗 3개의 무게) = 240 g

3·1 • (수첩 한 개의 무게)

= (책 한 권의 무게) ÷ 3 = 360 ÷ 3 = 120 (g)

• (시계 한 개의 무게)

= (수첩 5개의 무게) = 120 × 5 = 600 (g)

3·2 • (지우개 9개의 무게) = (필통 한 개의 무게) = 450 g

• (건전지 3개의 무게) = (지우개 9개의 무게) = 450 g

• (건전지 한 개의 무게)

= (건전지 3개의 무게) ÷ 3 = 450 ÷ 3 = 150 (g)

131쪽 응용 학습 ④

1단계	2	**4·1**	12 kg
2단계	6 kg	**4·2**	1 kg 100 g
3단계	8 kg		

1단계 ㉮의 무게는 ㉯의 무게보다 2 kg 더 무겁습니다.
→ (㉮의 무게)=(㉯의 무게)+2 kg=■+2 kg

2단계 두 상자의 무게의 합이 14 kg이므로
■+2 kg+■=14 kg, ■+■=12 kg,
■=6 kg이므로 ㉯의 무게는 6 kg입니다.

3단계 (㉮의 무게)=(㉯의 무게)+2 kg
=6 kg+2 kg=8 kg

4·1 진우의 가방 무게를 □라 하면 성호의 가방 무게는
□+4 kg입니다. 두 사람의 가방 무게의 합이 20 kg
이므로 □+4 kg+□=20 kg, □+□=16 kg,
□=8 kg입니다.
따라서 성호의 가방 무게는 8 kg+4 kg=12 kg
입니다.

4·2 귤 상자 1개의 무게를 □라 하면 포도 상자 1개의
무게는 □+300 g입니다. 귤 상자 1개와 포도 상자
2개의 무게의 합이 3 kg이므로
□+□+300 g+□+300 g=3 kg입니다.
□+□+□=3 kg-600 g=2400 g,
800+800+800=2400이므로 □=800 g입니다.
따라서 포도 상자 1개의 무게는
800 g+300 g=1100 g=1 kg 100 g입니다.

132쪽 **응용 학습 ⑤**

1단계 4 L(또는 4000 mL)
2단계 2 L 600 mL
5·1 5 L 550 mL
5·2 4 L 500 mL

1단계 물이 1분에 800 mL씩 나오므로 5분 동안 수도에
서 나온 물의 양은 800×5=4000 (mL)입니다.
→ 4000 mL=4 L

2단계 (주전자의 들이)
=(5분 동안 수도에서 나온 물의 양)-(넘친 물의 양)
=4 L-1 L 400 mL=2 L 600 mL

5·1 · (3분 동안 수도에서 나온 물의 양)
=2 L 350 mL+2 L 350 mL+2 L 350 mL
=4 L 700 mL+2 L 350 mL=7 L 50 mL
· (양동이의 들이)
=(3분 동안 수도에서 나온 물의 양)-(넘친 물의 양)
=7 L 50 mL-1 L 500 mL=5 L 550 mL

5·2 · (1분 동안 세숫대야에 받아지는 물의 양)
=(1분 동안 수도에서 나온 물의 양)
-(1분 동안 새는 물의 양)
=950 mL-50 mL=900 mL
· (세숫대야의 들이)
=(5분 동안 세숫대야에 받아지는 물의 양)
=900×5=4500 (mL)
따라서 세숫대야의 들이는 4 L 500 mL입니다.

133쪽 **응용 학습 ⑥**

1단계 200 g   **6·1** 450 g
2단계 100 g   **6·2** 700 g

1단계 (주스 반만큼의 무게)
=(주스가 가득 담긴 병의 무게)
-(주스가 반만큼 담긴 병의 무게)
=500 g-300 g=200 g

2단계 (빈 주스병의 무게)
=(주스가 반만큼 담긴 병의 무게)
-(주스 반만큼의 무게)
=300 g-200 g=100 g

6·1 · (음료수 2병의 무게)
=(음료수 4병이 담긴 상자의 무게)
-(음료수 2병이 담긴 상자의 무게)
=1 kg 650 g-1 kg 50 g=600 g
· (빈 상자의 무게)
=(음료수 2병이 담긴 상자의 무게)
-(음료수 2병의 무게)
=1 kg 50 g-600 g=1050 g-600 g=450 g

6·2 · (배 3개의 무게)
=(배 9개가 담긴 상자의 무게)
-(배 6개가 담긴 상자의 무게)
=6 kg 550 g-4 kg 600 g=1 kg 950 g
· (배 6개의 무게)
=(배 3개의 무게)+(배 3개의 무게)
=1 kg 950 g+1 kg 950 g=3 kg 900 g
· (빈 상자의 무게)
=(배 6개가 담긴 상자의 무게)-(배 6개의 무게)
=4 kg 600 g-3 kg 900 g=700 g

134쪽 | 교과서 통합 핵심 개념

1 물병, 꽃병, 3
2 (위에서부터) 6, 500 / 2, 200 / 8, 700 / 4, 300
3 가위, 자, 2
4 (위에서부터) 4, 800 / 3, 100 / 7, 900 / 1, 700

135쪽 ~ 137쪽 | 단원 평가

1	㉰	2	3680
3	1, 900	4	1
5	g	6	물통
7	㉣, ㉠, ㉡, ㉢	8	예 약 1 L
9	3 L 270 mL	10	3 L 700 mL
11	㉰	12	경선
13	배	14	③, ④
15	㉣	16	3 kg 700 g
17	9 kg 200 g	18	3 L
19	6, 800	20	700 g

2 $3 L \, 680 mL = 3000 mL + 680 mL = 3680 mL$

3 $1900 g = 1000 g + 900 g = 1 kg \, 900 g$

5 농구공 1개의 무게는 1 kg보다 가벼우므로 농구공의 무게로 600 kg과 600 t은 적절하지 않습니다.

6 물통에 가득 채운 물이 그릇에 다 들어가지 않으므로 물통의 들이가 더 많습니다.

7 단위를 같게 나타내어 들이를 비교합니다.
㉠ 7 L = 7000 mL ㉡ 7 L 20 mL = 7020 mL
㉢ 7200 mL ㉣ 700 mL
700 < 7000 < 7020 < 7200이므로 들이가 적은 것부터 차례대로 기호를 쓰면 ㉣, ㉠, ㉡, ㉢입니다.

8 들이가 2 L인 물병에 물이 절반 정도 들어 있으므로 물병에 들어 있는 물은 약 1 L입니다.

9 $5 L \, 870 mL - 2 L \, 600 mL = 3 L \, 270 mL$

10 ❶ 처음 수조에 들어 있던 물의 양은 1250 mL = 1 L 250 mL입니다.
❷ 따라서 물을 2 L 450 mL 더 넣은 후 수조에 들어 있는 물은 1 L 250 mL + 2 L 450 mL = 3 L 700 mL입니다.

채점 기준	❶ 처음 수조에 들어 있던 물의 양을 몇 L 몇 mL로 나타낸 경우	2점	5점
	❷ 물을 더 넣은 후 수조에 들어 있는 물의 양을 구한 경우	3점	

11 그릇에 물을 가득 채우기 위해 물을 부은 횟수가 많을수록 그릇의 들이가 많습니다.
8 > 6 > 5이므로 들이가 가장 많은 그릇은 ㉰입니다.

12 ❶ 어림한 들이와 실제 들이의 차는 은영이가 250 mL, 경선이가 150 mL입니다.
❷ 식용유병의 실제 들이에 더 가깝게 어림한 사람은 어림한 들이와 실제 들이의 차가 더 적은 경선입니다.

채점 기준	❶ 어림한 들이와 실제 들이의 차를 구한 경우	2점	5점
	❷ 실제 들이에 더 가깝게 어림한 사람을 구한 경우	3점	

13 배는 사과보다 더 무겁고, 사과는 참외보다 더 무겁습니다. 따라서 배는 사과와 참외보다 더 무거우므로 가장 무거운 것은 배입니다.

14 ③ 5 kg 55 g = 5055 g
④ 5900 g = 5 kg 900 g

15 단호박의 무게가 1 kg이므로 무게가 1 kg보다 더 무거운 것을 찾으면 ㉣ 세탁기 1대입니다.

16 ❶ 4 kg 100 g = 4100 g이므로 가장 무거운 것은 간장이고, 가장 가벼운 것은 고추장입니다.
❷ 가장 무거운 것과 가장 가벼운 것의 무게의 차는 4100 g − 400 g = 3700 g = 3 kg 700 g입니다.

채점 기준	❶ 가장 무거운 것과 가장 가벼운 것을 찾은 경우	2점	5점
	❷ 가장 무거운 것과 가장 가벼운 것의 무게의 차를 구한 경우	3점	

17 • (민욱이가 캔 감자의 무게)
 $= 3 kg \, 900 g + 1400 g$
 $= 3 kg \, 900 g + 1 kg \, 400 g = 5 kg \, 300 g$
• (승진이와 민욱이가 캔 감자의 무게)
 $= 3 kg \, 900 g + 5 kg \, 300 g = 9 kg \, 200 g$

18 • (물통에 부은 물의 양) $= 300 \times 4 = 1200 \, (mL)$
• (물통에 들어 있는 물의 양)
 $= 1 L \, 800 mL + 1200 mL$
 $= 1 L \, 800 mL + 1 L \, 200 mL = 3 L$

19 • g 단위 계산: $1000 + 200 - \square = 400$,
 $1200 - \square = 400$, $\square = 800$
• kg 단위 계산: $\square - 1 - 2 = 3$, $\square = 3 + 1 + 2 = 6$

20 • 가지 4개의 무게가 1600 g이므로 가지 1개의 무게는 400 g입니다.
• 한라봉 3개의 무게가 900 g이므로 한라봉 1개의 무게는 300 g입니다.
 ➡ $400 g + 300 g = 700 g$

6 자료의 정리

140쪽 **개념 학습 ①**

1 (1) 예 윤수네 반 학생들 (2) 7명 (3) 24명
(4) 6, 3
2 (1) 4명 (2) 봉선화 (3) 4, 10 (4) 민들레

1 (1) 윤수네 반 학생들을 대상으로 자료를 수집했습니다.
(2) 인형을 받고 싶은 학생은 7명입니다.
(3) 합계가 조사한 전체 학생 수이므로 윤수네 반 학생은 모두 24명입니다.
(4) 게임기를 받고 싶은 학생은 9명, 책을 받고 싶은 학생은 6명입니다.
➡ 9-6=3(명)

2 (1) 개나리를 좋아하는 학생은 4명입니다.
(2) 좋아하는 학생이 6명인 꽃을 찾아보면 봉선화입니다.
(3) 봉선화를 좋아하는 학생은 6명, 개나리를 좋아하는 학생은 4명입니다.
➡ 6+4=10(명)
(4) 학생 수를 비교하면 9>7>6>4이므로 가장 많은 학생들이 좋아하는 꽃은 민들레입니다.

141쪽 **개념 학습 ②**

1 (1) 그림그래프 (2) 2, 22 (3) 1, 13
(4) 2, 1, 21
2 (1) 10권, 1권 (2) 14권 (3) 위인전

1 (1) 조사한 수를 그림으로 나타낸 그래프는 그림그래프입니다.
(2) 101동: 🚗 2개, 🚙 2개 ➡ 22대
(3) 102동: 🚗 1개, 🚙 3개 ➡ 13대
(4) 103동: 🚗 2개, 🚙 1개 ➡ 21대

2 (1) 📕은 10권, 📘은 1권을 나타냅니다.
(2) 백과사전은 📕이 1개, 📘이 4개이므로 14권 빌려 갔습니다.
(3) 📕이 3개인 책의 종류는 위인전입니다.

142쪽 **개념 학습 ③**

1 (1) 23 (2) 2, 3
(3)

장소	학생 수
바다	△ △ △ △ △ △ △
공원	△ △ △
호수	△ △ △ △ △ △

△ 10명
△ 1명

2 (1) 1마리, 10마리
(2)

목장	양의 수
가	◎ ◎ ◎ ○ ○ ○
나	◎ ○ ○
다	◎ ◎ ○ ○ ○ ○

◎ 10마리
○ 1마리

1 (1) (호수에 가고 싶은 학생 수)
=60-16-21=23(명)
(2) 호수에 가고 싶은 학생은 23명이므로 △ 2개, △ 3개로 나타냅니다.

2 (1) 양의 수가 두 자리 수이므로 1마리를 나타내는 그림과 10마리를 나타내는 그림 2가지로 나타내는 것이 좋습니다.
(2) • 나 마을: 12마리 ➡ ◎ 1개, ○ 2개
• 다 마을: 24마리 ➡ ◎ 2개, ○ 4개

143쪽 **개념 학습 ④**

1 (1) 서연이네 반 학생들 (2) 붙임딱지 붙이기
(3) 8, 4, 9
(4)

계절	학생 수
봄	😊 😊
여름	😀 😊 😊 😊
가을	😊 😊 😊 😊
겨울	😀 😊 😊 😊 😊

😀 5명
😊 1명

(5) ○ / ✕

1 (2) 붙임딱지를 붙여서 조사했습니다.
(3) 좋아하는 계절별 학생 수를 세어 표를 완성합니다.
(4) • 여름: 8명 ➡ 😀 1개, 😊 3개
• 가을: 4명 ➡ 😊 4개
(5) 학생 수를 비교하면 9>8>6>4이므로 가장 많은 학생들이 좋아하는 계절은 겨울이고, 가장 적은 학생들이 좋아하는 계절은 가을입니다.

144쪽~145쪽 문제 학습 ①

1	10명	**2**	플루트	**3**	1명
4	26명	**5**	㉡	**6**	14명
7	콜라, 사이다, 주스, 우유			**8**	150점
9	550점	**10**	꼬리잡기	**11**	50점

12 푸른 마을
13 ⓐ 초록 마을에 살고 있는 여학생은 18명입니다.
/ ⓐ 푸른 마을에 살고 있는 남학생은 여학생보다 7명 더 많습니다.
14 2배

1 피아노를 배우고 싶은 학생은 10명입니다.

2 • 첼로: 5명　　　　• 플루트: 7명
➡ 5<7이므로 배우고 싶은 학생 수가 더 많은 악기는 플루트입니다.

3 • 피아노: 10명　　　　• 통기타: 9명
➡ 10−9=1(명)

4 (합계)=8+3+6+9=26(명)

5 표를 보고 학생 수를 비교하여 가장 많은 학생들이 좋아하는 음료수는 알 수 있지만 연준이가 좋아하는 음료수는 알 수 없습니다.

6 • 사이다: 8명　　　　• 주스: 6명
➡ 8+6=14(명)

7 학생 수를 비교하면 9>8>6>3이므로 좋아하는 학생 수가 많은 음료수부터 순서대로 쓰면 콜라, 사이다, 주스, 우유입니다.

8 청군이 줄다리기에서 얻은 점수는 150점입니다.

9 백군이 운동회에서 얻은 점수는 백군 점수의 합계를 보면 알 수 있습니다.

10 청군이 운동회에서 얻은 점수를 비교하면 200>150>100>50이므로 가장 많은 점수를 얻은 경기는 꼬리잡기입니다.

11 • 백군 점수: 150점　　　• 청군 점수: 100점
➡ 150−100=50(점)

12 초록 마을에 살고 있는 남학생은 21명입니다.
남학생이 21명보다 더 많이 살고 있는 마을은 30명이 살고 있는 푸른 마을입니다.

13 마을별 학생 수나 여학생 수와 남학생 수의 비교 등 표를 보고 알 수 있는 내용을 2가지 씁니다.

14 • (게임이 취미인 여학생 수)=17−2−9−3=3(명)
• (독서가 취미인 남학생 수)=16−3−5−2=6(명)
➡ 6÷3=2(배)

146쪽~147쪽 문제 학습 ②

1	10마리, 1마리	**2**	4군데
3	43마리	**4**	다 동
5	라 동	**6**	㉡
7	59개	**8**	야구공
9	농구공, 축구공, 배구공, 야구공		
10	축구공	**11**	에어컨
12	11대	**13**	ⓐ 노트북

2 청동, 중동, 연동, 하동 마을 ➡ 4군데

3 청동 마을: 🐷 4개, 🐑 3개 ➡ 43마리

4 👤이 2개, 👥이 2개인 곳은 다 동입니다.

5 가 동: 15명, 나 동: 7명, 다 동: 22명, 라 동: 11명
➡ 초등학생 수를 비교하면 7<11<15<22이므로 초등학생이 두 번째로 적게 살고 있는 곳은 라 동입니다.

6 ㉡ 가장 많은 초등학생들이 살고 있는 곳은 다 동입니다.

주의 그림에 따라 나타내는 단위가 다르므로 그림그래프의 길이가 길수록 학생 수가 많다고 생각하지 않도록 합니다.

7 축구공: 26개, 배구공: 33개 ➡ 26+33=59(개)

8 배구공은 ⚫이 3개입니다. ⚫이 3개인 공은 없고 ⚫이 4개인 공을 찾으면 야구공입니다.

9 축구공: 26개, 농구공: 13개, 배구공: 33개, 야구공: 40개
➡ 공의 수를 비교하면 13<26<33<40이므로 공의 수가 적은 종류부터 순서대로 쓰면 농구공, 축구공, 배구공, 야구공입니다.

10 체육관에 있는 농구공은 13개입니다.
➡ 13×2=26(개)이므로 공이 26개 있는 것을 찾으면 축구공입니다.

11 냉장고: 22대, 세탁기: 26대, 에어컨: 31대, 노트북: 33대
➡ 판매량을 비교하면 33>31>26>22이므로 두 번째로 많이 팔린 전자 제품은 에어컨입니다.

12 • 가장 많이 팔린 전자 제품: 노트북(33대)
　　• 가장 적게 팔린 전자 제품: 냉장고(22대)
　　➡ 33-22=11(대)

13 가장 많이 팔린 노트북을 더 많이 준비하는 것이 좋습니다.

148쪽~149쪽 문제 학습 ③

1 (예) 2가지

2

반	학생 수
1반	☺☺☺☺☺
2반	☺☺◡◡◡◡◡◡
3반	☺☺◡◡◡◡
4반	☺☺◡◡◡

☺ 10명
◡ 1명

3 170상자

4

농장	멜론 생산량
하늘	🍈🍈🍈🍈🍈🍈🍈🍈
푸른	🍈🍈🍈🍈
초원	🍈🍈🍈🍈🍈🍈🍈
사랑	🍈🍈🍈🍈🍈

🍈 100상자
🍈 10상자

5 푸른 농장, 사랑 농장 **6** 그림그래프

7 ◎, ●, ○ **8** 170, 190, 280

9

민속놀이	학생 수
연날리기	◎●○○
제기차기	◎●○○○○
팽이치기	◎◎●○○○
강강술래	◎●○

◎ 100명
● 50명
○ 10명

10 120명

11

모둠	칭찬 붙임딱지 수
가	♥♥♥♥♥
나	♥♥♥
다	♥♥♥♥♥♥♥
라	♥♥♥♥
마	♥♥♥♥♥

♥ 10장
♥ 1장

/ (예) 라 모둠의 칭찬 붙임딱지 수에서 10장과 1장을 나타내는 그림이 바뀌었습니다.

12 (예) 표는 모둠별 칭찬 붙임딱지 수를 알기 쉽고, 그림그래프는 모둠별 칭찬 붙임딱지 수의 많고 적음을 한눈에 비교하기 쉽습니다.

---

1 학생 수가 두 자리 수이므로 10명을 나타내는 그림과 1명을 나타내는 그림 2가지로 나타내는 것이 좋습니다.

2 10명은 ☺으로, 1명은 ◡으로 나타냅니다.
　　• 2반: 26명 ➡ ☺ 2개, ◡ 6개
　　• 4반: 23명 ➡ ☺ 2개, ◡ 3개

3 (초원 농장의 멜론 생산량)
　　=1100-260-320-350
　　=170(상자)

4 • 하늘 농장: 260상자 ➡ 🍈 2개, 🍈 6개
　　• 초원 농장: 170상자 ➡ 🍈 1개, 🍈 7개
　　• 사랑 농장: 350상자 ➡ 🍈 3개, 🍈 5개

5 하늘 농장과 🍈의 수가 같은 농장은 없고, 🍈이 더 많은 농장은 푸른 농장과 사랑 농장입니다.
　　참고 멜론 생산량이 많은 농장부터 순서대로 쓰면 사랑 농장, 푸른 농장, 하늘 농장, 초원 농장입니다.

6 그림그래프는 표보다 자료의 수가 많고 적음을 한눈에 비교하기 편리합니다.
　　참고 표는 정확한 자료의 수를 알기 편리합니다.

7 100명은 ◎, 50명은 ●, 10명은 ○으로 나타냅니다.

8 • 연날리기: ◎ 1개, ● 1개, ○ 2개
　　　　➡ 100+50+20=170(명)
　　• 제기차기: ◎ 1개, ● 1개, ○ 4개
　　　　➡ 100+50+40=190(명)
　　• 팽이치기: ◎ 2개, ● 1개, ○ 3개
　　　　➡ 200+50+30=280(명)

9 강강술래: 160명
　　　　➡ ◎ 1개, ● 1개, ○ 1개

10 학생 수를 비교하면 280>190>170>160이므로 학생들이 가장 많이 좋아하는 민속놀이는 팽이치기, 가장 적게 좋아하는 민속놀이는 강강술래입니다.
　　➡ 280-160=120(명)

11 칭찬 붙임딱지 수에 맞게 그림을 잘 나타냈는지 확인하여 잘못된 부분을 찾고, 그림그래프로 바르게 나타냅니다.

12 표와 그림그래프를 비교하여 다른 점을 씁니다.

150쪽~151쪽 문제 학습 ④

1 예 진규네 집에 있는 과일

2 12, 7, 4, 9, 32

3

종류	과일 수
사과	◎ ◎ ○ ○
참외	◎ ○ ○
배	○ ○ ○ ○
키위	◎ ○ ○ ○ ○

◎ 5개
○ 1개

4 사과, 12개 **5** 배, 참외, 키위, 사과

6 지혜 **7** 24, 21, 32, 15, 92

8

전통 음료	학생 수
수정과	☺☺○○○○
식혜	☺☺○
화채	☺☺☺○○
미숫가루	☺○○○○○

☺ 10명
○ 1명

9 예 가장 많은 학생들이 좋아하는 전통 음료는 화채입니다. / 예 수정과를 좋아하는 학생은 식혜를 좋아하는 학생보다 3명 더 많습니다.

10 (위에서부터) 2, 6, 1, 3, 12 / 1, 7, 2, 2, 12

11

간식	학생 수
과자	○ ○ ○
빵	☺ ○ ○ ○
과일	○ ○ ○
떡	○ ○ ○ ○ ○

☺ 10명
○ 1명

12 예 빵 / 예 여학생 수와 남학생 수를 합한 수가 가장 큰 간식인 빵을 준비하면 좋을 것 같습니다.

2 종류별 과일 수를 각각 세어 보면 사과는 12개, 참외는 7개, 배는 4개, 키위는 9개입니다.
➡ (합계)=12+7+4+9=32(개)

3 • 사과: 12개 ➡ ◎ 2개, ○ 2개
• 참외: 7개 ➡ ◎ 1개, ○ 2개
• 배: 4개 ➡ ○ 4개
• 키위: 9개 ➡ ◎ 1개, ○ 4개

4 과일 수를 비교하면 12>9>7>4이므로 가장 많이 있는 과일은 사과이고, 12개 있습니다.

5 과일 수를 비교하면 4<7<9<12이므로 과일 수가 적은 종류부터 순서대로 쓰면 배, 참외, 키위, 사과입니다.

6 • 준서: 참외는 배보다 7-4=3(개) 더 많이 있습니다.
• 지혜: 사과와 키위는 모두 12+9=21(개) 있습니다.
➡ 잘못 설명한 사람은 지혜입니다.

7 좋아하는 전통 음료별 학생 수를 각각 세어 보면 수정과는 24명, 식혜는 21명, 화채는 32명, 미숫가루는 15명입니다.
➡ (합계)=24+21+32+15=92(명)

8 • 수정과: 24명 ➡ ☺ 2개, ☺ 4개
• 식혜: 21명 ➡ ☺ 2개, ☺ 1개
• 화채: 32명 ➡ ☺ 3개, ☺ 2개
• 미숫가루: 15명 ➡ ☺ 1개, ☺ 5개

9 그림그래프를 보고 알 수 있는 내용을 2가지 씁니다.

10 주황색 붙임딱지의 수를 세어 좋아하는 간식별 여학생 수를 쓰고, 초록색 붙임딱지의 수를 세어 좋아하는 간식별 남학생 수를 쓵니다.

11 과자는 2+1=3(명), 빵은 6+7=13(명), 과일은 1+2=3(명), 떡은 3+2=5(명)에 맞게 그림그래프로 나타냅니다.

12 가장 많은 학생들이 좋아하는 간식을 준비하는 것이 좋습니다.

152쪽 응용 학습 ❶

1단계 240명, 350명

2단계 240, 350

색깔	학생 수
파란색	☺ ☺ ○ ○ ○ ○
초록색	☺ ☺ ☺ ○ ○ ○ ○ ○
노란색	☺ ○ ○ ○

☺ 100명
○ 10명

1·1 170, 120, 850

과수원	생산량
햇살	🍎 🍎 🍎 🍎 🍎 🍎 🍎
바람	🍎 🍎 🍎 🍎
행복	🍎 🍎 🍎
산들	🍎 🍎 🍎 🍎 🍎 🍎

🍎 100상자
🍎 10상자

1단계 • 파란색: ☺ 2개, ○ 4개 ➡ 240명
• 초록색: ☺ 3개, ○ 5개 ➡ 350명

2단계 노란색을 좋아하는 학생은 130명이므로 ☺ 1개, ○ 3개로 나타냅니다.

1·1
- 햇살 과수원: 🍎 1개, 🍏 7개 ➡ 170상자
- 행복 과수원: 🍎 1개, 🍏 2개 ➡ 120상자
  (합계)=170+310+120+250=850(상자)
- 바람 과수원: 310상자 ➡ 🍎 3개, 🍏 1개
- 산들 과수원: 250상자 ➡ 🍎 2개, 🍏 5개

153쪽 응용 학습 ❷

1단계	3, 5	**2·1** 60개
2단계	10권, 1권	
3단계	26권	

1단계 📕과 📘의 수를 각각 세어 봅니다.

2단계 만화책 35권을 📕 3개, 📘 5개로 나타냈으므로 각각의 그림은 10권, 1권을 나타냅니다.

3단계 동화책: 📕 2개, 📘 6개 ➡ 26권

2·1 택배 220개를 ▱ 2개, ◿ 2개로 나타냈으므로 ▱은 100개, ◿은 10개를 나타냅니다.
라 동은 ▱ 3개, ◿ 1개이므로 310개, 다 동은 ▱ 2개, ◿ 5개이므로 250개입니다.
➡ 310-250=60(개)

154쪽 응용 학습 ❸

1단계	22 kg, 32 kg,	**3·1** 24모둠
	17 kg, 14 kg	
2단계	85 kg	
3단계	17개	

1단계 🥔과 🥔의 수를 각각 세어 밭별 감자 생산량을 알아봅니다.

2단계 (전체 감자 생산량)
= 22+32+17+14=85(kg)

3단계 (필요한 자루의 수)=85÷5=17(개)

3·1 사물놀이를 배우는 학년별 학생 수는 3학년은 18명, 4학년은 23명, 5학년은 34명, 6학년은 18+3=21(명)입니다.
(사물놀이를 배우는 전체 학생 수)
=18+23+34+21=96(명)
➡ 4명씩 한 모둠이 되면 모두 96÷4=24(모둠)이 됩니다.

155쪽 응용 학습 ❹

1단계	15개, 23개
2단계	82개

3단계

월	우산 판매량
5월	☂ ☂ ☂ ☂ ☂
6월	☂ ☂ ☂ ☂ ☂ ☂
7월	☂ ☂ ☂ ☂
8월	☂ ☂ ☂ ☂ ☂

☂ 10개
☂ 1개

4·1

과목	학생 수
국어	☺ ☺ ☺ ☺ ☺
수학	☺ ☺ ☺ ☺
사회	☺ ☺ ☺ ☺ ☺
과학	☺ ☺

☺ 10명
☺ 1명

1단계
- 5월: 15개
- 6월: 23개

2단계 (5월과 6월에 팔린 우산 수의 합)
=15+23=38(개)
➡ (7월과 8월에 팔린 우산 수의 합)
=120-38=82(개)

3단계 7월에 팔린 우산을 □개라 하면 8월에 팔린 우산은 (□+2)개입니다.
➡ □+□+2=82, □+□=80, □=40이므로 7월에는 40개, 8월에는 42개의 우산을 나타냅니다.

4·1
- 국어: 24명
- 사회: 26명
(국어와 사회를 좋아하는 학생 수의 합)
=24+26=50(명)
➡ (수학과 과학을 좋아하는 학생 수의 합)
=110-50=60(명)
과학을 좋아하는 학생을 □명이라 하면 수학을 좋아하는 학생은 (□+□)명입니다.
➡ □+□+□=60, □=20이므로 과학을 좋아하는 학생은 20명, 수학을 좋아하는 학생은 40명을 나타냅니다.

156쪽 교과서 통합 핵심 개념

1 표, 그림그래프
2 26 / 32 / 2, 24 / 7, 17 / 튤립, 코스모스
3 10, 1

1 220명　　**2** 4회　　**3** 940명

4 예 가장 적은 관람객이 본 회차는 3회입니다.
/ 예 2회의 관람객은 1회의 관람객보다 120명 더 많습니다.

5 10 kg, 1 kg　　**6** 41 kg

7 다 목장　　**8** 라 목장

9 16명

10

마을	학생 수
금강	☺☺☺☺☺☺☺☺
덕유	☺☺☺☺☺☺☺☺☺
한라	☺☺☺☺☺☺
설악	☺☺☺☺☺☺☺

☺ 10명
☺ 1명

11 27명　　**12** 23, 16, 60

13

진료 과목	병원 수
내과	⊞⊞⊞
치과	⊞⊞⊞⊞⊞
안과	⊞⊞⊞⊞⊞⊞⊞

⊞ 10개
⊞ 1개

14 치과, 내과, 안과

15

동물	학생 수
호랑이	☺☺
토끼	☺☺☺☺☺☺☺
기린	☺☺☺☺☺
곰	☺☺☺☺☺☺☺☺☺

☺ 10명
☺ 1명

16 97명　　**17** 108자루

18 100접시　　**19** 110접시

20 3일

---

2 ・1회: 220명　　・4회: 200명
➡ 220>200이므로 관람객 수가 더 적은 회차는 4회입니다.

3 (합계)＝220＋340＋180＋200＝940(명)

4

채점 기준	표를 보고 알 수 있는 내용을 2가지 모두 쓴 경우	5점
	표를 보고 알 수 있는 내용을 1가지만 쓴 경우	3점

6 나 목장: 🥛4개, 🥛1개 ➡ 41 kg

7 🥛이 많을수록 우유 생산량이 더 많으므로 우유 생산량이 더 많은 곳은 다 목장입니다.

8 가 목장: 25 kg, 나 목장: 41 kg,
다 목장: 40 kg, 라 목장: 35 kg
➡ 우유 생산량을 비교하면 25<35<40<41이므로 우유 생산량이 두 번째로 적은 목장은 라 목장입니다.

9 (한라 마을의 초등학교 입학생 수)
＝120－43－36－25＝16(명)

10 10명은 ☺으로, 1명은 ☺으로 나타냅니다.

11 ❶ 초등학교 입학생들이 가장 많은 마을은 금강 마을로 43명이고, 가장 적은 마을은 한라 마을로 16명입니다.
❷ 따라서 두 마을의 입학생 수의 차는 43－16＝27(명)입니다.

채점 기준	❶ 초등학교 입학생들이 가장 많은 마을과 가장 적은 마을의 입학생 수를 각각 구한 경우	3점	5점
	❷ ❶에서 구한 두 마을의 입학생 수의 차를 구한 경우	2점	

12 치과: 8＋15＝23(개), 안과: 10＋6＝16(개)
➡ (합계)＝21＋23＋16＝60(개)

13 ・내과: 21개 ➡ ⊞2개, ⊞1개
・치과: 23개 ➡ ⊞2개, ⊞3개
・안과: 16개 ➡ ⊞1개, ⊞6개

14 병원 수를 비교하면 23>21>16이므로 병원 수가 많은 진료 과목부터 순서대로 쓰면 치과, 내과, 안과입니다.

15 토끼를 좋아하는 학생은 34명이므로 곰을 좋아하는 학생은 34－7＝27(명)입니다. ➡ ☺2개, ☺7개

16 호랑이: 11명, 토끼: 34명, 기린: 25명, 곰: 27명
➡ (윤호네 학교 3학년 전체 학생 수)
＝11＋34＋25＋27＝97(명)

17 ❶ (호랑이와 기린을 좋아하는 학생 수)＝11＋25＝36(명)
❷ 한 명당 연필을 3자루씩 나누어 주려고 하므로 연필은 모두 36×3＝108(자루) 필요합니다.

채점 기준	❶ 호랑이와 기린을 좋아하는 학생은 모두 몇 명인지 구한 경우	3점	5점
	❷ 연필은 모두 몇 자루 필요한지 구한 경우	2점	

18 생선가스는 ◯이 2개이므로 200접시 팔렸습니다.
➡ 200의 $\frac{1}{2}$은 100이므로 치즈돈가스는 100접시 팔렸습니다.

19 ・가장 많이 팔린 음식: 카레돈가스(210접시)
・가장 적게 팔린 음식: 치즈돈가스(100접시)
➡ 210－100＝110(접시)

20 ・(11월에 비가 온 날수)＝30－10－8－3＝9(일)
・12월은 31일까지 있습니다.
➡ (12월에 비가 온 날수)＝31－9－8－8＝6(일)
따라서 11월에 비가 온 날은 12월에 비가 온 날보다 9－6＝3(일) 더 많습니다.

34쪽 쉬어가기

64쪽 쉬어가기

86쪽 쉬어가기

108쪽 쉬어가기

138쪽 쉬어가기

160쪽 쉬어가기

BOOK ❶ 개념북

6 단원

6. 자료의 정리 **45**

❶ 곱셈

2쪽~4쪽 단원 평가 기본

1 284
2 (위에서부터) 4, 8, 8 / 1, 8, 0, 30 / 2, 2, 8
3 300 　　　　**4** ㉡
5 351
6 568×6=3408 / 3408
7 360 　　　　**8**
$$\begin{array}{r} 2 \\ 3 \\ \times\ 5\ 8 \\ \hline 1\ 7\ 4 \end{array}$$
9 （선으로 연결）　　**10** <
11 51, 1326 　　　**12** 588
13 ㉢ 　　　　　　**14** 822 cm
15 1400장 　　　**16** 272
17 713 　　　　　**18** 6
19 360 　　　　　**20** 690원

1 수 모형을 모두 세어 보면 백 모형 2개, 십 모형 8개, 일 모형 4개이므로 142×2=284입니다.

2 6에 8과 30을 각각 곱한 후 더합니다.

3 □ 안의 수 3은 십의 자리 계산 4×8=32에서 3을 백의 자리로 올림한 수이므로 실제로 나타내는 수는 300입니다.

4 80×70=5600이므로 6은 ㉡에 써야 합니다.

5
$$\begin{array}{r} 2\ 7 \\ \times\ 1\ 3 \\ \hline 8\ 1 \\ 2\ 7 \\ \hline 3\ 5\ 1 \end{array}$$

6 568을 6번 더한 것을 곱셈식으로 나타내면 568×6=3408입니다.

7 9는 일의 자리 수, 4는 십의 자리 수이므로 두 수는 각각 9와 40을 나타냅니다.
➡ □ 안의 두 수의 곱은 실제로 9×40=360을 나타냅니다.

8 일의 자리 계산에서 올림한 수 2를 십의 자리 계산에 더하지 않아서 잘못 계산하였습니다.

9 • 37×60=2220 　　• 52×40=2080
　 • 60×40=2400 　　• 74×30=2220
　 • 26×80=2080 　　• 30×80=2400

10 94×30=2820, 68×42=2856
➡ 2820<2856

11 3×17=51, 51×26=1326

12 42>34>28>14이므로 가장 큰 수는 42이고, 가장 작은 수는 14입니다.
➡ 42×14=588

13 ❶ ㉠ 34×22=748 　　㉡ 9×86=774
　　 ㉢ 20×40=800 　　㉣ 15×50=750
❷ 따라서 800>774>750>748이므로 곱이 가장 큰 것은 ㉢입니다.

채점 기준	❶ 주어진 곱셈의 곱을 각각 구한 경우	3점	5점
	❷ 곱이 가장 큰 것을 찾아 기호를 쓴 경우	2점	

14 (삼각형의 세 변의 길이의 합)
　=274×3=822 (cm)

15 (문구점에서 판 색종이 수)=20×70=1400(장)

16 ❶ 어떤 수를 □라 하면 □+34=42, □=42-34=8입니다.
❷ 따라서 바르게 계산하면 8×34=272입니다.

채점 기준	❶ 어떤 수를 구한 경우	2점	5점
	❷ 바르게 계산하면 얼마인지 구한 경우	3점	

17 42×17=714
➡ □<714이므로 □ 안에 들어갈 수 있는 가장 큰 세 자리 수는 713입니다.

18 □×4의 일의 자리 수가 4이므로 1×4=4, 6×4=24에서 □=1 또는 □=6입니다.
□=1일 때 831×4=3324(×)
□=6일 때 836×4=3344(○)
➡ □ 안에 알맞은 수는 6입니다.

19 5×48=240, 8×45=360이고 240<360이므로 8×45가 되도록 수 카드를 놓아야 합니다.
➡ 만든 곱셈의 곱은 360입니다.

20 ❶ 우표 7장의 값은 330×7=2310(원)입니다.
❷ 따라서 윤석이가 받아야 할 거스름돈은 3000-2310=690(원)입니다.

채점 기준	❶ 우표 7장의 값을 구한 경우	3점	5점
	❷ 윤석이가 받아야 할 거스름돈은 얼마인지 구한 경우	2점	

5쪽~7쪽　단원 평가 심화

1	396	**2**	455
3	840, 1400, 2240	**4**	
5	수민	**6**	114, 4, 456
7	3개	**8**	73, 584 / 584병
9	293	**10**	⑤
11	348 km	**12**	622
13	408	**14**	(위에서부터) 4, 4, 3
15	2530개	**16**	315쪽
17	사과, 54개	**18**	4248
19	2000	**20**	1191 cm

1 일의 자리, 십의 자리, 백의 자리 순서로 곱을 구하여 각 자리에 맞게 씁니다.

2 $7 \times 65 = 455$

3 $28 \times 30 = 840$, $28 \times 50 = 1400$, $28 \times 80 = 2240$

4 $572 \times 6 = 3432$, $923 \times 4 = 3692$,
$489 \times 8 = 3912$

5 ・수민: $12 \times 53 = 636$
・강우: $25 \times 14 = 350$
➡ 바르게 계산한 사람은 수민입니다.

6 114씩 4번이므로 $114 \times 4 = 456$입니다.

7 $50 \times 60 = 3000$
➡ □ 안에 들어갈 0은 모두 3개입니다.

8 (마트에 있는 음료수 수)
$= 8 \times 73 = 584$(병)

9 $231 \times 5 = 1155$, $362 \times 4 = 1448$
➡ $1448 - 1155 = 293$

10 ① $27 \times 40 = 1080$　② $56 \times 50 = 2800$
③ $18 \times 80 = 1440$　④ $34 \times 60 = 2040$
⑤ $42 \times 80 = 3360$
➡ 곱이 3000보다 큰 것은 ⑤입니다.

11 거리가 174 km인 곳을 다녀왔으므로 이동한 거리는 모두 $174 \times 2 = 348$ (km)입니다.

12 ・$126 \times 3 = 378$ ➡ ㉠$= 378$
・$50 \times 20 = 1000$ ➡ ㉡$= 1000$
➡ $378 < 1000$이므로 ㉡$-$㉠$= 1000 - 378 = 622$
입니다.

13 ❶ 10이 2개이면 20, 1이 14개이면 14이므로 태우가 말한 수는 34입니다.
❷ 따라서 태우가 말한 수와 12의 곱은 $34 \times 12 = 408$입니다.

채점 기준	❶ 태우가 말한 수를 구한 경우	2점	
	❷ 태우가 말한 수와 12의 곱을 구한 경우	3점	5점

14

$$\begin{array}{r} 5\,6 \\ \times\ 2\,㉠ \\ \hline 2\,2\,㉡ \\ 1\,1\,2\ \ \\ \hline 1\,㉢\,4\,4 \end{array}$$

・계산 결과의 일의 자리 수가 4이므로 ㉡$+0=4$, ㉡$=4$입니다.
・$6 \times$㉠의 일의 자리 수가 4이므로 $6 \times 4 = 24$, $6 \times 9 = 54$에서 ㉠$=4$ 또는 ㉠$=9$입니다.
$56 \times 4 = 224(○)$, $56 \times 9 = 504(\times)$이므로 ㉠$=4$입니다.
・㉢$=2+1$이므로 ㉢$=3$입니다.

15 ❶ (봉지에 담은 사탕 수)$= 36 \times 70 = 2520$(개)
❷ 따라서 10개가 남았으므로 사탕은 모두 $2520 + 10 = 2530$(개)입니다.

채점 기준	❶ 봉지에 담은 사탕 수를 구한 경우	3점	
	❷ 사탕은 모두 몇 개인지 구한 경우	2점	5점

16 일주일은 7일이므로 5주일은 $7 \times 5 = 35$(일)입니다.
(5주일 동안 읽을 수 있는 동화책 쪽수)
$= 9 \times 35 = 315$(쪽)

17 (포장한 사과의 수)$= 34 \times 27 = 918$(개)
(포장한 배의 수)$= 16 \times 54 = 864$(개)
➡ 사과가 $918 - 864 = 54$(개) 더 많습니다.

18 (세 자리 수)$\times$(한 자리 수)의 곱이 가장 크려면 가장 큰 수를 한 자리 수로 하고, 나머지 수 카드로 가장 큰 세 자리 수를 만들어야 합니다.
➡ $8 > 5 > 3 > 1$이므로 만든 곱셈의 곱은 $531 \times 8 = 4248$입니다.

19 $19◆25 =$(19보다 5 큰 수)$\times 25 = 24 \times 25 = 600$
$30◆40 =$(30보다 5 큰 수)$\times 40 = 35 \times 40 = 1400$
➡ $600 + 1400 = 2000$

20 ❶ 리본 20개를 겹치게 이어 붙이면 겹친 부분은 $20 - 1 = 19$(군데)입니다.
❷ (리본 20개의 길이의 합)$= 70 \times 20 = 1400$(cm)
(겹친 부분의 길이의 합)$= 11 \times 19 = 209$(cm)
❸ 따라서 이어 붙인 리본의 길이는 $1400 - 209 = 1191$(cm)입니다.

채점 기준	❶ 겹친 부분은 몇 군데인지 구한 경우	1점	
	❷ 리본 20개의 길이의 합과 겹친 부분의 길이의 합을 각각 구한 경우	2점	5점
	❸ 이어 붙인 리본의 길이는 몇 cm인지 구한 경우	2점	

8쪽 수행 평가 ❶회

1 2, 648　　**2** (1) 328　(2) 2781
3 (1) <　(2) >　　**4** 728
5 448개

1 백 모형이 $3 \times 2 = 6$(개), 십 모형이 $2 \times 2 = 4$(개), 일 모형이 $4 \times 2 = 8$(개)입니다.
➡ $324 \times 2 = 600 + 40 + 8 = 648$

3 (1) $204 \times 2 = 408$, $145 \times 3 = 435$
➡ $408 < 435$
(2) $371 \times 4 = 1484$, $256 \times 5 = 1280$
➡ $1484 > 1280$

4 100이 1개이면 100, 10이 8개이면 80, 1이 2개이면 2이므로 182입니다.
➡ $182 \times 4 = 728$

5 (4상자에 들어 있는 귤 수)
= (한 상자에 들어 있는 귤 수) $\times 4$
= $112 \times 4 = 448$(개)

9쪽 수행 평가 ❷회

1 (1) 5600　(2) 2100　　**2** (1) 1800　(2) 2720
3 (○)(　)　　**4** 3, 4, 5
5 540쪽

2 (1) $20 \times 90 = 1800$
(2) $68 \times 40 = 2720$

3 $87 \times 40 = 3480$, $58 \times 70 = 4060$
➡ 곱이 4000보다 작은 것은 87×40입니다.

4 $30 \times 20 = 600$이므로 $100 \times \square < 600$입니다.
$\square = 3$일 때 $100 \times 3 = 300 < 600$,
$\square = 4$일 때 $100 \times 4 = 400 < 600$,
$\square = 5$일 때 $100 \times 5 = 500 < 600$,
$\square = 6$일 때 $100 \times 6 = 600$,
$\square = 7$일 때 $100 \times 7 = 700 > 600$
➡ $\square$ 안에 들어갈 수 있는 수는 3, 4, 5입니다.

5 (30일 동안 읽은 책의 쪽수)
= (하루에 읽은 책의 쪽수) $\times 30$
= $18 \times 30 = 540$(쪽)

10쪽 수행 평가 ❸회

1 42, 180, 222　　**2** (1) 182　(2) 240
3 (위에서부터) (1) 216, 177　(2) 344, 512
4 (1) >　(2) <　　**5** 315개

1 6×37은 6×7과 6×30의 합으로 구할 수 있습니다.

3 (1) $3 \times 72 = 216$, $3 \times 59 = 177$
(2) $8 \times 43 = 344$, $8 \times 64 = 512$

4 (1) $6 \times 29 = 174$, $2 \times 83 = 166$
➡ $174 > 166$
(2) $9 \times 42 = 378$, $5 \times 77 = 385$
➡ $378 < 385$

5 (45상자에 들어 있는 한라봉 수)
= (한 상자에 들어 있는 한라봉 수) $\times 45$
= $7 \times 45 = 315$(개)

11쪽 수행 평가 ❹회

1 (1) 1701　(2) 1504　　**2** (　)(○)
3 ㉢, ㉠, ㉡　　**4** 168 cm
5 315장

2 $26 \times 21 = 546$, $38 \times 15 = 570$
➡ 잘못 계산한 것은 $38 \times 15 = 560$입니다.

3 ㉠ $53 \times 61 = 3233$
㉡ $44 \times 72 = 3168$
㉢ $86 \times 38 = 3268$
➡ $3268 > 3233 > 3168$이므로 곱이 큰 것부터 차례대로 기호를 쓰면 ㉢, ㉠, ㉡입니다.

4 길이가 12 cm인 변이 모두 14개 있습니다.
➡ (빨간선으로 표시한 길이의 합)
= $12 \times 14 = 168$(cm)

5 (수민이네 반 전체 학생 수)
= $4 + 6 + 5 + 6 = 21$(명)
➡ (준비해야 하는 색종이 수)
= $21 \times 15 = 315$(장)

② 나눗셈

12쪽~14쪽 **단원 평가** 기본

1 4, 40
2 (위에서부터) 1, 7 / 5 / 3, 5 / 3, 5 / 0
3 59…3
4 7 / 7, 3

$$6 \overline{)45}$$
$$\underline{42}$$
$$3$$

5 25, 13
6 54÷4
7 ( ) (○)
8 ㉢
9

$$4 \overline{)554}$$
$$\underline{4}$$
$$15$$
$$\underline{12}$$
$$34$$
$$\underline{32}$$
$$2$$

10 74
11 42 cm
12 ㉣, ㉠, ㉡, ㉢
13 9명, 4자루
14 48, 12
15 247

16 (위에서부터) 1, 3 / 8 / 6 / 1, 8 / 1
17 2개
18 4, 3
19 22 cm
20 2, 5, 8

---

2 $50÷5=\boxed{10}$, $35÷5=\boxed{7}$ ➡ $85÷5=\boxed{10}+\boxed{7}=17$

3 $239÷4=59…3$

4 $45÷6=7…3$이므로 몫은 7, 나머지는 3입니다.

5 $50÷2=25$, $91÷7=13$

6 $51÷3=17$, $84÷7=12$, $54÷4=13…2$
➡ 나누어떨어지지 않는 나눗셈은 $54÷4$입니다.

7 $88÷4=22$, $93÷3=31$
➡ $22<31$이므로 몫이 더 큰 것은 $93÷3$입니다.

8 나머지가 6이 되려면 나누는 수가 6보다 커야 합니다.
➡ 나머지가 6이 될 수 없는 나눗셈은 나누는 수가 6인 ㉢입니다.

9 나머지는 나누는 수인 4보다 작아야 하는데 나머지가 6으로 4보다 크기 때문에 잘못 계산했습니다.

10 ❶ $218÷3=72…2$이므로 ㉠=72, ㉡=2입니다.
❷ 따라서 ㉠+㉡=72+2=74입니다.

채점 기준	❶ ㉠과 ㉡에 알맞은 수를 각각 구한 경우	3점	5점
	❷ ㉠과 ㉡에 알맞은 수의 합을 구한 경우	2점	

11 (삼각형의 한 변의 길이)=$126÷3=42$(cm)

12 ㉠ $84÷4=21$ ㉡ $90÷3=30$
㉢ $62÷2=31$ ㉣ $80÷5=16$
➡ $16<21<30<31$이므로 몫이 작은 것부터 차례대로 기호를 쓰면 ㉣, ㉠, ㉡, ㉢입니다.

13 $58÷6=9…4$
➡ 연필을 9명에게 나누어 줄 수 있고, 4자루가 남습니다.

14 • $96÷2=48$이므로 ♥에 알맞은 수는 48입니다.
• $48÷4=12$이므로 ★에 알맞은 수는 12입니다.

15 $738÷3=246$
➡ 246보다 큰 세 자리 수 중에서 가장 작은 수는 247입니다.

16

$$6 \overline{)7 \, ㉢}$$
㉠ ㉡

• ㉠=1, ㉣=6×1=6, ㉤=7−6=1
• 1㉥−㉧8=0 ➡ ㉥=8, ㉧=1
• 6×㉡=18 ➡ ㉡=3
• ㉢=㉥=8

17 ❶ $70÷6=11…4$입니다.
❷ 쿠키를 6개씩 담으면 4개가 남으므로 6개씩 남김없이 담으려면 쿠키는 적어도 $6−4=2$(개) 더 필요합니다.

채점 기준	❶ 나눗셈을 하여 몫과 나머지를 각각 구한 경우	3점	5점
	❷ 쿠키는 적어도 몇 개 더 필요한지 구한 경우	2점	

18 어떤 수를 □라 하면 □×4=76, □=76÷4=19입니다. ➡ 바르게 계산하면 $19÷4=4…3$입니다.

19 ❶ 사각형 1개를 만드는 데 사용한 철사의 길이는 $440÷5=88$(cm)입니다.
❷ 따라서 만든 사각형은 네 변의 길이가 모두 같으므로 사각형의 한 변의 길이는 $88÷4=22$(cm)입니다.

채점 기준	❶ 사각형 1개를 만드는 데 사용한 철사의 길이를 구한 경우	3점	5점
	❷ 사각형의 한 변의 길이를 구한 경우	2점	

20

$$3 \overline{)4 \, □}$$
1 ▲
$$\underline{3}$$
$$1 □$$
$$\underline{1 □} \leftarrow 3×▲$$
$$0$$

$3×▲=1□$이어야 하므로 3단 곱셈구구에서 곱의 십의 자리 수가 1인 경우를 찾으면
$3×4=12$, $3×5=15$, $3×6=18$입니다.
따라서 □ 안에 들어갈 수 있는 수는 2, 5, 8입니다.

BOOK ② 평가북

2 단원

1	28	**2**	56
3	77, 3	**4**	㉡
5	(위에서부터) 22, 4 / 14, 2		
6		**7**	㉠
		8	4개
9	④	**10**	15마리
11	221	**12**	13개, 6 cm
13	3, 142	**14**	50 cm
15	120	**16**	19개
17	21상자	**18**	43그루
19	49, 2	**20**	4개

2 $392 \div 7 = 56$

3 $311 \div 4 = 77 \cdots 3$이므로 몫은 77, 나머지는 3입니다.

4 ㉠ $60 \div 3 = 20$ 　 ㉡ $90 \div 3 = 30$
　 ㉢ $40 \div 2 = 20$ 　 ㉣ $80 \div 4 = 20$
　➡ 몫이 다른 것은 ㉡입니다.

5 $114 \div 5 = 22 \cdots 4$, $114 \div 8 = 14 \cdots 2$

6 • $57 \div 2 = 28 \cdots \textbf{1}$ 　 • $74 \div 6 = 12 \cdots \textbf{2}$
　 • $71 \div 4 = 17 \cdots \textbf{3}$ 　 • $85 \div 3 = 28 \cdots \textbf{1}$
　 • $86 \div 7 = 12 \cdots \textbf{2}$ 　 • $88 \div 5 = 17 \cdots \textbf{3}$

7 ㉠ $34 \div 5 = \textbf{6} \cdots 4$ 　 ㉡ $51 \div 9 = \textbf{5} \cdots 6$
　➡ $6 > 5$이므로 몫이 더 큰 것은 ㉠입니다.

8 ❶ 7로 나누었을 때 나머지가 될 수 있는 수는 7보다 작은 수입니다.
　❷ 따라서 나머지가 될 수 있는 수는 4, 6, 5, 2로 모두 4개입니다.

채점 기준	❶ 나누는 수와 나머지의 관계를 쓴 경우	2점	5점
	❷ 나머지가 될 수 있는 수는 모두 몇 개인지 구한 경우	3점	

9 ① $39 \div 8 = 4 \cdots \textbf{7}$ 　 ② $82 \div 7 = 11 \cdots \textbf{5}$
　③ $87 \div 6 = 14 \cdots \textbf{3}$ 　 ④ $43 \div 3 = 14 \cdots \textbf{1}$
　⑤ $84 \div 5 = 16 \cdots \textbf{4}$
　➡ $1 < 3 < 4 < 5 < 7$이므로 나머지가 가장 작은 것은 ④입니다.

10 호랑이 한 마리의 다리는 4개입니다.
　(호랑이 수) = (호랑이 다리 수) ÷ 4
　　　　　 = $60 \div 4 = 15$(마리)

11 $8 \times 27 = 216$, $216 + 5 = 221$이므로 □ 안에 알맞은 수는 221입니다.

12 $97 \div 7 = 13 \cdots 6$
　➡ 리본을 13개까지 만들 수 있고, 남는 색 테이프는 6 cm입니다.

13 • $87 \div 4 = 21 \cdots 3$이므로 ●에 알맞은 수는 3입니다.
　• $426 \div 3 = 142$이므로 ♣에 알맞은 수는 142입니다.

14 자르기 전의 가래떡의 길이를 □cm라 하면
　□ ÷ 6 = 8 ⋯ 2입니다.
　➡ $6 \times 8 = 48$, $48 + 2 = 50$에서 □ = 50이므로 자르기 전의 가래떡의 길이는 50 cm입니다.

15 ❶ • $92 \div 7 = 13 \cdots 1$이므로 ㉠ = 13입니다.
　• ㉡ ÷ 3 = 35 ⋯ 2에서 $3 \times 35 = 105$, $105 + 2 = 107$이므로 ㉡ = 107입니다.
　❷ 따라서 ㉠ + ㉡ = 13 + 107 = 120입니다.

채점 기준	❶ ㉠과 ㉡에 알맞은 수를 각각 구한 경우	4점	5점
	❷ ㉠과 ㉡에 알맞은 수의 합을 구한 경우	1점	

16 사탕은 모두 $33 + 17 + 26 = 76$(개)입니다.
　➡ 4명이 똑같이 나누어 가진다면 한 명이 갖게 되는 사탕은 $76 \div 4 = 19$(개)입니다.

17 (전체 배의 수) = 36×4
　　　　　　　　 = 144(개)
　➡ $144 \div 7 = 20 \cdots 4$이므로 7개씩 20상자에 담고, 4개가 남습니다. 남은 배 4개도 담아야 하므로 필요한 상자는 적어도 $20 + 1 = 21$(상자)입니다.

18 (도로 한쪽의 간격 수)
　= $252 \div 6 = 42$(군데)
　➡ (도로 한쪽에 심어야 할 가로수 수)
　= $42 + 1 = 43$(그루)

19 (세 자리 수)는 가장 작게 만들고, (한 자리 수)는 가장 크게 만들어야 합니다.
　$3 < 4 < 5 < 7$이므로 나누어지는 수는 345, 나누는 수는 7이 되어야 합니다.
　➡ $345 \div 7 = 49 \cdots 2$

20 ❶ 50보다 작은 수 중에서 9로 나누었을 때 나누어떨어지는 수는 9, 18, 27, 36, 45입니다.
　❷ 9로 나누었을 때 나머지가 5인 수는 9로 나누었을 때 나누어떨어지는 수에 5를 더하면 되므로 $9 + 5 = 14$, $18 + 5 = 23$, $27 + 5 = 32$, $36 + 5 = 41$, $45 + 5 = 50$이고, 이 중에서 50보다 작은 두 자리 수는 14, 23, 32, 41로 모두 4개입니다.

채점 기준	❶ 50보다 작은 수 중에서 9로 나누었을 때 나누어떨어지는 수를 구한 경우	2점	5점
	❷ 50보다 작은 두 자리 수 중에서 9로 나누었을 때 나머지가 5인 수는 모두 몇 개인지 구한 경우	3점	

18쪽 수행 평가 ❶회

1 (1) 10 (2) 18　　**2** (1) 30 (2) 25
3
4 ㉡, ㉢, ㉠
5 16명

1 (1) 7÷7=1이므로 70÷7=10입니다.
　　(2) 50÷5=10, 40÷5=8이므로
　　　90÷5=10+8=18입니다.

2 (1) 9÷3=3이므로 90÷3=30입니다.
　　(2) 40÷2=20, 10÷2=5이므로
　　　50÷2=20+5=25입니다.

3 30÷2=15, 60÷3=20, 90÷9=10

4 ㉠ 80÷4=20　　㉡ 60÷5=12
　　㉢ 90÷6=15
　　➡ 12<15<20이므로 몫이 작은 것부터 차례대로
　　　기호를 쓰면 ㉡, ㉢, ㉠입니다.

5 (나누어 줄 수 있는 사람 수)=80÷5=16(명)

19쪽 수행 평가 ❷회

1 (1) 21 (2) 19　　**2** (1) 12 (2) 14
3 (1) < (2) >　　**4** ㉢
5 14상자

2 (1)　　12
　　　4)48
　　　　4
　　　　8
　　　　8
　　　　0

　　(2)　　14
　　　7)98
　　　　7
　　　　28
　　　　28
　　　　0

3 (1) 39÷3=13, 68÷4=17 ➡ 13<17
　　(2) 64÷2=32, 75÷3=25 ➡ 32>25

4 ㉠ 55÷5=11　　㉡ 96÷8=12
　　㉢ 69÷3=23　　㉣ 72÷4=18
　　➡ 23>18>12>11이므로 몫이 가장 큰 것은 ㉢
　　　입니다.

5 (팔 수 있는 도넛 상자 수)=84÷6=14(상자)

20쪽 수행 평가 ❸회

1 27, 81 / 81, 83　　**2** (1) 5, 7 (2) 14, 1
3 74÷3=24…2 / 24, 2
4 ㉡, ㉠, ㉣, ㉢　　**5** 7장, 4장

1 나누는 수와 몫의 곱에 나머지를 더한 값이 나누어지
　　는 수가 되는지 확인합니다.

2 (1)　　5 ←몫
　　　9)52
　　　　45
　　　　7 ←나머지

　　(2)　　14 ←몫
　　　7)99
　　　　7
　　　　29
　　　　28
　　　　1 ←나머지

3 3×24=72 ➡ 72+2=74
　　나누는 수┘ └몫　　나머지┘ └나누어지는 수

4 ㉠ 51÷4=12…3　　㉡ 94÷5=18…4
　　㉢ 79÷6=13…1　　㉣ 37÷7=5…2
　　➡ 4>3>2>1이므로 나머지가 큰 것부터 차례대
　　　로 기호를 쓰면 ㉡, ㉠, ㉣, ㉢입니다.

5 67÷9=7…4
　　➡ 한 명에게 색종이를 7장씩 나누어 줄 수 있고, 4장
　　　이 남습니다.

21쪽 수행 평가 ❹회

1 (1) 179 (2) 37
2 (위에서부터) (1) 158, 1 / 45, 2 (2) 175, 1 / 58, 4
3 (1) > (2) <　　　　**4** 7
5 49개, 2 cm

2 (1) 317÷2=158…1, 317÷7=45…2
　　(2) 526÷3=175…1, 526÷9=58…4

3 (1) 720÷5=144, 834÷6=139
　　　➡ 144>139
　　(2) 528÷9=58…6, 445÷7=63…4
　　　➡ 58<63

4 나머지는 나누는 수보다 작아야 하므로 나누는 수인
　　8보다 작은 수 중에서 가장 큰 수는 7입니다.

5 394÷8=49…2
　　➡ 옷핀을 49개까지 만들 수 있고, 2 cm가 남습니다.

③ 원

22쪽~24쪽 단원 평가 기본

1 점 ㄷ **2** ③
3 선분 ㄱㄷ 또는 선분 ㄷㄱ,
 선분 ㄴㅁ 또는 선분 ㅁㄴ
4 ① **5** 4
6 5 cm **7**

8 ⑨ 원의 지름은 원을 똑같이 둘로 나누는 선분입니다.
9 26 cm **10** 4군데
11 **12**

 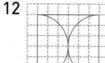

13 미현 **14** 24 cm
15 ⑨ 원의 중심은 오른쪽으로 모눈 2칸, 3칸으로 1칸씩 늘려 가며 이동하고, 반지름이 모눈 1칸씩 늘어나는 규칙입니다.
16

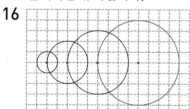

17 27 cm **18** 8 cm
19 가 **20** 100 cm

2 원의 중심과 원 위의 한 점을 이은 선분은 선분 ㅇㄴ입니다.

5 (원의 반지름)=8÷2=4 (cm)

6 ❶ 그리려는 원의 지름이 10 cm이므로 반지름은 10÷2=5(cm)입니다.
 ❷ 컴퍼스를 원의 반지름인 5 cm만큼 벌려야 합니다.

채점 기준	❶ 그리려는 원의 반지름의 길이를 구한 경우	3점	5점
	❷ 컴퍼스를 몇 cm만큼 벌려야 하는지 구한 경우	2점	

7 원의 중심은 모두 같고, 반지름이 모눈 1칸씩 늘어나는 규칙입니다.

8

채점 기준	그림을 보고 알 수 있는 원의 지름의 성질을 한 가지 쓴 경우	5점

9 (선분 ㄱㄴ)=(선분 ㄱㄷ)=7 cm
 ➡ (삼각형 ㄱㄴㄷ의 세 변의 길이의 합)
  =7+7+12=26 (cm)

10 ➡ 그려야 할 모양에서 원의 중심이 4개이므로 컴퍼스의 침을 꽂아야 할 곳은 모두 4군데입니다.

12 한 변이 모눈 6칸인 정사각형을 먼저 그린 후 정사각형의 한 변을 지름으로 하는 원의 일부분을 2개 그립니다.

13 (정훈이가 그린 원의 반지름)=26÷2=13 (cm)
 ➡ 반지름의 길이를 비교하면
  9 cm<12 cm<13 cm이므로 크기가 가장 작은 원을 그린 사람은 미현입니다.

14 (작은 원의 지름)=6×2=12 (cm)
 ➡ (큰 원의 지름)=12×2=24 (cm)

15

채점 기준	'원의 중심'과 '반지름'을 모두 넣어 규칙을 쓴 경우	5점
	'원의 중심'과 '반지름' 중 1가지만 넣어 규칙을 쓴 경우	3점

16 세 번째 원의 중심에서 오른쪽으로 모눈 4칸 이동한 곳을 원의 중심으로 하고, 반지름이 모눈 4칸인 원을 그립니다.

17 삼각형 ㄱㄴㄷ의 세 변은 모두 원의 반지름입니다.
 (삼각형 ㄱㄴㄷ의 한 변의 길이)
 =(원의 반지름)=9 cm
 ➡ (삼각형 ㄱㄴㄷ의 세 변의 길이의 합)
  =9×3=27 (cm)

18 선분 ㄱㄴ의 길이는 원의 반지름의 길이의 4배입니다.
 ➡ 한 원의 반지름은 32÷4=8 (cm)입니다.

19 가 나

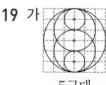

 5군데 4군데
 ➡ 5>4이므로 컴퍼스의 침을 꽂아야 할 곳이 더 많은 것은 가입니다.

20 (직사각형의 가로)=5×8=40 (cm)
 (직사각형의 세로)=5×2=10 (cm)
 ➡ (직사각형의 네 변의 길이의 합)
  =40+10+40+10=100 (cm)

25쪽~27쪽 단원 평가 심화

1	③	**2**	㉠, ㉢
3	5 cm	**4**	12
5	2개	**6**	㉡
7	7 cm	**8**	( )(○)
9	8 cm	**10**	혜진
11	2 cm		

12

13 3 cm **14**

15 ㉡ **16** 24 cm
17 22 cm **18** 나
19 6 cm **20** 12 cm

3 원의 중심과 원 위의 한 점을 이은 선분의 길이는 5 cm 입니다.

4 (원의 지름)=6×2=12 (cm)

6 ㉠ 한 원에서 지름의 길이는 모두 같습니다.
㉢ 한 원에서 지름은 무수히 많이 그을 수 있습니다.

7 원의 지름은 14 cm이므로 원의 반지름은
14÷2=7 (cm)입니다.
➡ 컴퍼스를 원의 반지름인 7 cm만큼 벌려야 합니다.

8 (반지름이 12 cm인 원의 지름)=12×2=24 (cm)
➡ 지름의 길이를 비교하면 24 cm>22 cm이므로
크기가 더 작은 원은 지름이 22 cm인 원입니다.

9 원의 지름은 정사각형의 한 변의 길이와 같으므로
16 cm입니다. ➡ (원의 반지름)=16÷2=8 (cm)

10 ❶ 기찬이가 그린 원의 반지름은 6 cm, 혜진이가 그린 원의 반지름은 14÷2=7 (cm)입니다.
❷ 따라서 반지름의 길이를 비교하면 6 cm<7 cm이므로 크기가 더 큰 원을 그린 사람은 혜진입니다.

채점 기준	❶ 그린 원의 반지름의 길이를 각각 구한 경우	3점	5점
	❷ 크기가 더 큰 원을 그린 사람은 누구인지 이름을 쓴 경우	2점	

11 원 가의 지름은 4×2=8 (cm),
원 나의 지름은 10 cm입니다.
➡ (두 원 가와 나의 지름의 차)=10-8=2 (cm)

12 원의 중심은 오른쪽으로 모눈 3칸, 5칸으로 2칸씩 늘려 가며 이동하고, 반지름이 모눈 1칸, 2칸, 3칸으로 1칸씩 늘어나는 규칙입니다.

13 (작은 원의 지름)=(큰 원의 반지름)
=12÷2=6 (cm)
➡ (작은 원의 반지름)=6÷2=3 (cm)

14

반지름이 모눈 3칸인 원을 그린 후 원 위의 한 점을 원의 중심으로 하는 반지름이 모눈 3칸인 원의 일부분을 4개 그립니다.

15 ㉠ ㉡ ㉢ ㉣

➡ ㉡ 반지름과 원의 중심을 모두 다르게 하여 그린 것입니다.

16 ❶ 세 원의 반지름의 길이가 같으므로 선분 ㄱㅁ의 길이는 반지름의 길이의 6배입니다.
❷ 따라서 (선분 ㄱㅁ)=4×6=24 (cm)입니다.

채점 기준	❶ 선분 ㄱㅁ의 길이는 반지름의 길이의 몇 배인지 구한 경우	2점	5점
	❷ 선분 ㄱㅁ의 길이를 구한 경우	3점	

17 (작은 원의 지름)=4×2=8 (cm),
(큰 원의 지름)=7×2=14 (cm)
➡ (선분 ㄱㄹ)=8+14=22 (cm)

18 가 나 다

5군데 4군데 5군데

➡ 컴퍼스의 침을 꽂아야 할 곳의 수가 다른 하나는 나입니다.

19 ❶ (삼각형의 한 변의 길이)=36÷3=12 (cm)
❷ 삼각형의 한 변의 길이는 원의 반지름의 길이의 2배이므로 원의 반지름은 12÷2=6 (cm)입니다.

채점 기준	❶ 삼각형의 한 변의 길이를 구한 경우	2점	5점
	❷ 원의 반지름의 길이를 구한 경우	3점	

20 선분 ㄱㄴ의 길이는 원의 반지름의 길이의 7배입니다.
(원의 반지름)=42÷7=6 (cm)
➡ (원의 지름)=6×2=12 (cm)

1 원의 중심   **2** ③
3 (1) 4, 8 (2) 7, 14
4 예 원의 지름은 원의 중심을 지나는 선분인데 주어진 선분은 원의 중심을 지나지 않으므로 원의 지름이 아닙니다.

2 원의 중심인 점 ㅇ과 원 위의 한 점을 이은 선분이 아닌 것은 ③ 선분 ㄷㄹ입니다.

3 원의 반지름은 원의 중심과 원 위의 한 점을 이은 선분이고, 원의 지름은 원 위의 두 점을 이은 선분이 원의 중심을 지날 때의 선분입니다.

1 (1) 지름 (2) 2배   **2** 선분 ㄱㄷ 또는 선분 ㄷㄱ
3 (1) 5 (2) 16   **4** ㄹ, ㄱ, ㄷ, ㄴ

2 원 안에 그을 수 있는 가장 긴 선분은 원의 지름이므로 선분 ㄱㄷ입니다.

3 (1) (원의 반지름)$=10 \div 2=5$ (cm)
 (2) (원의 지름)$=8 \times 2=16$ (cm)

4 ㄱ (반지름이 9 cm인 원의 지름)$=9 \times 2=18$ (cm)
 ㄹ (반지름이 10 cm인 원의 지름)
   $=10 \times 2=20$ (cm)
 ➡ 지름의 길이를 비교하면
   $20 \text{ cm}>18 \text{ cm}>17 \text{ cm}>15 \text{ cm}$이므로 크기가 가장 큰 원부터 차례대로 기호를 쓰면 ㄹ, ㄱ, ㄷ, ㄴ입니다.

1 2 cm   **2** 9 cm
3
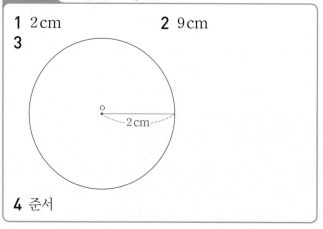
4 준서

1 컴퍼스를 2 cm만큼 벌렸으므로 그린 원의 반지름은 2 cm입니다.

2 컴퍼스를 원의 반지름만큼 벌려야 하므로 $18 \div 2=9$ (cm)만큼 벌려야 합니다.

3 (원의 반지름)$=4 \div 2=2$ (cm)
 ➡ 컴퍼스를 2 cm만큼 벌려서 원을 그립니다.

4 준서가 그린 원의 지름은 $7 \times 2=14$ (cm)입니다.
 ➡ 지름의 길이를 비교하면 $12 \text{ cm}<14 \text{ cm}$이므로 크기가 더 큰 원을 그린 사람은 준서입니다.

1 3군데
2 (1) 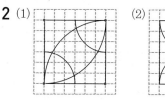   (2)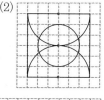
3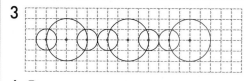
4 ㄴ

1

➡ 그려야 할 모양에서 원의 중심이 3개이므로 컴퍼스의 침을 꽂아야 할 곳은 모두 3군데입니다.

2 (1) 그려야 할 모양에서 원의 중심이 4개이므로 컴퍼스의 침을 꽂아야 할 곳은 모두 4군데입니다.
 (2) 그려야 할 모양에서 원의 중심이 3개이므로 컴퍼스의 침을 꽂아야 할 곳은 모두 3군데입니다.

3 원의 중심은 오른쪽으로 모눈 2칸씩 이동하고, 반지름이 모눈 1칸, 2칸, 1칸이 반복되는 규칙입니다.

4 ㄱ 원의 중심과 반지름을 모두 다르게 한 것입니다.
 ㄷ 반지름은 같고 원의 중심만 다르게 한 것입니다.
 ㄹ 원의 중심과 반지름을 모두 다르게 한 것입니다.

④ 분수

1 $2, \dfrac{2}{7}$ **2** 3

3 예 / 5

4 $10\,\text{cm}$ **5** 2개

6

7 $\dfrac{3}{8}$ **8** $\dfrac{17}{7}$

9 $>$ **10** 수지

11 우체국 **12** $4\,\text{kg}$

13

14 5개

15 $1\dfrac{7}{9}, 1\dfrac{4}{9}, \dfrac{11}{9}$ **16** 40분

17 $\dfrac{13}{8}$ **18** $3\dfrac{1}{5}, \dfrac{19}{5}$

19 6, 7, 8 **20** 3개

---

1 전체 7묶음 중의 2묶음이므로 $\dfrac{2}{7}$입니다.

2 전체 5묶음 중의 3묶음이므로 $\dfrac{3}{5}$입니다.

3 지우개 15개를 똑같이 3묶음으로 나누면 1묶음에 지우개가 5개 있습니다. 따라서 15의 $\dfrac{1}{3}$은 5입니다.

4 $12\,\text{cm}$의 $\dfrac{1}{6}$은 $2\,\text{cm}$이고, $12\,\text{cm}$의 $\dfrac{5}{6}$는 $2 \times 5 = 10\,(\text{cm})$입니다.

5 가분수는 분자가 분모와 같거나 분모보다 큰 분수이므로 $\dfrac{15}{14}, \dfrac{9}{9}$로 2개입니다.

6 작은 눈금 8칸만큼 간 곳에 ↓로 나타냅니다.

7 ❶ 40개를 5개씩 묶으면 8묶음이 됩니다.
❷ 15개는 8묶음 중의 3묶음이므로 40개의 $\dfrac{3}{8}$입니다. 따라서 먹은 옥수수 15개는 전체의 $\dfrac{3}{8}$입니다.

채점 기준	❶ 40개는 5개씩 몇 묶음인지 구한 경우	2점	5점
	❷ 먹은 옥수수는 전체의 몇 분의 몇인지 구한 경우	3점	

8 $2 = \dfrac{14}{7}$이므로 $2\dfrac{3}{7} = \dfrac{17}{7}$입니다.

9 분자의 크기를 비교합니다. $13 > 11$ ➡ $\dfrac{13}{4} > \dfrac{11}{4}$

10 • 수지: $21\,\text{m}$의 $\dfrac{1}{7}$은 $3\,\text{m}$이므로 $\dfrac{3}{7}$은 $9\,\text{m}$입니다.
• 강우: $18\,\text{m}$의 $\dfrac{1}{9}$은 $2\,\text{m}$이므로 $\dfrac{4}{9}$는 $8\,\text{m}$입니다.

11 $\dfrac{19}{8} > \dfrac{17}{8}\left(=2\dfrac{1}{8}\right)$이므로 우체국이 더 가깝습니다.

12 ❶ $16\,\text{kg}$의 $\dfrac{1}{4}$은 $4\,\text{kg}$이므로 $\dfrac{3}{4}$은 $12\,\text{kg}$입니다.
❷ 따라서 남은 레몬청은 $16 - 12 = 4\,(\text{kg})$입니다.

채점 기준	❶ $16\,\text{kg}$의 $\dfrac{3}{4}$은 몇 kg인지 구한 경우	3점	5점
	❷ 남은 레몬청은 몇 kg인지 구한 경우	2점	

14 분모가 6인 분수 중에서 분자가 분모보다 작은 분수는 $\dfrac{1}{6}, \dfrac{2}{6}, \dfrac{3}{6}, \dfrac{4}{6}, \dfrac{5}{6}$로 모두 5개입니다.

15 $\dfrac{16}{9}\left(=1\dfrac{7}{9}\right) > \dfrac{13}{9}\left(=1\dfrac{4}{9}\right) > \dfrac{11}{9}$

16 60분을 똑같이 3으로 나눈 것 중의 1은 20분이므로 60분의 $\dfrac{1}{3}$은 20분, 60분의 $\dfrac{2}{3}$는 40분입니다.

17 남은 사과 파이의 양은 1개와 5조각이므로 $1\dfrac{5}{8}$개입니다. ➡ $1\dfrac{5}{8} = \dfrac{13}{8}$

18 $4\dfrac{2}{5} = \dfrac{22}{5}$이므로 $\dfrac{14}{5}$보다 크고 $\dfrac{22}{5}$보다 작은 분수를 찾습니다.
➡ $1\dfrac{4}{5} = \dfrac{9}{5}, \dfrac{41}{5}, 3\dfrac{1}{5} = \dfrac{16}{5}, \dfrac{19}{5}, 2\dfrac{3}{5} = \dfrac{13}{5}$

19 $\dfrac{32}{9} = 3\dfrac{5}{9}$입니다. $3\dfrac{5}{9} < 3\dfrac{\square}{9}$에서 자연수가 같으므로 분자의 크기를 비교하면 $5 < \square$, $\square$ 안에 들어갈 수 있는 자연수는 6, 7, 8입니다.

참고 대분수는 자연수와 진분수로 이루어진 분수이므로 분자는 분모보다 작아야 합니다.

20 ❶ 분모가 8인 가분수 중 $3\dfrac{1}{8}\left(=\dfrac{25}{8}\right)$보다 크고 $\dfrac{29}{8}$보다 작은 가분수는 분자가 25보다 크고 29보다 작습니다.
❷ 조건을 모두 만족하는 분수는 $\dfrac{26}{8}, \dfrac{27}{8}, \dfrac{28}{8}$로 3개입니다.

채점 기준	❶ 조건을 모두 만족하는 분수의 분자의 범위를 구한 경우	2점	5점
	❷ 조건을 모두 만족하는 분수의 개수를 구한 경우	3점	

1 6, $\dfrac{5}{6}$ **2** $\dfrac{2}{5}$

3 3, 4 **4** $2\dfrac{3}{5}$

5 (선 연결)

6 30

7 20송이 **8** $\dfrac{4}{7}$, $\dfrac{6}{7}$, $\dfrac{9}{7}$, $\dfrac{12}{7}$

9 8, 10, 11 **10** ㉠

11 120g **12** 준서

13 $\dfrac{14}{6}$, $1\dfrac{5}{6}$ **14** 3개

15 ㉡ **16** 9

17 15시간 **18** $\dfrac{9}{11}$

19 ㉢ **20** $\dfrac{17}{11}$, $\dfrac{18}{11}$

---

1 15는 전체 6묶음 중의 5묶음이므로 18의 $\dfrac{5}{6}$입니다.

2 12는 전체 5묶음 중의 2묶음이므로 30의 $\dfrac{2}{5}$입니다.

3 • 24의 $\dfrac{1}{8}$은 별 24개를 똑같이 8묶음으로 나눈 것 중의 1묶음이므로 3입니다.

• 24의 $\dfrac{1}{6}$은 별 24개를 똑같이 6묶음으로 나눈 것 중의 1묶음이므로 4입니다.

5 • 28의 $\dfrac{1}{4}$은 7이므로 28의 $\dfrac{3}{4}$은 $7\times3=21$입니다.

• 28의 $\dfrac{1}{7}$은 4이므로 28의 $\dfrac{5}{7}$는 $4\times5=20$입니다.

6 $\dfrac{1}{10}$ m는 1 m의 $\dfrac{1}{10}$이므로 10 cm입니다.

따라서 $\dfrac{3}{10}$ m는 30 cm입니다.

7 ❶ 36을 똑같이 9묶음으로 나누면 한 묶음은 4입니다.

❷ 36의 $\dfrac{1}{9}$이 4이므로 36의 $\dfrac{5}{9}$는 20입니다.

따라서 빨간색 장미는 20송이입니다.

채점 기준	❶ 36의 $\dfrac{1}{9}$이 얼마인지 구한 경우	2점	5점
	❷ 빨간색 장미는 몇 송이인지 구한 경우	3점	

9 가분수이므로 □ 안에는 8과 같거나 8보다 큰 수가 들어갈 수 있습니다.

10 ㉠ $\dfrac{24}{4}=6$이므로 $\dfrac{27}{4}=6\dfrac{3}{4}$입니다.

11 200 g의 $\dfrac{1}{5}$은 40 g이고 $\dfrac{2}{5}$는 80 g입니다. 따라서 사용하고 남은 밀가루는 $200-80=120$ (g)입니다.

12 $3\dfrac{1}{7}\left(=\dfrac{22}{7}\right)>2\dfrac{6}{7}$이므로 더 긴 털실을 가진 사람 은 준서입니다.

13 $2\dfrac{2}{6}\left(=\dfrac{14}{6}\right)>2\dfrac{1}{6}>1\dfrac{5}{6}$

14 ❶ 대분수는 자연수와 진분수로 이루어진 분수입니다.

❷ $3<5<8$이므로 만들 수 있는 대분수는 $3\dfrac{5}{8}$, $5\dfrac{3}{8}$, $8\dfrac{3}{5}$으로 모두 3개입니다.

채점 기준	❶ 대분수가 무엇인지 쓴 경우	2점	5점
	❷ 만들 수 있는 대분수의 개수를 구한 경우	3점	

15 ㉠ 16의 $\dfrac{1}{4}$은 4이므로 16의 $\dfrac{3}{4}$은 12입니다.

㉡ 36의 $\dfrac{1}{4}$은 9입니다.

㉢ 18의 $\dfrac{1}{3}$은 6이므로 18의 $\dfrac{2}{3}$는 12입니다.

㉣ 20의 $\dfrac{1}{5}$은 4이므로 20의 $\dfrac{3}{5}$은 12입니다.

16 • 28을 4씩 묶으면 16은 28의 $\dfrac{4}{7}$이므로 ㉠=4입니다.

• 27을 3씩 묶으면 15는 27의 $\dfrac{5}{9}$이므로 ㉡=5입니다.

➡ ㉠+㉡=4+5=9

17 24시간의 $\dfrac{1}{8}$은 3시간이므로 $\dfrac{5}{8}$는 15시간입니다.

18 ❶ 합이 20이고 차가 2인 두 수는 9와 11입니다.

❷ 진분수는 분자가 분모보다 작으므로 조건을 모두 만족하는 분 수는 $\dfrac{9}{11}$입니다.

채점 기준	❶ 합이 20이고 차가 2인 두 수를 구한 경우	2점	5점
	❷ 조건을 모두 만족하는 분수를 구한 경우	3점	

19 ㉠ 분모가 5인 가장 작은 가분수는 $\dfrac{5}{5}$입니다.

㉡ 자연수가 5, 분모가 4인 가장 큰 대분수는 $5\dfrac{3}{4}$입 니다.

㉢ 분모가 7인 가장 큰 진분수는 $\dfrac{6}{7}$입니다.

20 $1\dfrac{5}{11}=\dfrac{16}{11}$이므로 $\dfrac{16}{11}$보다 크고 $\dfrac{19}{11}$보다 작은 가 분수는 $\dfrac{17}{11}$, $\dfrac{18}{11}$입니다.

수행 평가 ❶회

1 ○○○○ | ○○○○ | ○○○○ / $\frac{1}{3}$

2 (1) 3　(2) 5　　　**3** (1) 6, $\frac{5}{6}$　(2) 8, $\frac{5}{8}$

4 $\frac{3}{5}$

---

2 (1) 색칠한 부분은 8묶음 중의 3묶음이므로 $\frac{3}{8}$입니다.

(2) 색칠한 부분은 7묶음 중의 5묶음이므로 $\frac{5}{7}$입니다.

3 (1) 20은 6묶음 중의 5묶음이므로 24의 $\frac{5}{6}$입니다.

(2) 15는 8묶음 중의 5묶음이므로 24의 $\frac{5}{8}$입니다.

4 21은 5묶음 중의 3묶음이므로 35의 $\frac{3}{5}$입니다.

수행 평가 ❷회

1 6

2 예

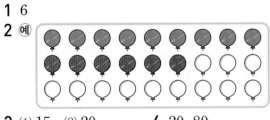

3 (1) 15　(2) 20　　　**4** 20, 80

5 12 cm, 20 cm

---

2 • 27의 $\frac{1}{3}$은 9입니다. ➡ 파란색: 9개

• 27의 $\frac{2}{9}$는 6입니다. ➡ 빨간색: 6개

3 (1) 20의 $\frac{1}{4}$은 5이므로 20의 $\frac{3}{4}$은 15입니다.

(2) 35의 $\frac{1}{7}$은 5이므로 35의 $\frac{4}{7}$는 20입니다.

4 100 cm를 똑같이 5부분으로 나누면 1부분은 20 cm이고, 4부분은 80 cm입니다.

5 32 cm의 $\frac{1}{8}$은 4 cm이므로 $\frac{3}{8}$은 4×3=12 (cm)입니다.
남은 철사의 길이는 32−12=20 (cm)입니다.

수행 평가 ❸회

1 가, 진, 가, 대, 진, 대　**2** $\frac{13}{4}$

3 ├─────┼─────┼─────┼
　0　　　1　　　2　　↓　3
/ $2\frac{5}{6}$

4 (1) $\frac{19}{5}$　(2) $2\frac{2}{9}$　　**5** $\frac{4}{3}$, $\frac{7}{3}$, $\frac{7}{4}$

---

2 $3\frac{1}{4}$은 $\frac{1}{4}$이 13개입니다. ➡ $\frac{13}{4}$

4 (1) $3=\frac{15}{5}$이므로 $3\frac{4}{5}=\frac{19}{5}$입니다.

(2) $\frac{18}{9}=2$이므로 $\frac{20}{9}=2\frac{2}{9}$입니다.

5 가분수는 분자가 분모와 같거나 분모보다 커야 합니다.

수행 평가 ❹회

1 (1) >　(2) <　(3) <　(4) >

2 $3\frac{1}{9}$, $2\frac{5}{9}$　　　**3** 포도주스

4 ㉡, ㉠, ㉢　　　　**5** 1, 2, 3, 4

---

1 (1) 분자의 크기를 비교하면 11>10 ➡ $\frac{11}{7}>\frac{10}{7}$

(2) 자연수의 크기를 비교하면 2<3 ➡ $2\frac{4}{5}<3\frac{2}{5}$

(3) $\frac{27}{8}=3\frac{3}{8}$이고 $3\frac{3}{8}$, $3\frac{5}{8}$의 자연수가 같으므로 분자의 크기를 비교하면 3<5 ➡ $3\frac{3}{8}<3\frac{5}{8}$

(4) $1\frac{7}{11}=\frac{18}{11}$이므로 $\frac{18}{11}$, $\frac{17}{11}$의 분자의 크기를 비교하면 18>17 ➡ $\frac{18}{11}>\frac{17}{11}$

2 $2\frac{4}{9}=\frac{22}{9}$이므로 가분수로 나타내고 분자가 22보다 큰 분수를 찾습니다. ➡ $3\frac{1}{9}\left(=\frac{28}{9}\right)$, $2\frac{5}{9}\left(=\frac{23}{9}\right)$

3 $\frac{11}{4}=2\frac{3}{4}$이고 $2\frac{3}{4}<3\frac{1}{4}$입니다.

4 $3\frac{2}{5}\left(=\frac{17}{5}\right)>3\frac{1}{5}>2\frac{3}{5}$ ➡ ㉡, ㉠, ㉢

5 $\frac{17}{12}=1\frac{5}{12}$이므로 $1\frac{5}{12}>1\frac{\square}{12}$에서 □ 안에 들어갈 수 있는 자연수는 1, 2, 3, 4입니다.

BOOK ❷ 평가북

4 단원

⑤ 들이와 무게

42쪽~44쪽 **단원 평가** 기본

1	어항	**2**	㉮, 2
3	$6\,L\ 20\,mL$ / 6 리터 20 밀리리터		
4	$4\,L\ 700\,mL$		
5	비교할 수 없습니다. / ⑩ 바둑돌과 공깃돌의 무게가 다를 수 있기 때문입니다.		
6	1200, 1, 200	**7**	㉡
8	㉢ / ⑩ 사자의 무게는 약 150 kg입니다.		
9	3 L	**10**	( ) (○)
11	3 L 230 mL	**12**	감자, 당근, 오이
13	㉡, ㉢	**14**	4, 350
15	1 kg 650 g	**16**	9 kg 200 g
17	3 L 350 mL	**18**	㉮, ㉰, ㉯
19	포도주스, 400 mL	**20**	450 g

1 꽃병에 가득 채운 물을 어항에 옮겨 담았을 때 가득 차지 않았으므로 들이가 더 많은 것은 어항입니다.

2 ㉮에 담긴 물을 컵에 모두 옮겨 담으면 7개, ㉯에 담긴 물을 컵에 모두 옮겨 담으면 5개이므로 ㉮에 물이 컵 2개만큼 더 많이 들어갑니다.

3 L는 리터, mL는 밀리리터라고 읽습니다.

4 L는 L끼리, mL는 mL끼리 계산합니다.

5 ❶ 비교할 수 없습니다.
❷ ⑩ 바둑돌과 공깃돌의 무게가 다를 수 있기 때문입니다.

채점 기준	❶ 바르게 답을 한 경우	2점	5점
	❷ 타당한 이유를 쓴 경우	3점	

6 $1200\,g = 1000\,g + 200\,g = 1\,kg\ 200\,g$

7 ㉠ $3\,L\ 70\,mL = 3070\,mL$, ㉡ $3200\,mL$,
㉢ $3180\,mL$, ㉣ $3\,L\ 50\,mL = 3050\,mL$
$3200 > 3180 > 3070 > 3050$이므로 들이가 가장 많은 것은 ㉡ $3200\,mL$입니다.

8 ❶ ㉢
❷ ⑩ 사자의 무게는 약 150 kg입니다.

채점 기준	❶ 단위를 잘못 쓴 것을 찾아 기호를 쓴 경우	2점	5점
	❷ 바르게 고친 경우	3점	

9 $3\,mL$, $30\,mL$는 아주 적은 양이고, $30\,L$는 1 L 우유갑 30개 정도의 들이이므로 세제통의 들이로 적절하지 않습니다.

10 $4\,L\ 750\,mL$는 $5\,L$보다 $250\,mL$ 더 적고, $5\,L\ 200\,mL$는 $5\,L$보다 $200\,mL$ 더 많습니다. 따라서 어항의 들이에 더 가깝게 어림한 것은 약 $5\,L\ 200\,mL$입니다.

11
$$\begin{array}{r} \overset{1}{}1\,L\ 700\,mL \\ +\ 1\,L\ 530\,mL \\ \hline 3\,L\ 230\,mL \end{array}$$

12 당근과 오이 중에서 당근이 더 무겁고, 당근과 감자 중에서 감자가 더 무거우므로 가장 무거운 것은 감자, 가장 가벼운 것은 오이입니다.

13 ㉠ $2\,kg$보다 $700\,g$ 더 무거운 무게는 $2\,kg\ 700\,g$입니다.
㉣ $2\,t$은 $2000\,kg$입니다.

14
$$\begin{array}{r} 7\,kg\ 800\,g \\ -\ 3\,kg\ 450\,g \\ \hline 4\,kg\ 350\,g \end{array}$$

15 (가방의 무게)
$= 36\,kg\ 200\,g - 34\,kg\ 550\,g = 1\,kg\ 650\,g$

16 가장 가벼운 무게는 $3\,kg\ 450\,g$이고 가장 무거운 무게는 $5\,kg\ 750\,g$입니다.
➡ $3\,kg\ 450\,g + 5\,kg\ 750\,g = 9\,kg\ 200\,g$

17
$$\begin{array}{r} \overset{6}{\cancel{7}}\,L\ \overset{1000}{100}\,mL \\ -\ 3\,L\ 750\,mL \\ \hline 3\,L\ 350\,mL \end{array}$$

18 물을 가득 채우기 위해 물을 부은 횟수가 적을수록 컵의 들이가 많습니다.
따라서 들이가 많은 컵부터 차례대로 쓰면 ㉮, ㉰, ㉯입니다.

19 ❶ 포도주스는 $900\,mL + 900\,mL + 900\,mL = 2\,L\ 700\,mL$, 오렌지주스는 $1\,L\ 150\,mL + 1\,L\ 150\,mL = 2\,L\ 300\,mL$ 있습니다.
❷ 따라서 포도주스가 $2\,L\ 700\,mL - 2\,L\ 300\,mL = 400\,mL$ 더 많습니다.

채점 기준	❶ 포도주스와 오렌지주스의 양을 구한 경우	3점	5점
	❷ 어느 것이 몇 mL 더 많은지 구한 경우	2점	

20 • (멜론 2개의 무게)
$= 1\,kg\ 800\,g + 1\,kg\ 800\,g = 3\,kg\ 600\,g$
• (빈 상자의 무게)
$= 4\,kg\ 50\,g - 3\,kg\ 600\,g = 450\,g$

1	㉣, ㉠, ㉡	**2**	3, 500
3	12 L 540 mL	**4**	필통, 수첩, 9
5	양동이, 어항, 대야	**6**	㉖ 약 1 L 500 mL
7	②, ③	**8**	4, 800

9 1 L 720 mL

10 희영이네 가족, 310 mL

11 연필

12 ( )
(○)
( )

13 ╳ (선 잇기)

14 약 100배

15 3 kg 590 g

16 ㉡

17 ㉢ / ㉖ ㉡의 들이는 ㉠의 들이의 2배입니다.

18 4 L 800 mL

19 현진

20 650 g

1 옮겨 담은 물의 높이가 높을수록 들이가 많습니다.

2 큰 눈금 한 칸은 1 L, 작은 눈금 한 칸은 100 mL를 나타냅니다. ➡ 3 L 500 mL

3 4 L+8 L=12 L, 300 mL+240 mL=540 mL

4 필통이 수첩보다 바둑돌 34−25=9(개)만큼 더 무겁습니다.

5 ❶ 4 L 90 mL=4090 mL, 5 L 300 mL=5300 mL입니다.
❷ 5300>4150>4090이므로 양동이, 어항, 대야 순으로 들이가 많습니다.

채점 기준	❶ 들이를 같은 단위로 나타낸 경우	3점	5점
	❷ 들이가 많은 것부터 차례대로 쓴 경우	2점	

6 음료수병의 들이가 우유갑의 들이의 3배쯤 되어 보이므로 음료수병의 들이는 약 1 L 500 mL입니다.

7 ① 요구르트병, ④ 양치컵, ⑤ 물병의 들이로 알맞은 단위는 mL입니다.

8 • mL 단위 계산: 1000+400−600=800
• L 단위 계산: 8−1−□=3, 7−□=3, □=4

9 740 mL+980 mL=1720 mL=1 L 720 mL

10 • (희영이네 가족이 마신 우유의 양)
=740 mL+1400 mL=2140 mL
• (세준이네 가족이 마신 우유의 양)
=980 mL+850 mL=1830 mL
➡ 희영이네 가족이 2140 mL−1830 mL
=310 mL 더 많이 마셨습니다.

11 사인펜 3자루, 연필 4자루, 지우개 1개의 무게가 같으므로 한 개의 무게가 가장 가벼운 것은 연필입니다.

12 6 kg보다 30 g 더 무거운 무게는 6 kg 30 g입니다.
6 kg 30 g=6030 g이므로 무게가 다른 것은 6300 g입니다.

13 세탁기의 무게는 약 80 kg, 하마의 무게는 약 2 t, 사과의 무게는 약 230 g입니다.

14 트럭의 무게는 약 1 t=1000 kg입니다. 10의 100배는 1000이므로 트럭의 무게는 식탁의 무게의 약 100배입니다.

15
$$\begin{array}{r} \overset{5}{\cancel{6}} \text{ kg } \overset{1000}{340} \text{ g} \\ -\ 2 \text{ kg } 750 \text{ g} \\ \hline 3 \text{ kg } 590 \text{ g} \end{array}$$

16 ㉠ 7840 g=7 kg 840 g이므로
7 kg 840 g+5 kg 350 g=13 kg 190 g입니다.
㉡ 1600 g=1 kg 600 g이므로
15 kg 200 g−1 kg 600 g=13 kg 600 g입니다.
➡ 무게가 더 무거운 것은 ㉡ 13 kg 600 g입니다.

17 ❶ ㉢
❷ ㉖ ㉡의 들이는 ㉠의 들이의 2배입니다.

채점 기준	❶ 잘못 설명한 것을 찾아 기호를 쓴 경우	2점	5점
	❷ 바르게 고친 경우	3점	

물을 가득 채우기 위해 부은 횟수가 적은 컵의 들이가 더 많습니다.

18 • (부은 물의 양)
=1 L 600 mL+1 L 600 mL=3 L 200 mL
• (더 부어야 하는 물의 양)
=(항아리의 들이)−(부은 물의 양)
=8 L−3 L 200 mL=4 L 800 mL

19 단호박의 실제 무게는 1 kg 600 g입니다. 실제 무게와 어림한 무게의 차는 영수가 500 g, 현진이가 200 g입니다. 따라서 실제 무게에 더 가깝게 어림한 사람은 현진입니다.

20 ❶ 잡곡 반만큼의 무게는 3 kg 150 g−1 kg 900 g=1 kg 250 g입니다.
❷ (빈 병의 무게)
=(잡곡이 반만큼 들어 있는 병의 무게)−(잡곡 반만큼의 무게)
=1 kg 900 g−1 kg 250 g=650 g

채점 기준	❶ 잡곡 반만큼의 무게를 구한 경우	2점	5점
	❷ 빈 병의 무게를 구한 경우	3점	

BOOK ❷ 평가북

5 단원

1 우유갑   **2** ㉰
3 2 L 500 mL
4 (1) 5000   (2) 4, 70   (3) 8   (4) 1005
5 (1) mL   (2) L

1 우유갑의 물이 물병에 넘쳤으므로 우유갑의 들이가 더 많습니다.

2 어항에 물을 가득 채우기 위해 물을 부은 횟수가 많을수록 컵의 들이가 적습니다.
16>12>9이므로 들이가 가장 적은 컵은 ㉰입니다.

3 2 L보다 500 mL 더 많은 들이는 2 L 500 mL이므로 양동이에 들어 있는 물은 2 L 500 mL입니다.

4 (2) 4070 mL=4000 mL+70 mL=4 L 70 mL
(4) 1 L 5 mL=1000 mL+5 mL=1005 mL

5 (1) 50 L는 1 L 우유갑 50개만큼의 들이이므로 약병의 들이로 50 L는 적절하지 않습니다.
(2) 400 mL는 1 L 우유갑보다 적은 들이이므로 욕조의 들이로 400 mL는 적절하지 않습니다.

1 (1) 5, 900   (2) 10, 800   (3) 2, 390   (4) 4, 580
2 (1) 1 / 7, 280   (2) (위에서부터) 8, 1000 / 5, 810
3 2 L 50 mL   **4** 1 L 830 mL
5 9 L 800 mL, 1 L 900 mL

1 (2) 4 L 450 mL+6 L 350 mL=10 L 800 mL
(4) 11 L 800 mL−7 L 220 mL=4 L 580 mL

3 (오늘 마신 물의 양)
=1 L 650 mL+400 mL=2 L 50 mL

4 (남은 기름의 양)
=4 L 500 mL−2 L 670 mL=1 L 830 mL

5 5850>5320>3950이므로 들이가 가장 많은 것은 5850 mL, 들이가 가장 적은 것은 3950 mL입니다.
• 합: 5850 mL+3950 mL=9800 mL
=9 L 800 mL
• 차: 5850 mL−3950 mL=1900 mL
=1 L 900 mL

1 풀, 지우개, 크레파스
2 (1) 340   (2) 1050, 1, 50
3 (1) 3, 205   (2) 1200   **4** (1) kg   (2) t   (3) g

1 • 크레파스 4개와 지우개 2개의 무게가 같으므로 지우개 한 개의 무게는 크레파스 한 개의 무게보다 무겁습니다.
• 풀 1개와 지우개 3개의 무게가 같으므로 풀 한 개의 무게는 지우개 한 개의 무게보다 무겁습니다.
따라서 한 개의 무게가 무거운 것부터 차례대로 쓰면 풀, 지우개, 크레파스입니다.

2 (1) 작은 눈금 한 칸은 10 g을 나타냅니다.
(2) 1050 g=1000 g+50 g=1 kg 50 g

3 (1) 3205 g=3000 g+205 g=3 kg 205 g
(2) 1 kg 200 g=1000 g+200 g=1200 g

4 (1) 5 g은 500원짜리 동전 한 개의 무게보다 가볍고, 5 t은 트럭의 무게와 비슷합니다.
(2) 비행기 한 대는 아주 무거우므로 약 300 t이 알맞습니다.
(3) 감자 한 개의 무게는 1 kg보다 가벼우므로 약 150 g이 알맞습니다.

1 (1) 4, 800   (2) 7, 480   (3) 4, 280   (4) 4, 650
2 (1) 1 / 8, 220   (2) (위에서부터) 6, 1000 / 2, 690
3 34 kg 400 g   **4** 850 g
5 3, 2, 1

1 (2) 5 kg 80 g+2 kg 400 g=7 kg 480 g
(4) 10 kg 700 g−6 kg 50 g=4 kg 650 g

3 (진아의 몸무게)=(동생의 몸무게)+14 kg 650 g
=19 kg 750 g+14 kg 650 g=34 kg 400 g

4 • (사과와 배의 무게)
=3 kg 450 g+4 kg 700 g=8 kg 150 g
• (빈 상자의 무게)
=9 kg−8 kg 150 g=850 g

5 • 2800 g+4 kg 200 g=7000 g
• 9 kg 100 g−1600 g=7500 g
• 7400 g+1400 g=8800 g

⑥ 자료의 정리

1	10명, 1명	2	21명
3	4반, 14명	4	8명
5	6, 7, 9, 5, 27		

6

과일	학생 수
사과	◎ ○
바나나	◎ ○ ○
포도	◎ ○ ○ ○ ○
귤	◎

◎5명
○1명

7 포도, 바나나, 사과, 귤

8	310 kg	9	라 마을
10	50 kg	11	다 마을
12	예 2가지		

13

모둠	빈 병의 수
가	△ △ ▲ ▲ ▲
나	△ ▲ ▲ ▲ ▲ ▲
다	△ △ △ ▲ ▲
라	△ △

△10병
▲1병

14	17병	15	250점
16	발야구, 달리기	17	수민
18	49명	19	피망

20 예 호박 / 예 가장 많은 학생들이 좋아하는 채소는 호박이므로 호박을 심으면 좋을 것 같습니다.

2 3반: ☺ 2개, ☺ 1개 ➡ 21명

3 1반: 17명, 2반: 25명, 3반: 21명, 4반: 14명
➡ 학생 수를 비교하면 14<17<21<25이므로 휴대 전화를 가지고 있는 학생 수가 가장 적은 곳은 4반이고, 14명입니다.

4 2반: 25명, 1반: 17명 ➡ 25−17=8(명)

5 (합계)=6+7+9+5=27(명)

6 사과는 6개, 바나나는 7개, 포도는 9개, 귤은 5개에 맞게 그림그래프로 나타냅니다.

7 학생 수를 비교하면 9>7>6>5이므로 좋아하는 학생 수가 많은 과일부터 순서대로 쓰면 포도, 바나나, 사과, 귤입니다.

8 가 마을: 🍠3개, 🍠1개 ➡ 310 kg

9 🍠이 2개, 🍠이 4개인 곳은 라 마을입니다.

10 ❶ 가 마을은 310 kg, 나 마을은 260 kg 수확했습니다.
❷ 따라서 가 마을은 나 마을보다 310−260=50(kg) 더 많이 수확했습니다.

| 채점기준 | ❶ 가 마을과 나 마을의 고구마 수확량을 각각 구한 경우 | 3점 | 5점 |
| | ❷ 가 마을은 나 마을보다 고구마를 몇 kg 더 많이 수확했는지 구한 경우 | 2점 | |

11 🍠의 수가 가장 많은 곳은 다 마을입니다.

13 • 가: 23병 ➡ △ 2개, ▲ 3개
• 나: 15병 ➡ △ 1개, ▲ 5개
• 다: 32병 ➡ △ 3개, ▲ 2개
• 라: 20병 ➡ △ 2개

14 ❶ 빈 병을 가장 많이 모은 모둠은 다 모둠으로 32병이고, 가장 적게 모은 모둠은 나 모둠으로 15병입니다.
❷ 따라서 두 모둠의 빈 병의 수의 차는 32−15=17(병)입니다.

| 채점기준 | ❶ 빈 병을 가장 많이 모은 모둠과 가장 적게 모은 모둠의 빈 병의 수를 각각 구한 경우 | 3점 | 5점 |
| | ❷ ❶에서 구한 두 모둠의 빈 병의 수의 차를 구한 경우 | 2점 | |

15 (여학생이 발야구에서 얻은 점수)
=730−150−80−250=250(점)

16 남학생이 여학생보다 더 높은 점수를 얻은 경기는 발야구, 달리기입니다.

17 • 수민: 남학생이 얻은 점수의 합은 300+100+120+150=670(점)이므로 점수의 합계는 여학생이 더 높습니다.
• 강우: 남학생이 얻은 점수를 비교하면 100<120<150<300이므로 가장 낮은 점수를 얻은 경기는 줄넘기입니다.

18 당근을 좋아하는 학생은 42명입니다.
➡ (호박을 좋아하는 학생 수)
=42+7=49(명)

19 호박: 49명, 당근: 42명, 오이: 45명, 피망: 33명
➡ 학생 수를 비교하면 33<42<45<49이므로 가장 적은 학생들이 좋아하는 채소는 피망입니다.

20 ❶ 예 호박
❷ 예 가장 많은 학생들이 좋아하는 채소는 호박이므로 호박을 심으면 좋을 것 같습니다.

| 채점기준 | ❶ 어떤 채소를 심는 것이 좋을지 쓴 경우 | 3점 | 5점 |
| | ❷ 그 이유를 쓴 경우 | 2점 | |

55쪽~57쪽 단원 평가 심화

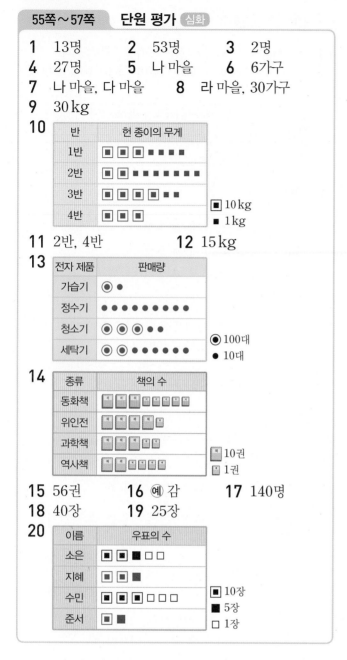

1 13명   **2** 53명   **3** 2명
4 27명   **5** 나 마을   **6** 6가구
7 나 마을, 다 마을   **8** 라 마을, 30가구
9 30 kg

10

반	헌 종이의 무게
1반	■ ■ ■ ■
2반	■ ■ ■ ■ ■ ■ ■
3반	■ ■ ■ ■ ■ ■
4반	■ ■ ■

■10 kg ■1 kg

11 2반, 4반   **12** 15 kg

13

전자 제품	판매량
가습기	◉ ●
정수기	● ● ● ● ● ●
청소기	◉ ◉ ◉ ●
세탁기	◉ ◉ ● ● ● ●

◉100대 ●10대

14

종류	책의 수
동화책	📗 📗 📗 📖 📖 📖 📖 📖
위인전	📗 📗 📗 📗 📖
과학책	📗 📗 📗 📖 📖
역사책	📗 📗 📖 📖 📖 📖

📗10권 📖1권

15 56권   **16** (예) 감   **17** 140명
18 40장   **19** 25장

20

이름	우표의 수
소은	■ ■ ■ □ □
지혜	■ ■ ■
수민	■ ■ ■ □ □ □
준서	■ ■

■10장 ■5장 □1장

---

3 101동에 살고 있는 여학생은 14명이고, 102동에 살고 있는 남학생은 12명입니다. ➡ 14−12=2(명)

4 ❶ 103동에 살고 있는 여학생은 11명이고, 103동에 살고 있는 남학생은 16명입니다.
❷ 따라서 103동에 살고 있는 학생은 모두 11+16=27(명)입니다.

채점 기준	❶ 103동에 살고 있는 여학생 수와 남학생 수를 각각 구한 경우	3점	5점
	❷ 103동에 살고 있는 학생은 모두 몇 명인지 구한 경우	2점	

6 가 마을은 32가구, 다 마을은 26가구입니다.
➡ 32−26=6(가구)

7 라 마을보다 🏠이 더 적은 마을은 나 마을과 다 마을입니다.

---

8 가 마을: 32가구, 나 마을: 16가구,
다 마을: 26가구, 라 마을: 30가구
➡ 가구 수를 비교하면 32>30>26>16이므로 강아지를 기르는 가구 수가 두 번째로 많은 곳은 라 마을이고, 30가구입니다.

9 (4반에서 모은 헌 종이의 무게)
=133−34−27−42=30(kg)

11 모은 헌 종이의 무게를 비교하면 42>34>30>27이므로 모은 헌 종이의 무게가 1반보다 가벼운 반은 2반, 4반입니다.

12 • 모은 헌 종이의 무게가 가장 무거운 반: 3반(42 kg)
• 모은 헌 종이의 무게가 가장 가벼운 반: 2반(27 kg)
➡ (헌 종이의 무게의 차)=42−27=15(kg)

13 (세탁기의 판매량)
=780−110−90−320=260(대)

14 위인전은 41권이므로 동화책은 41−6=35(권)입니다. ➡ 동화책은 📗 3개, 📖 5개로 나타냅니다.

15 과학책: 32권, 역사책: 24권 ➡ 32+24=56(권)

16 사과: 11상자, 바나나: 7상자, 감: 21상자, 배: 5상자
➡ 판매량을 비교하면 21>11>7>5이므로 가장 많이 팔린 감을 더 많이 준비하는 것이 좋습니다.

17 ❶ AB형인 학생은 32명이므로 O형인 학생은 32+8=40(명)입니다.
❷ 따라서 수민이네 학교 3학년 학생은 모두
25+43+32+40=140(명)입니다.

채점 기준	❶ O형인 학생 수를 구한 경우	3점	5점
	❷ 수민이네 학교 3학년 학생은 모두 몇 명인지 구한 경우	2점	

18 소은: 27장, 수민: 33장
➡ (지혜와 준서가 수집한 우표의 수)
=100−27−33=40(장)

19 ❶ 준서가 수집한 우표의 수를 □장이라 하면 지혜가 수집한 우표의 수는 (□+10)장입니다.
❷ □+10+□=40, □+□=30, □=15이므로 지혜가 수집한 우표는 15+10=25(장)입니다.

채점 기준	❶ 지혜와 준서가 수집한 우표의 수를 □를 사용하여 나타낸 경우	2점	5점
	❷ 지혜가 수집한 우표는 몇 장인지 구한 경우	3점	

20 • 지혜: 25장 ➡ ■ 2개, ■ 1개
• 준서: 15장 ➡ ■ 1개, ■ 1개

58쪽 수행 평가 ❶회

1 24명	**2** 과학, 국어, 수학, 사회
3 딸기 맛 아이스크림	**4** 2명
5 초콜릿 맛 아이스크림	

1 (합계)＝7＋5＋4＋8＝24(명)

2 학생 수를 비교하면 8＞7＞5＞4이므로 좋아하는 학생 수가 많은 과목부터 순서대로 쓰면 과학, 국어, 수학, 사회입니다.

3 학생 수를 비교하면 9＞7＞6＞4이므로 지혜네 반 학생들이 가장 좋아하는 아이스크림 맛은 딸기 맛 아이스크림입니다.

4 지혜네 반은 7명, 태우네 반은 5명이므로 7－5＝2(명) 더 많이 좋아합니다.

5 바닐라 맛: 7＋5＝12(명), 딸기 맛: 9＋4＝13(명), 초콜릿 맛: 6＋11＝17(명), 녹차 맛: 4＋7＝11(명)
➡ 학생 수를 비교하면 17＞13＞12＞11이므로 가장 많은 학생들이 좋아하는 아이스크림 맛은 초콜릿 맛 아이스크림입니다.

59쪽 수행 평가 ❷회

1 나 과수원, 62그루	**2** 다 과수원, 26그루
3 92그루	
4 536상자, 472상자, 714상자	

1 🌳의 수가 가장 많은 과수원을 찾으면 나 과수원이고, 62그루입니다.

2 🌳의 수가 가장 적은 과수원을 찾으면 다 과수원이고, 26그루입니다.

3 가 과수원: 39그루, 라 과수원: 53그루
➡ 39＋53＝92(그루)

4 • 사랑 농장: ◎ 5개, ○ 3개, • 6개
　　　　　　➡ 536상자
• 희망 농장: ◎ 4개, ○ 7개, • 2개
　　　　　　➡ 472상자
• 행복 농장: ◎ 7개, ○ 1개, • 4개
　　　　　　➡ 714상자

60쪽 수행 평가 ❸회

1 360 kg

2

3

4 **예** 그려야 하는 그림의 수가 줄어서 더 간단하게 나타낼 수 있습니다.

1 (햇살 목장의 우유 생산량)
　＝1100－180－290－270＝360 (kg)

3 • 초록 목장: 180 kg ➡ ■ 1개, □ 1개, ■ 3개
• 싱싱 목장: 290 kg ➡ ■ 2개, □ 1개, ■ 4개
• 햇살 목장: 360 kg ➡ ■ 3개, □ 1개, ■ 1개
• 미소 목장: 270 kg ➡ ■ 2개, □ 1개, ■ 2개

61쪽 수행 평가 ❹회

1 12, 23, 8, 17, 60

2

장소	학생 수
유원지	☺ ☺
야구장	☺ ☺ ○ ○ ○
민속촌	○ ○ ○ ○ ○ ○ ○ ○
방송국	☺ ○ ○ ○ ○ ○ ○ ○

☺10명
○ 1명

3 17명　　　　　　**4** 야구장

1 가고 싶은 장소별 학생 수를 각각 세어 보면 유원지는 12명, 야구장은 23명, 민속촌은 8명, 방송국은 17명입니다. ➡ (합계)＝12＋23＋8＋17＝60(명)

2 가고 싶은 장소별 학생 수에 맞게 그림그래프로 나타냅니다.

4 학생 수를 비교하면 23＞17＞12＞8이므로 가장 많은 학생들이 현장 체험 학습으로 가고 싶은 장소는 야구장입니다.

1 759   **2** 52, 1976

3
$$
\begin{array}{r}
5\,3 \\
\times\ 2\,7 \\
\hline
3\,7\,1 \\
1\,0\,6\ \ \\
\hline
1\,4\,3\,1
\end{array}
$$

4 600원

5 (위에서부터) 7, 2 / 4, 9 / 1, 4 / 1, 4 / 0

6 <   **7** 42

8

9 5 cm

10

11 (예) $\dfrac{7}{7}$, $\dfrac{8}{7}$, $\dfrac{9}{7}$ **12** 15장

13 $6\dfrac{3}{4}$, $\dfrac{27}{4}$ **14** 준서

15 ㉢   **16** 3800 g

17 310송이

18

종류	꽃의 수
백일홍	✿✿✿✿✿✿✿✿
봉선화	✿✿✿✾
나팔꽃	✿✿✾✾✾
금잔화	✿✿✿✾

✿ 100송이
✾ 10송이

19 금잔화   **20** 80송이

3 27에서 2는 십의 자리 수이므로 20을 나타냅니다. 곱하는 수의 십의 자리를 곱할 때 53×2를 계산한 후 자리에 맞추어 쓰지 않아서 잘못 계산하였습니다.

4 (색종이 90장의 값)$=60 \times 90=5400$(원)
➡ (받아야 할 거스름돈)$=6000-5400=600$(원)

5 백의 자리에서 5를 7로 나눌 수 없으므로 십의 자리에서 50을 7로 나누고, 남은 1과 일의 자리 수 4를 더한 14를 7로 나눕니다.

6 $60 \div 5=12$, $91 \div 7=13$ ➡ $12 < 13$

7 ❶ 어떤 수를 □라 하면 □$\times 3=378$에서 □$=378 \div 3=126$입니다.
❷ 따라서 바르게 계산하면 $126 \div 3=42$입니다.

채점 기준	❶ 어떤 수를 구한 경우	3점	5점
	❷ 바르게 계산하면 얼마인지 구한 경우	2점	

8 • (지름이 18 cm인 원)=(반지름이 9 cm인 원)
• (지름이 24 cm인 원)=(반지름이 12 cm인 원)
• (지름이 22 cm인 원)=(반지름이 11 cm인 원)

9 원의 지름은 10 cm이므로 원의 반지름은 $10 \div 2=5$(cm)입니다.
➡ 컴퍼스를 원의 반지름인 5 cm만큼 벌려야 합니다.

10 원의 중심은 아래쪽으로 모눈 1칸씩 이동하고, 반지름이 모눈 1칸씩 늘어나는 규칙이므로 반지름이 모눈 5칸이 되도록 원을 그립니다.

11 분모가 7인 분수 중에서 분자가 7과 같거나 7보다 큰 수를 3개 씁니다.

12 ❶ 40의 $\dfrac{1}{8}$은 5이므로 40의 $\dfrac{3}{8}$은 $5 \times 3=15$입니다.
❷ 따라서 수민이가 사용한 색종이는 15장입니다.

채점 기준	❶ 40의 $\dfrac{3}{8}$은 얼마인지 구한 경우	4점	5점
	❷ 수민이가 사용한 색종이는 몇 장인지 구한 경우	1점	

13 가장 큰 대분수를 만들려면 자연수가 가장 커야 하므로 자연수에 6을 쓰고 남은 수 카드로 진분수를 만들면 $\dfrac{3}{4}$입니다. ➡ $6\dfrac{3}{4}=\dfrac{27}{4}$

14 컵의 들이로 알맞은 단위는 mL이므로 들이의 단위를 알맞게 사용한 사람은 준서입니다.

15 ㉢ 8000 mL$=8$ L이므로 8020 mL$=8$ L 20 mL입니다.

16 ❶ (두 사람이 캔 고구마의 무게)
$=1$ kg 550 g$+2$ kg 250 g$=3$ kg 800 g
❷ 3 kg 800 g$=3800$ g입니다.

채점 기준	❶ 두 사람이 캔 고구마의 무게는 모두 몇 kg 몇 g인지 구한 경우	3점	5점
	❷ 몇 kg 몇 g을 몇 g으로 바르게 바꾼 경우	2점	

17 (봉선화의 수)
$=1100-160-230-400=310$(송이)

19 ✿이 가장 많은 꽃은 금잔화입니다.

20 봉선화: 310송이, 나팔꽃: 230송이
➡ $310-230=80$(송이)